3 条件の否定

条件 p に対して，「p でない」という条件を条件 p の否定といい，$\overline{p}$ で表す。

$\overline{\overline{p}}=p$ すなわち $\overline{p}$ の否定は p

「かつ」の否定，「または」の否定

$\overline{p\text{ かつ }q} \iff \overline{p}$ または $\overline{q}$

$\overline{p\text{ または }q} \iff \overline{p}$ かつ $\overline{q}$

4 必要条件・十分条件

命題「$p \Longrightarrow q$」が真のとき

p は q であるための　十分条件

q は p であるための　必要条件

「$p \Longrightarrow q$」「$q \Longrightarrow p$」がともに真であるとき

$p \Longleftrightarrow q$ （p と q は同値）

p は q であるための必要十分条件

5 逆・裏・対偶

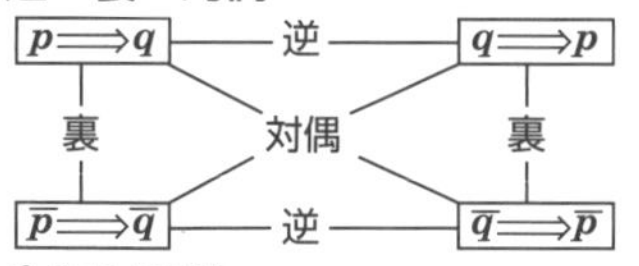

6 命題と証明

対偶の利用　命題 $p \Longrightarrow q$ を，その対偶 $\overline{q} \Longrightarrow \overline{p}$ を示すことで証明する。

背理法の利用　与えられた命題が成り立たないと仮定して矛盾を導くことにより，命題 $p \Longrightarrow q$ が真であると結論する。

2次関数

1 定義域・値域

関数 $y=f(x)$ において

定義域　変数 x のとる値の範囲

値　域　定義域の x の値に対応して y がとる値の範囲

2 1次関数 $y=ax+b$ のグラフ

- 傾きが a，切片が b の直線
- $a>0$ のとき右上がり，$a<0$ のとき右下がり

3 1次関数 $y=ax+b$ $(p \leqq x \leqq q)$ の最大・最小

$a>0$ のとき $x=q$ で最大，$x=p$ で最小

$a<0$ のとき $x=p$ で最大，$x=q$ で最小

4 $y=ax^2$ のグラフ

- y 軸に関して対称な放物線
- $a>0$ のとき下に凸
- $a<0$ のとき上に凸

5 $y=a(x-p)^2+q$ のグラフ

$y=ax^2$ のグラフを

x 軸方向に p，y 軸方向に q

だけ平行移動した放物線

頂点は点 $(p,\ q)$，軸は直線 $x=p$

6 $y=ax^2+bx+c$ のグラフ

$$y=a\left(x+\frac{b}{2a}\right)^2-\frac{b^2-4ac}{4a}$$

と変形できるから

頂点は　点 $\left(-\dfrac{b}{2a},\ -\dfrac{b^2-4ac}{4a}\right)$

軸は　直線 $x=-\dfrac{b}{2a}$

7 2次関数の最大・最小

$y=a(x-p)^2+q$ において

$a>0$　$x=p$ で最小値 q をとり，最大値はない。

$a<0$　$x=p$ で最大値 q をとり，最小値はない。

8 2次関数の決定

① 放物線の頂点や軸が与えられている
$\longrightarrow$ $y=a(x-p)^2+q$ とおく。

② グラフが通る3点が与えられている
$\longrightarrow$ $y=ax^2+bc+c$ とおく。

9 2次関数のグラフと x 軸の位置関係

2次関数 $y=ax^2+bx+c$ について，

$D=b^2-4ac$ とすると

$D>0 \iff$ 異なる2点で交わる

$D=0 \iff$ 1点で接する

$D<0 \iff$ 共有点をもたない

10 2次関数のグラフと2次方程式・2次不等式

(1) 2次方程式 $ax^2+bx+c=0$ の

解の公式 $x=\dfrac{-b\pm\sqrt{b^2-4ac}}{2a}$

(2) 判別

$D>0$

$D=0$

$D<0$

(3) 2次関数 $y=ax^2+bx+c$ のグラフと x 軸の位置関係

$D=b^2-4ac$	$D>0$		
$y=ax^2+bx+c$ のグラフと x 軸の位置関係	α β x	α x	x
$ax^2+bx+c=0$ の解	$x=\alpha,\ \beta$	$x=\alpha$	ない
$ax^2+bx+c>0$ の解	$x<\alpha,\ \beta<x$	α 以外のすべての実数	すべての実数
$ax^2+bx+c\geqq0$ の解	$x\leqq\alpha,\ \beta\leqq x$	すべての実数	すべての実数
$ax^2+bx+c<0$ の解	$\alpha<x<\beta$	ない	ない
$ax^2+bx+c\leqq0$ の解	$\alpha\leqq x\leqq\beta$	$x=\alpha$	ない

図形と計量

1 正弦・余弦・正接

$\sin A=\dfrac{a}{c}$

$\cos A=\dfrac{b}{c}$

$\tan A=\dfrac{a}{b}$

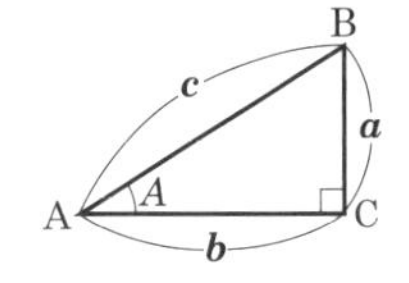

2 90°−θ の三角比

$\sin(90^\circ-\theta)=\cos\theta$，$\cos(90^\circ-\theta)=\sin\theta$

$\tan(90^\circ-\theta)=\dfrac{1}{\tan\theta}$

3 三角比の符号

θ	0°	鋭角	90°	鈍角	180°
$\sin\theta$	0	＋	1	＋	0
$\cos\theta$	1	＋	0	−	−1
$\tan\theta$	0	＋	なし	−	0

4 180°−θ の三角比

$\sin(180^\circ-\theta)=\sin\theta$, $\cos(180^\circ-\theta)=-\cos\theta$
$\tan(180^\circ-\theta)=-\tan\theta$

5 相互関係

$\sin^2\theta+\cos^2\theta=1$，$\tan\theta=\dfrac{\sin\theta}{\cos\theta}$，

$1+\tan^2\theta=\dfrac{1}{\cos^2\theta}$

6 正弦定理（R は外接円の半径）

$\dfrac{a}{\sin A}=\dfrac{b}{\sin B}=\dfrac{c}{\sin C}=2R$

7 余弦定理

$a^2=b^2+c^2-2bc\cos A$，$\cos A=\dfrac{b^2+c^2-a^2}{2bc}$

$b^2=c^2+a^2-2ca\cos B$，$\cos B=\dfrac{c^2+a^2-b^2}{2ca}$

$c^2=a^2+b^2-2ab\cos C$，$\cos C=\dfrac{a^2+b^2-c^2}{2ab}$

8 三角形の面積

三角形の面積を S とすると

$S=\dfrac{1}{2}bc\sin A=\dfrac{1}{2}ca\sin B=\dfrac{1}{2}ab\sin C$

データの分析

1 平均値

n 個の値 x_1，x_2，……，x_n をとる変量 x の平均値 $\overline{x}$ は

$$\overline{x}=\frac{1}{n}(x_1+x_2+\cdots\cdots+x_n)$$

2 中央値と最頻値

中央値　変量を大きさの順に並べたときの中央の値
最頻値　度数が最も多い階級の階級値

3 四分位範囲と箱ひげ図

大きさの順に並べられたデータの中央値
　⟶ 第 2 四分位数：Q_2
その前半のデータの中央値
　⟶ 第 1 四分位数：Q_1
その後半のデータの中央値
　⟶ 第 3 四分位数：Q_3
四分位範囲：Q_3-Q_1

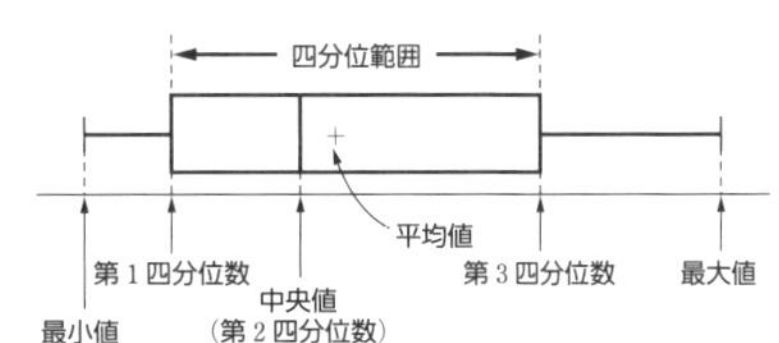

4 分散と標準偏差

変量 x が n 個の値 x_1，x_2，…，x_n をとるとき，平均値を $\overline{x}$ とすると，分散 s^2 と標準偏差 s は

$$s^2=\frac{1}{n}\{(x_1-\overline{x})^2+(x_2-\overline{x})^2+\cdots\cdots+(x_n-\overline{x})^2\}$$

$$s=\sqrt{\frac{1}{n}\{(x_1-\overline{x})^2+(x_2-\overline{x})^2+\cdots\cdots+(x_n-\overline{x})^2\}}$$

数Ⅰ707　新編数学Ⅰ　　数A707　新編数学A〈準拠〉

スパイラル 数学Ⅰ+A

本書は，実教出版発行の教科書「新編数学Ⅰ」「新編数学A」の内容に完全準拠した問題集です。教科書と本書を一緒に勉強することで，教科書の内容を着実に理解し，学習効果が高められるよう編修してあります。

教科書の例・例題・応用例題・CHECK・章末問題・思考力 PLUS に対応する問題には，教科書の該当ページが示してあります。教科書を参考にしながら，本書の問題をくり返し解くことによって，教科書の「基礎・基本の確実な定着」を図ることができます。

本書の構成

まとめと要項—— 項目ごとに，重要事項や要点をまとめました。

SPIRAL A— 基礎的な問題です。教科書の例・例題に対応した問題です。

SPIRAL B— やや発展的な問題です。主に教科書の応用例題に対応した問題です。

SPIRAL C— 教科書の思考力 PLUS や章末問題に対応した問題の他に，教科書にない問題も扱っています。

＊マーク——— ＊印の問題だけを解いていけば，基本的な問題が一通り学習できるように配慮しました。

解答——— 巻末に，答の数値と図などをのせました。

別冊解答集——— それぞれの問題について，詳しく解答をのせました。

実教出版

学習の進め方

SPIRAL A

教科書の例・例題レベルで構成されています。反復的に学習することで理解を確かなものにしていきましょう。

16 次の式を展開せよ。 ▶教p.10例13

(1) $(x+3)(x+2)$　*(2) $(x-5)(x+3)$　(3) $(x+2)(x-3)$

*(4) $(x-5)(x-1)$　(5) $(x-1)(x+4)$　*(6) $(x+3y)(x+4y)$

(7) $(x-2y)(x-4y)$　*(8) $(x+10y)(x-5y)$　(9) $(x-3y)(x-7y)$

SPIRAL B

教科書の応用例題のレベルの問題と，やや難易度の高い応用問題で構成されています。

SPIRAL A の練習を終えたあと，思考力を高めたい場合に取り組んでください。

24 次の式を展開せよ。 ▶教p.13応用例題1

*(1) $(x^2+9)(x+3)(x-3)$　(2) $(x^2+4y^2)(x+2y)(x-2y)$

(3) $(a^2+b^2)(a+b)(a-b)$　*(4) $(4x^2+9y^2)(2x-3y)(2x+3y)$

SPIRAL C

教科書の思考力 PLUS や章末問題レベルを含む，入試レベルの問題で構成されています。

「例題」に取り組んで思考力のポイントを理解してから，類題を解いていきましょう。

例題 8 根号を含む式の整数部分と小数部分

$\dfrac{1}{\sqrt{2}-1}$ の整数部分を a，小数部分を b とするとき，a と b の値を求めよ。

▶教p.50章末9

解

$$\frac{1}{\sqrt{2}-1}=\frac{\sqrt{2}+1}{(\sqrt{2}-1)(\sqrt{2}+1)}=\frac{\sqrt{2}+1}{(\sqrt{2})^2-1^2}=\sqrt{2}+1$$

ここで　$1<\sqrt{2}<2$　であるから

$2<\sqrt{2}+1<3$

ゆえに　$\boldsymbol{a=2}$　答

よって　$\boldsymbol{b=\sqrt{2}+1-2=\sqrt{2}-1}$　答

76 $\dfrac{2}{3-\sqrt{7}}$ の整数部分を a，小数部分を b とするとき，a と b の値を求めよ。

例 13

(1) $(x-2)(x+3)=x^2+\{(-2)+3\}x+(-2)\times 3$

$=x^2+x-6$

(2) $(x+3y)(x-4y)=x^2+\{3y+(-4y)\}x+3y\times(-4y)$

$=x^2-xy-12y^2$

新編数学Ⅰ　p.10

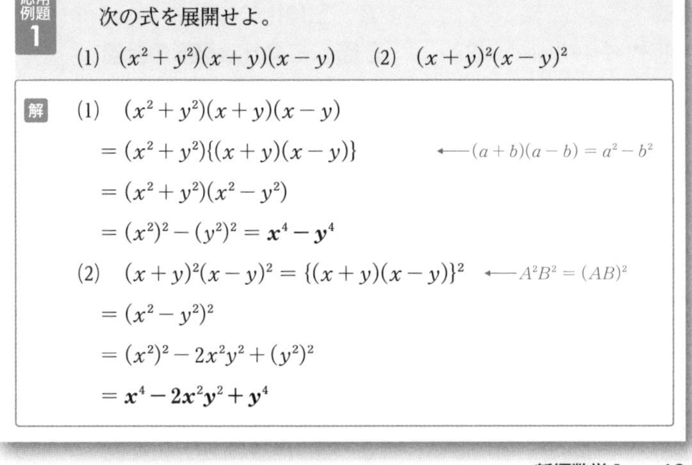

計算の順序の工夫

応用例題 1

次の式を展開せよ。

(1) $(x^2+y^2)(x+y)(x-y)$　　(2) $(x+y)^2(x-y)^2$

解　(1) $(x^2+y^2)(x+y)(x-y)$

$=(x^2+y^2)\{(x+y)(x-y)\}$　←$(a+b)(a-b)=a^2-b^2$

$=(x^2+y^2)(x^2-y^2)$

$=(x^2)^2-(y^2)^2=\boldsymbol{x^4-y^4}$

(2) $(x+y)^2(x-y)^2=\{(x+y)(x-y)\}^2$　←$A^2B^2=(AB)^2$

$=(x^2-y^2)^2$

$=(x^2)^2-2x^2y^2+(y^2)^2$

$=\boldsymbol{x^4-2x^2y^2+y^4}$

新編数学Ⅰ　p.13

★9　$\sqrt{5}$ の整数の部分を a，小数の部分を b とする。

(1) a と b の値を求めよ。　　(2) $\dfrac{a}{b}$ の整数の部分を求めよ。

新編数学Ⅰ　p.50　章末問題

目次

数学Ⅰ

問題数
- SPIRAL A：165 (634)
- SPIRAL B：103 (234)
- SPIRAL C：51 (108)

合計問題数　319 (976)

注：(　) 内の数字は，各問題の小分けされた問題数

目次

数学A

問題数 SPIRAL A：134（284）
SPIRAL B：109（209）
SPIRAL C：21（34）

合計問題数 264（527）

注：（ ）内の数字は，各問題の小分けされた問題数

1節 式の計算

1 整式とその加法・減法

▶教p.4〜p.7

1 単項式と多項式

整式
- **単項式** いくつかの数や文字の積の形で表されている式。
  掛けあわされた文字の個数を**次数**，文字以外の数の部分を**係数**という。
- **多項式** 単項式の和の形で表されている式。
  各単項式を**項**といい，文字の部分が同じ項を**同類項**という。
  とくに，文字を含まない項を**定数項**という。

2 整式の整理

同類項をまとめ，整式を簡単な形にすることを，**整式を整理する**という。
とくに，次数の高い項から順に整理することを，**降べきの順**に整理するという。
整式において，最も次数の高い項の次数をその整式の**次数**といい，次数が n の整式を **n 次式**という。

3 整式の加法・減法

2つの整式の和と差は，同類項を整理して計算する。

SPIRAL A

1 次の単項式の次数と係数をいえ。 ▶教p.4例1

*(1) $2x^3$ (2) x^2 (3) $-5xy^3$ *(4) $\frac{1}{3}ax^2$ (5) $-4ax^2y^3$

2 次の単項式で[ ]内の文字に着目したとき，次数と係数をいえ。 ▶教p.5例2

*(1) $3a^2x$ $[x]$ (2) $2xy^3$ $[y]$

*(3) $5ax^2y^3$ $[y]$ (4) $-\frac{1}{2}a^3x^2$ $[a]$

3 次の整式を降べきの順に整理せよ。 ▶教p.5例3

(1) $3x-5+5x-10+4$ *(2) $3x^2+x-3-x^2+3x-2$

*(3) $-5x^3+x-3-x^3+6x^2-2x+3+x^2$

(4) $2x^3-3x^2-x+2-x^3+x^2-x-3+2x^2-x+1$

4 次の整式は何次式か。また，定数項をいえ。 ▶教p.6例4

(1) $3x^2-2x+1$ *(2) $-2x^3+x-3$ (3) $x-3$ *(4) $1-x^2+x^3$

5　次の整式を，x に着目して降べきの順に整理し，各項の係数と定数項を求めよ。▶教 p.6 例5

(1)　$x^2+2xy-3x+y-5$

*(2)　$4x^2-y+5xy^2-4+x^2-3x+1$

(3)　$2x-x^3+xy-3x^2-y^2+x^2y+2x+5$

*(4)　$3x^3-x^2-xy-2x^3+2x^2y-2xy+y-y^2+5x-7$

6　次の整式 A，B について，$A+B$ と $A-B$ を計算せよ。▶教 p.7 例6

*(1)　$A=3x^2-x+1$，$B=x^2-2x-3$

(2)　$A=4x^3-2x^2+x-3$，$B=-x^3+3x^2+2x-1$

*(3)　$A=x-2x^2+1$，$B=3-x+x^2$

7　$A=3x^2-2x+1$，$B=-x^2+3x-2$ のとき，次の式を計算せよ。▶教 p.7 例7

*(1)　$A+3B$　　(2)　$3A-2B$　　*(3)　$-2A+3B$

SPIRAL B

8　$A=2x^2+x-1$，$B=-x^2+3x-2$，$C=2x-1$ のとき，次の式を計算せよ。

(1)　$(A-B)-C$　　(2)　$A-(B-C)$

例題 1　整式の加法・減法

$A=x+y-2z$，$B=2x-y-z$，$C=-x+2y+z$ とする。
$2(A+2B)-3(A-C)$ を計算せよ。

解　$2(A+2B)-3(A-C)=2A+4B-3A+3C$　←A，B，C を整理してから代入する

$=-A+4B+3C$

$=-(x+y-2z)+4(2x-y-z)+3(-x+2y+z)$

$=(-1+8-3)x+(-1-4+6)y+(2-4+3)z$

$=\mathbf{4x+y+z}$　答

9　$A=x+y-z$，$B=2x-3y+z$，$C=x-2y-3z$ のとき，次の式を計算せよ。

*(1)　$3(A+B)-(2A+B-2C)$　　(2)　$A+2B-C-\{2A-3(B-2C)\}$

2 整式の乗法

▶教p.8～p.13

1 指数法則

[1]　$a^m \times a^n = a^{m+n}$　　[2]　$(a^m)^n = a^{mn}$　　[3]　$(ab)^n = a^n b^n$

ただし，m，n は正の整数である。

2 分配法則

$A(B+C) = AB + AC$，　$(A+B)C = AC + BC$

3 乗法公式

[1]　$(a+b)^2 = a^2 + 2ab + b^2$，　$(a-b)^2 = a^2 - 2ab + b^2$

[2]　$(a+b)(a-b) = a^2 - b^2$

[3]　$(x+a)(x+b) = x^2 + (a+b)x + ab$

[4]　$(ax+b)(cx+d) = acx^2 + (ad+bc)x + bd$

SPIRAL A

10　次の式の計算をせよ。 ▶教p.8 例8

*(1)　$a^2 \times a^5$　　*(2)　$x^7 \times x$　　*(3)　$(a^3)^4$

(4)　$(x^4)^2$　　(5)　$(a^3b^4)^2$　　*(6)　$(2a^2)^3$

11　次の式の計算をせよ。 ▶教p.8 例9

*(1)　$2x^3 \times 3x^4$　　(2)　$xy^2 \times (-3x^4)$

*(3)　$(-2x)^3 \times 4x^3$　　(4)　$(2xy)^2 \times (-2x)^3$

*(5)　$(-xy^2)^3 \times (x^4y^3)^2$　　(6)　$(-3x^3y^2)^3 \times (2x^4y)^2$

12　次の式を展開せよ。 ▶教p.9 例10

(1)　$x(3x-2)$　　*(2)　$(2x^2-3x-4) \times 2x$

(3)　$-3x(x^2+x-5)$　　*(4)　$(-2x^2+x-5) \times (-3x^2)$

13　次の式を展開せよ。 ▶教p.9 例11

(1)　$(x+2)(4x^2-3)$　　*(2)　$(3x-2)(2x^2-1)$

(3)　$(3x^2-2)(x+5)$　　*(4)　$(-2x^2+1)(x-5)$

14　次の式を展開せよ。 ▶教p.9 例11

*(1)　$(2x-5)(3x^2-x+2)$　　(2)　$(3x+1)(2x^2-5x+3)$

*(3)　$(x^2+3x-3)(2x+1)$　　(4)　$(x^2-xy+2y^2)(x+3y)$

15　次の式を展開せよ。 ▶教p.10例12

*(1)　$(x+2)^2$　　(2)　$(x+5y)^2$

(3)　$(4x-3)^2$　　*(4)　$(3x-2y)^2$

*(5)　$(2x+3)(2x-3)$　　(6)　$(3x+4)(3x-4)$

*(7)　$(4x+3y)(4x-3y)$　　(8)　$(x+3y)(x-3y)$

16　次の式を展開せよ。 ▶教p.10例13

(1)　$(x+3)(x+2)$　　*(2)　$(x-5)(x+3)$　　(3)　$(x+2)(x-3)$

*(4)　$(x-5)(x-1)$　　(5)　$(x-1)(x+4)$　　*(6)　$(x+3y)(x+4y)$

(7)　$(x-2y)(x-4y)$　　*(8)　$(x+10y)(x-5y)$　　(9)　$(x-3y)(x-7y)$

17　次の式を展開せよ。 ▶教p.11例14

*(1)　$(3x+1)(x+2)$　　(2)　$(2x+1)(5x-3)$　　*(3)　$(5x-1)(3x+2)$

(4)　$(4x-3)(3x-2)$　　(5)　$(3x-7)(4x+3)$　　(6)　$(-2x+1)(3x-2)$

18　次の式を展開せよ。 ▶教p.11例15

*(1)　$(4x+y)(3x-2y)$　　(2)　$(7x-3y)(2x-3y)$

*(3)　$(5x-2y)(2x-y)$　　(4)　$(-x+2y)(3x-5y)$

19　次の式を展開せよ。 ▶教p.12例題1，例16

*(1)　$(a+2b+1)^2$　　(2)　$(3a-2b+1)^2$

(3)　$(a-b-c)^2$　　*(4)　$(2x-y+3z)^2$

SPIRAL B

20　次の式の計算をせよ。 ▶教p.8例8，9

(1)　$(-2xy^3)^2\times\left(-\dfrac{1}{2}x^2y\right)^3$

*(2)　$(-3xy^3)^2\times(-2x^3y)^3\times\left(-\dfrac{1}{3}xy\right)^4$

21　次の式を展開せよ。 ▶教p.11例15，p.9例11

*(1)　$(3x-2a)(2x+a)$　　(2)　$(2ab-1)(3ab+1)$

*(3)　$(x+y-1)(2a-3b)$　　(4)　$(a^2+3ab+2b^2)(x-y)$

22　次の式の計算をせよ。 ▶教p.10例12

*(1)　$(a+2)^2-(a-2)^2$　　(2)　$(2x+3y)^2+(2x-3y)^2$

*(3)　$(x+2y)(x-2y)-(x+3y)(x-3y)$

23　次の式を展開せよ。　▶教 p.13 例題2

*(1)　$(x+2y+3)(x+2y-3)$
(2)　$(3x+y-5)(3x+y+5)$
*(3)　$(x^2-x+2)(x^2-x-4)$
(4)　$(x^2+2x+1)(x^2+2x+3)$
*(5)　$(x+y-3)(x-y+3)$
(6)　$(3x^2-2x+1)(3x^2+2x+1)$

24　次の式を展開せよ。　▶教 p.13 応用例題1

*(1)　$(x^2+9)(x+3)(x-3)$
(2)　$(x^2+4y^2)(x+2y)(x-2y)$
(3)　$(a^2+b^2)(a+b)(a-b)$
*(4)　$(4x^2+9y^2)(2x-3y)(2x+3y)$

25　次の式を展開せよ。　▶教 p.13 応用例題1

*(1)　$(a+2b)^2(a-2b)^2$
(2)　$(3x+2y)^2(3x-2y)^2$
(3)　$(-2x+y)^2(-2x-y)^2$
*(4)　$(5x-3y)^2(-3y-5x)^2$

26　次の式を展開したとき，x^3 の係数を求めよ。

(1)　$(x^2-x+1)(-x^2+4x+3)$
(2)　$(x^3-x^2+x-2)(2x^2-x+5)$

SPIRAL C

例題 2　　掛ける組合せの工夫

$(x+1)(x+2)(x-3)(x-4)$ を展開せよ。

考え方　掛ける組合せを工夫する。

解

$$(x+1)(x+2)(x-3)(x-4)=(x+1)(x-3)\times(x+2)(x-4)$$
$$=(x^2-2x-3)(x^2-2x-8)$$

ここで，$x^2-2x=A$ とおくと

$$(x^2-2x-3)(x^2-2x-8)=(A-3)(A-8)$$
$$=A^2-11A+24$$
$$=(x^2-2x)^2-11(x^2-2x)+24$$
$$=x^4-4x^3+4x^2-11x^2+22x+24$$
$$=\boldsymbol{x^4-4x^3-7x^2+22x+24}$$ 答

（A を x^2-2x にもどす）

27　次の式を展開せよ。

(1)　$(x+1)(x-2)(x-1)(x-4)$
(2)　$(x+2)(x-2)(x+1)(x+5)$

3 因数分解

▶教p.14〜p.22

1 因数分解の公式

Ⅰ　**共通因数のくくり出し**

$AB+AC=A(B+C)$

Ⅱ　**因数分解の公式**

[1]　$a^2+2ab+b^2=(a+b)^2$,　　$a^2-2ab+b^2=(a-b)^2$

[2]　$a^2-b^2=(a+b)(a-b)$

[3]　$x^2+(a+b)x+ab=(x+a)(x+b)$

[4]　$acx^2+(ad+bc)x+bd=(ax+b)(cx+d)$

2 因数分解の方法

①　共通因数があればくくり出す。

②　最も次数が低い文字について降べきの順に整理する。

③　適当な置きかえをしたり，項の組合せを考える。

SPIRAL A

28　次の式を因数分解せよ。　▶教p.14例17

*(1)　x^2+3x　(2)　x^2+x　(3)　$2x^2-x$

(4)　$4xy^2-xy$　*(5)　$3ab^2-6a^2b$　(6)　$12x^2y^3-20x^3yz$

29　次の式を因数分解せよ。　▶教p.15例18

(1)　$abx^2-abx+2ab$　*(2)　$2x^2y+xy^2-3xy$

*(3)　$12ab^2-32a^2b+8abc$　(4)　$3x^2+6xy-9x$

30　次の式を因数分解せよ。　▶教p.15例19

(1)　$(a+2)x+(a+2)y$　(2)　$x(a-3)-2(a-3)$

*(3)　$(3a-2b)x-(3a-2b)y$　*(4)　$3x(2a-b)-(2a-b)$

31　次の式を因数分解せよ。　▶教p.15例題3

*(1)　$(3a-2)x+(2-3a)y$　*(2)　$x(3a-2b)-y(2b-3a)$

(3)　$a(x-2y)-b(2y-x)$　(4)　$(2a+b)x-2a-b$

32　次の式を因数分解せよ。　▶教p.16例20，21

(1)　x^2+2x+1　*(2)　$x^2-12x+36$　(3)　$9-6x+x^2$

(4)　$x^2+4xy+4y^2$　(5)　$4x^2+4xy+y^2$　*(6)　$9x^2-30xy+25y^2$

33　次の式を因数分解せよ。 ▶教 p.16 例22

(1) x^2-81　*(2) $9x^2-16$　(3) $36x^2-25y^2$

*(4) $49x^2-4y^2$　(5) $64x^2-81y^2$　(6) $100x^2-9y^2$

34　次の式を因数分解せよ。 ▶教 p.17 例23

(1) x^2+5x+4　*(2) $x^2+7x+12$　(3) x^2-6x+8

*(4) $x^2-3x-10$　(5) $x^2+4x-12$　*(6) $x^2-8x+15$

(7) $x^2-3x-54$　*(8) $x^2+7x-18$　(9) x^2-x-30

35　次の式を因数分解せよ。 ▶教 p.17 例24

*(1) $x^2+6xy+8y^2$　(2) $x^2+7xy+6y^2$

*(3) $x^2-2xy-24y^2$　(4) $x^2+3xy-28y^2$

(5) $x^2-7xy+12y^2$　*(6) $a^2-ab-20b^2$

(7) $a^2+ab-42b^2$　(8) $a^2-13ab+36b^2$

36　次の式を因数分解せよ。 ▶教 p.19 例25

(1) $3x^2+4x+1$　*(2) $2x^2+7x+3$　(3) $2x^2-5x+2$

*(4) $3x^2-8x-3$　(5) $3x^2+16x+5$　(6) $5x^2-8x+3$

(7) $6x^2+x-1$　(8) $5x^2+7x-6$　*(9) $6x^2+17x+12$

*(10) $6x^2+x-15$　(11) $4x^2-4x-15$　(12) $6x^2-11x-35$

37　次の式を因数分解せよ。 ▶教 p.19 例題4

(1) $5x^2+6xy+y^2$　*(2) $7x^2-13xy-2y^2$

(3) $2x^2-7xy+6y^2$　*(4) $6x^2-5xy-6y^2$

38　次の式を因数分解せよ。 ▶教 p.20 例題5

(1) $(x-y)^2+2(x-y)-15$　*(2) $(x+2y)^2-3(x+2y)-10$

(3) $(2x-y)^2+4(2x-y)+4$　*(4) $2(x-3)^2-7(x-3)+3$

(5) $(x+2y)^2+2(x+2y)$　(6) $2(x-y)^2-x+y$

39　次の式を因数分解せよ。　▶教p.20応用例題2

*(1)　x^4-5x^2+4　　(2)　x^4-10x^2+9

*(3)　x^4-16　　(4)　x^4-81

40　次の式を因数分解せよ。　▶教p.21応用例題3

*(1)　$(x^2+x)^2-3(x^2+x)+2$　　(2)　$(x^2-2x)^2-(x^2-2x)-6$

(3)　$(x^2+5x)^2-36$　　*(4)　$(x^2+x-1)(x^2+x-5)+3$

41　次の式を因数分解せよ。　▶教p.21例題6

*(1)　$2a+2b+ab+b^2$　　(2)　$a^2-3b+ab-3a$

*(3)　$a^2+c^2-ab-bc+2ac$　　(4)　a^3+b-a^2b-a

(5)　$a^2+ab-2b^2+2bc-2ca$

SPIRAL B

42　次の式を因数分解せよ。

*(1)　$bx^2-4a^2by^2$　　*(2)　$2ax^2-4ax+2a$

(3)　$2a^2x^3+6a^2x^2-20a^2x$　　(4)　$x^4+x^3+\frac{1}{4}x^2$

43　次の式を因数分解せよ。

(1)　$x^2(a^2-b^2)+y^2(b^2-a^2)$　　(2)　$(x+1)a^2-x-1$

44　次の式を因数分解せよ。　▶教p.22応用例題4

(1)　$x^2+(2y+1)x+(y-3)(y+4)$

(2)　$x^2+(y-2)x-(2y-5)(y-3)$

*(3)　$x^2+3xy+2y^2+x+3y-2$

*(4)　$2x^2-3xy-2y^2+x+3y-1$

(5)　$2x^2+5xy+2y^2+5x+y-3$

*(6)　$6x^2-7xy+2y^2-6x+5y-12$

45　次の式を因数分解せよ。

(1)　$(x-2)^2-y^2$　　(2)　$x^2+6x+9-16y^2$

(3)　$4x^2-y^2-8y-16$　　(4)　$9x^2-y^2+4y-4$

46　次の式を因数分解せよ。

$x^2(y-z)+y^2(z-x)+z^2(x-y)$

SPIRAL C

因数分解の公式の利用

例題 3　次の式を因数分解せよ。

(1)　x^4+3x^2+4　　(2)　x^4+4

考え方　$A^2-B^2=(A+B)(A-B)$ を利用する。

解　(1)　x^4+3x^2+4

$=x^4+4x^2+4-x^2$

$=(x^2+2)^2-x^2$

$=\{(x^2+2)+x\}\{(x^2+2)-x\}$

$=\boldsymbol{(x^2+x+2)(x^2-x+2)}$　答

(2)　x^4+4

$=x^4+4x^2+4-4x^2$

$=(x^2+2)^2-(2x)^2$

$=\{(x^2+2)+2x\}\{(x^2+2)-2x\}$

$=\boldsymbol{(x^2+2x+2)(x^2-2x+2)}$　答

47　次の式を因数分解せよ。

(1)　x^4+2x^2+9　　(2)　x^4-3x^2+1

(3)　x^4-8x^2+4　　(4)　x^4+64

積の組合せの工夫

例題 4　次の式を因数分解せよ。

$$(x+1)(x+2)(x-3)(x-4)-24$$

考え方　積の組合せを考える。

$(x+1)(x-3)=x^2-2x-3$，$(x+2)(x-4)=x^2-2x-8$

となり，$x^2-2x=A$ とおくと A の 2 次式で表すことができる。

解　$(x+1)(x+2)(x-3)(x-4)-24$

$=(x+1)(x-3)(x+2)(x-4)-24$

$=\{(x^2-2x)-3\}\{(x^2-2x)-8\}-24$　　←$x^2-2x=A$ とおくと

$=(x^2-2x)^2-11(x^2-2x)+24-24$　　←$A^2-11A+24-24$

$=(x^2-2x)^2-11(x^2-2x)$　　←$A^2-11A=A(A-11)$

$=(x^2-2x)(x^2-2x-11)$

$=\boldsymbol{x(x-2)(x^2-2x-11)}$　答

48　次の式を因数分解せよ。

(1)　$(x+1)(x+2)(x+3)(x+4)-24$

(2)　$(x-1)(x-3)(x-5)(x-7)-9$

思考力 PLUS　3次式の展開と因数分解

▶教 p.24～p.25

1 乗法公式

[1]　$(a+b)^3=a^3+3a^2b+3ab^2+b^3$

　　$(a-b)^3=a^3-3a^2b+3ab^2-b^3$

[2]　$(a+b)(a^2-ab+b^2)=a^3+b^3$

　　$(a-b)(a^2+ab+b^2)=a^3-b^3$

2 因数分解の公式

[3]　$a^3+b^3=(a+b)(a^2-ab+b^2)$

　　$a^3-b^3=(a-b)(a^2+ab+b^2)$

SPIRAL A

49　次の式を展開せよ。 ▶教 p.24 例1

(1)　$(x+3)^3$　　(2)　$(a-2)^3$

(3)　$(3x+1)^3$　　(4)　$(2x-1)^3$

(5)　$(2x+3y)^3$　　(6)　$(-a+2b)^3$

50　次の式を展開せよ。 ▶教 p.25 例2

(1)　$(x+3)(x^2-3x+9)$　　(2)　$(x-1)(x^2+x+1)$

(3)　$(3x-2)(9x^2+6x+4)$　　(4)　$(x+4y)(x^2-4xy+16y^2)$

51　次の式を因数分解せよ。 ▶教 p.25 例3

(1)　x^3+8　　(2)　$27x^3-1$

(3)　$27x^3+8y^3$　　(4)　$64x^3-27y^3$

(5)　$x^3-y^3z^3$　　(6)　$(a-b)^3-c^3$

52　次の式を因数分解せよ。 ▶教 p.25 例3

(1)　x^4y-xy^4　　(2)　x^6-y^6

2節　実数

1　実数

▶教p.26~p.28

1 実数の分類

有理数　分数の形で表される数で，整数や，有限小数，循環小数で表される。

注　循環小数　ある位以下では数字の同じ並びがくり返される無限小数

無理数　分数の形で表すことができない数

実数　有理数と無理数をあわせた数

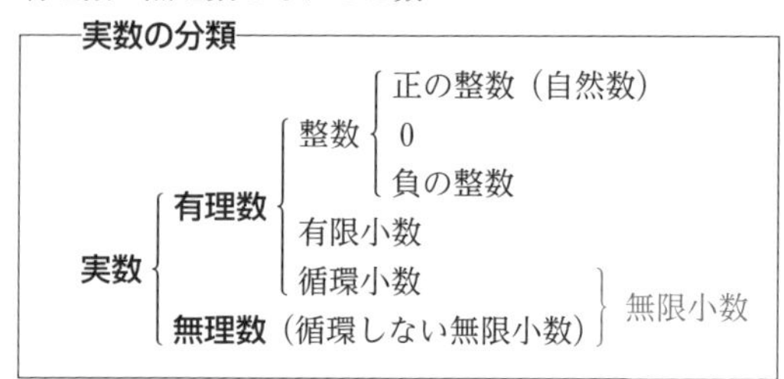

2 数直線と絶対値

数直線　直線上の点に実数を対応させた直線

絶対値　数直線上で，実数 a に対応する点Pと原点Oとの距離 OP。$|a|$ と表す。

$a \geqq 0$ **のとき** $|a| = a$　　$a < 0$ **のとき** $|a| = -a$

SPIRAL A

53　次の分数を小数で表せ。 ▶教p.26例1

*(1) $\dfrac{7}{4}$　(2) $\dfrac{7}{5}$　*(3) $\dfrac{5}{3}$　(4) $\dfrac{1}{12}$

54　次の分数を循環小数の記号・を用いて表せ。 ▶教p.26練習1

*(1) $\dfrac{4}{9}$　*(2) $\dfrac{10}{3}$　(3) $\dfrac{13}{33}$　(4) $\dfrac{33}{7}$

55　次の実数に対応する点を数直線上にしるせ。 ▶教p.28練習2

*(1) -3　*(2) 0.25　(3) $\dfrac{3}{4}$　(4) $-\dfrac{5}{2}$　*(5) $-\sqrt{3}$

56　次の値を，絶対値記号を用いないで表せ。 ▶教p.28例2

*(1) $|3|$　*(2) $|-6|$　*(3) $|-3.1|$　(4) $\left|\dfrac{1}{2}\right|$　(5) $\left|-\dfrac{3}{5}\right|$

*(6) $|\sqrt{7}-\sqrt{6}|$　(7) $|\sqrt{2}-\sqrt{5}|$　*(8) $|3-\sqrt{3}|$　(9) $|3-\sqrt{10}|$

SPIRAL B

57　次の数の中から，① 自然数，② 整数，③ 有理数，④ 無理数　であるものをそれぞれ選べ。

$$-3,\quad 0,\quad \frac{22}{3},\quad -\frac{1}{4},\quad \sqrt{3},\quad \pi,\quad 5,\quad 0.\dot{5}$$

58　次の文の下線部が正しいかどうか答えよ。

(1)　2つの自然数の<u>差</u>は自然数である。

(2)　2つの整数の<u>和，差，積</u>はすべて整数である。

例題 5　循環小数の分数表示

循環小数 $1.\dot{2}3\dot{4}$ を分数で表せ。

▶教p.34参考

解　$x=1.\dot{2}3\dot{4}=1.234234234\cdots\cdots$ とおくと

$1000x=1234.234234234\cdots\cdots$　$\cdots\cdots$①

$x=\quad 1.234234234\cdots\cdots$　$\cdots\cdots$②

①−② より　$999x=1233$　よって　$x=\dfrac{1233}{999}=\mathbf{\dfrac{137}{111}}$　答

59　次の循環小数を分数で表せ。

(1)　$0.\dot{3}$　*(2)　$0.\dot{1}\dot{2}$　(3)　$1.1\dot{3}\dot{6}$　*(4)　$1.2\dot{3}$

SPIRAL C

例題 6　絶対値記号を含む式の値

a が次の値をとるとき，$|a-3|+|1-2a|$ の値をそれぞれ求めよ。

▶教p.49章末4

(1)　$a=5$　(2)　$a=1$　(3)　$a=-1$

解　(1)　$|a-3|+|1-2a|=|5-3|+|1-2\times5|$

$=|2|+|-9|=2+9=\mathbf{11}$　答

(2)　$|a-3|+|1-2a|=|1-3|+|1-2\times1|$

$=|-2|+|-1|=2+1=\mathbf{3}$　答

(3)　$|a-3|+|1-2a|=|-1-3|+|1-2\times(-1)|$

$=|-4|+|3|=4+3=\mathbf{7}$　答

60　a が次の値をとるとき，$|2a-3|-|4-3a|$ の値をそれぞれ求めよ。

(1)　$a=2$　(2)　$a=1$　(3)　$a=0$　(4)　$a=-1$

2　根号を含む式の計算

▶教 p.29~p.35

1 平方根

2乗すると a になる数を a の**平方根**といい，正の数 a の平方根は　$\pm\sqrt{a}$

$$\left.\begin{array}{ll} a \geqq 0 \text{ のとき} & \sqrt{a^2}=a \\ a<0 \text{ のとき} & \sqrt{a^2}=-a \end{array}\right\} \sqrt{a^2}=|a|$$

2 根号を含む式の計算

定義より　$(\sqrt{a})^2=a$

$a>0,\ b>0$ のとき　[1] $\sqrt{a}\sqrt{b}=\sqrt{ab}$　[2] $\dfrac{\sqrt{a}}{\sqrt{b}}=\sqrt{\dfrac{a}{b}}$

$a>0,\ k>0$ のとき　$\sqrt{k^2a}=k\sqrt{a}$

3 分母の有理化

分母に根号を含む式を，分母に根号を含まない形に変形すること。

[1] $\dfrac{1}{\sqrt{a}}=\dfrac{\sqrt{a}}{\sqrt{a}\times\sqrt{a}}=\dfrac{\sqrt{a}}{a}$

[2] $\dfrac{1}{\sqrt{a}+\sqrt{b}}=\dfrac{\sqrt{a}-\sqrt{b}}{(\sqrt{a}+\sqrt{b})(\sqrt{a}-\sqrt{b})}=\dfrac{\sqrt{a}-\sqrt{b}}{a-b}$

$\dfrac{1}{\sqrt{a}-\sqrt{b}}=\dfrac{\sqrt{a}+\sqrt{b}}{(\sqrt{a}-\sqrt{b})(\sqrt{a}+\sqrt{b})}=\dfrac{\sqrt{a}+\sqrt{b}}{a-b}$

SPIRAL A

61　次の値を求めよ。　▶教 p.29 例3

(1) 7の平方根　*(2) $\sqrt{36}$　(3) $\dfrac{1}{9}$ の平方根　*(4) $\sqrt{\dfrac{1}{4}}$

62　次の値を求めよ。　▶教 p.29

*(1) $\sqrt{7^2}$　(2) $\sqrt{(-3)^2}$　(3) $\sqrt{\left(\dfrac{2}{3}\right)^2}$　*(4) $\sqrt{\left(-\dfrac{5}{8}\right)^2}$

63　次の式を計算せよ。　▶教 p.30 例4

(1) $\sqrt{3}\times\sqrt{5}$　(2) $\sqrt{6}\times\sqrt{7}$　*(3) $\sqrt{2}\times\sqrt{3}\times\sqrt{5}$

*(4) $\dfrac{\sqrt{10}}{\sqrt{5}}$　(5) $\dfrac{\sqrt{30}}{\sqrt{6}}$　*(6) $\sqrt{12}\div\sqrt{3}$

64　次の式を $k\sqrt{a}$ の形に表せ。　▶教 p.30 例5

(1) $\sqrt{8}$　*(2) $\sqrt{24}$　(3) $\sqrt{28}$

(4) $\sqrt{32}$　*(5) $\sqrt{63}$　(6) $\sqrt{98}$

65　次の式を計算せよ。　▶教 p.30 例6

(1) $\sqrt{3}\times\sqrt{15}$　*(2) $\sqrt{6}\times\sqrt{2}$　(3) $\sqrt{6}\times\sqrt{12}$　*(4) $\sqrt{5}\times\sqrt{20}$

66　次の式を簡単にせよ。 ▶教p.31 例7

(1) $3\sqrt{3}-\sqrt{3}$　*(2) $\sqrt{2}-2\sqrt{2}+5\sqrt{2}$

(3) $\sqrt{18}-\sqrt{32}$　*(4) $\sqrt{12}+\sqrt{48}-5\sqrt{3}$

(5) $(3\sqrt{2}-3\sqrt{3})+(\sqrt{2}+2\sqrt{3})$　(6) $(\sqrt{20}-\sqrt{8})-(\sqrt{5}-\sqrt{32})$

67　次の式を簡単にせよ。 ▶教p.31 例題1

(1) $(3\sqrt{2}-\sqrt{3})(\sqrt{2}+2\sqrt{3})$　*(2) $(2\sqrt{2}-\sqrt{5})(3\sqrt{2}+2\sqrt{5})$

*(3) $(\sqrt{3}+2)^2$　(4) $(\sqrt{3}+\sqrt{7})^2$　(5) $(\sqrt{2}-1)^2$

(6) $(2\sqrt{3}-2\sqrt{2})^2$　*(7) $(\sqrt{7}+\sqrt{2})(\sqrt{7}-\sqrt{2})$

68　次の式の分母を有理化せよ。 ▶教p.32 例8

(1) $\dfrac{\sqrt{2}}{\sqrt{5}}$　*(2) $\dfrac{8}{\sqrt{2}}$　(3) $\dfrac{9}{\sqrt{3}}$　(4) $\dfrac{3}{2\sqrt{3}}$　*(5) $\dfrac{\sqrt{5}}{\sqrt{27}}$

69　次の式の分母を有理化せよ。 ▶教p.32 例題2

(1) $\dfrac{1}{\sqrt{5}-\sqrt{3}}$　*(2) $\dfrac{4}{\sqrt{7}+\sqrt{3}}$　(3) $\dfrac{2}{\sqrt{3}+1}$　(4) $\dfrac{\sqrt{2}}{2-\sqrt{5}}$

*(5) $\dfrac{5}{2+\sqrt{3}}$　(6) $\dfrac{\sqrt{11}-3}{\sqrt{11}+3}$　(7) $\dfrac{3-\sqrt{7}}{3+\sqrt{7}}$　*(8) $\dfrac{\sqrt{2}+\sqrt{5}}{\sqrt{2}-\sqrt{5}}$

SPIRAL B

70　次の x の値に対して，$\sqrt{(x-3)^2}$ の値を求めよ。

(1) $x=7$　(2) $x=3$　(3) $x=1$

71　次の式を簡単にせよ。 ▶教p.31 例7，例題1

(1) $(\sqrt{32}-\sqrt{75})-(2\sqrt{18}-3\sqrt{12})$　*(2) $(3\sqrt{8}+2\sqrt{12})-(\sqrt{50}-3\sqrt{27})$

*(3) $(\sqrt{20}-\sqrt{2})(\sqrt{5}+\sqrt{32})$　(4) $(\sqrt{27}-\sqrt{32})^2$

72　次の式を簡単にせよ。

(1) $\dfrac{1}{\sqrt{3}}-\dfrac{1}{\sqrt{12}}-\dfrac{1}{\sqrt{27}}$　*(2) $\dfrac{1}{3-\sqrt{5}}+\dfrac{1}{3+\sqrt{5}}$

(3) $\dfrac{\sqrt{3}}{\sqrt{3}+\sqrt{2}}-\dfrac{\sqrt{2}}{\sqrt{3}-\sqrt{2}}$　*(4) $\dfrac{4}{\sqrt{5}-1}-\dfrac{1}{\sqrt{5}+2}$

73　次の式を簡単にせよ。

*(1) $\dfrac{3}{\sqrt{5}-\sqrt{2}}-\dfrac{2}{\sqrt{5}+\sqrt{3}}-\dfrac{1}{\sqrt{3}-\sqrt{2}}$

(2) $\dfrac{\sqrt{3}}{3-\sqrt{6}}+\dfrac{2}{\sqrt{5}+\sqrt{3}}+\dfrac{\sqrt{3}+\sqrt{2}}{5+2\sqrt{6}}$

SPIRAL C

例題 7　$x=\sqrt{3}+\sqrt{2}$，$y=\sqrt{3}-\sqrt{2}$ のとき，次の式の値を求めよ。

▶教p.34思考力✚

(1)　$x+y$　　(2)　xy　　(3)　x^2+y^2　　(4)　x^3+y^3

考え方　$x^2+y^2=(x+y)^2-2xy$,　$x^3+y^3=(x+y)^3-3xy(x+y)$ を利用するとよい。

解

(1)　$x+y=(\sqrt{3}+\sqrt{2})+(\sqrt{3}-\sqrt{2})=\mathbf{2\sqrt{3}}$ 答

(2)　$xy=(\sqrt{3}+\sqrt{2})(\sqrt{3}-\sqrt{2})=3-2=\mathbf{1}$ 答

(3)　$x^2+y^2=(x+y)^2-2xy=(2\sqrt{3})^2-2\times 1=12-2=\mathbf{10}$ 答

(4)　$x^3+y^3=(x+y)^3-3xy(x+y)$

$\quad=(2\sqrt{3})^3-3\times 1\times 2\sqrt{3}=24\sqrt{3}-6\sqrt{3}=\mathbf{18\sqrt{3}}$ 答

74　$x=\dfrac{\sqrt{3}-1}{\sqrt{3}+1}$，$y=\dfrac{\sqrt{3}+1}{\sqrt{3}-1}$ のとき，次の式の値を求めよ。

(1)　$x+y$　　(2)　xy　　(3)　x^2+y^2　　(4)　x^3+y^3　　(5)　$\dfrac{x}{y}+\dfrac{y}{x}$

75　$x=\dfrac{2}{\sqrt{3}+1}$ のとき，次の問いに答えよ。

(1)　分母を有理化せよ。　　(2)　$(x+1)^2$ の値を求めよ。

(3)　x^2+2x+2 の値を求めよ。

例題 8　$\dfrac{1}{\sqrt{2}-1}$ の整数部分を a，小数部分を b とするとき，a と b の値を求めよ。

▶教p.50章末9

解

$$\frac{1}{\sqrt{2}-1}=\frac{\sqrt{2}+1}{(\sqrt{2}-1)(\sqrt{2}+1)}=\frac{\sqrt{2}+1}{(\sqrt{2})^2-1^2}=\sqrt{2}+1$$

ここで　$1<\sqrt{2}<2$　であるから

$\quad 2<\sqrt{2}+1<3$

ゆえに　$\boldsymbol{a=2}$ 答

よって　$b=\sqrt{2}+1-2=\mathbf{\sqrt{2}-1}$ 答

76　$\dfrac{2}{3-\sqrt{7}}$ の整数部分を a，小数部分を b とするとき，a と b の値を求めよ。

二重根号

例題 9 次の式の二重根号をはずせ。

▶教p.35思考力✚発展

(1) $\sqrt{6+\sqrt{32}}$　　(2) $\sqrt{2-\sqrt{3}}$

考え方　$a>0$, $b>0$ のとき　$\sqrt{(\boldsymbol{a}+\boldsymbol{b})+2\sqrt{\boldsymbol{ab}}}=\sqrt{(\sqrt{a}+\sqrt{b})^2}=\sqrt{\boldsymbol{a}}+\sqrt{\boldsymbol{b}}$

$a>b>0$ のとき　$\sqrt{(\boldsymbol{a}+\boldsymbol{b})-2\sqrt{\boldsymbol{ab}}}=\sqrt{(\sqrt{a}-\sqrt{b})^2}=\sqrt{\boldsymbol{a}}-\sqrt{\boldsymbol{b}}$

(2)は，$\sqrt{3}$ の前に 2 をつけるように工夫して計算する。

解

(1) $\sqrt{6+\sqrt{32}}=\sqrt{6+2\sqrt{8}}=\sqrt{(\sqrt{4}+\sqrt{2})^2}=\sqrt{(2+\sqrt{2})^2}=\boldsymbol{2+\sqrt{2}}$ 答

(2) $\sqrt{2-\sqrt{3}}=\sqrt{\dfrac{4-2\sqrt{3}}{2}}=\dfrac{\sqrt{4-2\sqrt{3}}}{\sqrt{2}}=\dfrac{\sqrt{(\sqrt{3}-1)^2}}{\sqrt{2}}=\dfrac{\sqrt{3}-1}{\sqrt{2}}$

$=\dfrac{(\sqrt{3}-1)\times\sqrt{2}}{\sqrt{2}\times\sqrt{2}}=\boldsymbol{\dfrac{\sqrt{6}-\sqrt{2}}{2}}$ 答

77 次の式の二重根号をはずせ。

(1) $\sqrt{7+2\sqrt{12}}$　　(2) $\sqrt{9-2\sqrt{14}}$　　(3) $\sqrt{8+\sqrt{48}}$

(4) $\sqrt{5-\sqrt{24}}$　　(5) $\sqrt{15-6\sqrt{6}}$　　(6) $\sqrt{11+4\sqrt{6}}$

78 次の式の二重根号をはずせ。

(1) $\sqrt{3+\sqrt{5}}$　　(2) $\sqrt{4-\sqrt{7}}$　　(3) $\sqrt{6+3\sqrt{3}}$　　(4) $\sqrt{14-5\sqrt{3}}$

分母の有理化の工夫

例題 10 $\dfrac{1}{1+\sqrt{2}+\sqrt{3}}$ の分母を有理化せよ。

▶教p.50章末7

考え方　$\{(1+\sqrt{2})+\sqrt{3}\}\{(1+\sqrt{2})-\sqrt{3}\}=(1+\sqrt{2})^2-(\sqrt{3})^2=3+2\sqrt{2}-3=2\sqrt{2}$
となることを利用する。

解

$\dfrac{1}{1+\sqrt{2}+\sqrt{3}}=\dfrac{1+\sqrt{2}-\sqrt{3}}{(1+\sqrt{2}+\sqrt{3})(1+\sqrt{2}-\sqrt{3})}$

$=\dfrac{1+\sqrt{2}-\sqrt{3}}{(1+\sqrt{2})^2-(\sqrt{3})^2}$

$=\dfrac{1+\sqrt{2}-\sqrt{3}}{2\sqrt{2}}=\dfrac{(1+\sqrt{2}-\sqrt{3})\times\sqrt{2}}{2\sqrt{2}\times\sqrt{2}}=\boldsymbol{\dfrac{\sqrt{2}+2-\sqrt{6}}{4}}$ 答

79 次の式の分母を有理化せよ。

(1) $\dfrac{1}{\sqrt{2}+\sqrt{3}+\sqrt{5}}$　　(2) $\dfrac{1}{\sqrt{2}+\sqrt{5}+\sqrt{7}}$

3節　1次不等式

1 不等号と不等式　2 不等式の性質

▶教p.36〜p.39

1 不等号の意味

$x < a$　x は a より小さい（x は a 未満）　$x \leqq a$　x は a 以下

$x > a$　x は a より大きい　$x \geqq a$　x は a 以上

2 不等式の性質

不等号を含む式を**不等式**といい，$a < b$ のとき，次の性質が成り立つ。

[1]　$a+c < b+c$，$a-c < b-c$

[2]　$c > 0$ ならば　$ac < bc$，$\dfrac{a}{c} < \dfrac{b}{c}$

[3]　$c < 0$ ならば　$ac > bc$，$\dfrac{a}{c} > \dfrac{b}{c}$

SPIRAL A

80　次の数量の大小関係を，不等号を用いて表せ。▶教p.36例1

(1)　x は -2 より小さい　*(2)　x は 3 未満

(3)　x は 4 以下　*(4)　x は 3 より大きい

(5)　x は 10 以上　*(6)　x は -3 以上 3 以下

(7)　x は 0 より大きく 3 より小さい

81　次の数量の大小関係を不等式で表せ。▶教p.37例2

*(1)　ある数 x を 2 倍して 3 を引いた数は，6 より大きい。

(2)　ある数 x を 3 で割って 2 を加えた数は，x の 5 倍以下である。

(3)　ある数 x を -5 倍して 4 を引いた数は，-5 以上でかつ 3 未満である。

*(4)　1 本 60 円のえんぴつを x 本と，1 冊 150 円のノートを 3 冊買ったときの合計金額は，1800 円未満であった。

82　$a < b$ のとき，次の 2 つの数の大小関係を不等号を用いて表せ。▶教p.39例3

*(1)　$a+3$，　$b+3$　(2)　$a-5$，　$b-5$

*(3)　$4a$，　$4b$　(4)　$-5a$，　$-5b$

(5)　$\dfrac{a}{5}$，　$\dfrac{b}{5}$　*(6)　$-\dfrac{a}{5}$，　$-\dfrac{b}{5}$

(7)　$2a-1$，　$2b-1$　*(8)　$1-3a$，　$1-3b$

3　1次不等式(1)

▶教p.40〜p.42

1　x の値の範囲と数直線

①　$x > a$　　　②　$x \geqq a$

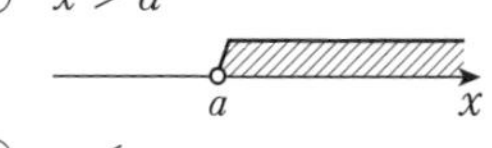

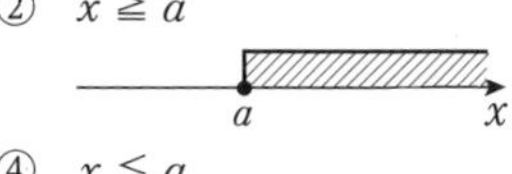

③　$x < a$　　　④　$x \leqq a$

a　x　　　a　x

2　1次不等式の解き方

x についての不等式を満たす x の値を**不等式の解**といい，不等式のすべての解を求めることを**不等式を解く**という。

①　移項して $ax > b$ や $ax < b$ の形に整理する。

②　$ax > b$ の解は　　$a > 0$ のとき　$x > \dfrac{b}{a}$

　　　　　　　　　　$a < 0$ のとき　$x < \dfrac{b}{a}$

SPIRAL A

83　次の不等式で表された x の値の範囲を，数直線上に図示せよ。 ▶教p.40 例4

(1)　$x \geqq 0$　　　*(2)　$x \leqq 5$

(3)　$x > 1$　　　*(4)　$x < -2$

84　次の1次不等式を解け。 ▶教p.41 例5

(1)　$x - 1 > 2$　　　*(2)　$x + 5 < 12$

(3)　$x + 8 \leqq 6$　　　*(4)　$x - 6 \geqq 0$

(5)　$3 + x > -2$　　　*(6)　$-2 + x \leqq -2$

85　次の1次不等式を解け。 ▶教p.41 例5

(1)　$2x - 1 > 3$　　　*(2)　$3x + 5 < 20$

(3)　$4x - 1 \leqq 6$　　　*(4)　$2x + 1 \geqq 0$

*(5)　$-3x + 2 \leqq 5$　　　(6)　$6 - 2x \geqq 3$

86　次の1次不等式を解け。 ▶教p.42 例題1

*(1)　$7 - 4x < 3 - 2x$　　　(2)　$7x + 1 \leqq 2x - 4$

*(3)　$2x + 3 < 4x + 7$　　　(4)　$3x + 5 \geqq 6x - 4$

*(5)　$12 - x \leqq 3x - 2$　　　(6)　$2(x - 3) > x - 5$

(7)　$7x - 18 \geqq 3(x - 1)$　　　(8)　$5(1 - x) < 3x - 7$

87　次の１次不等式を解け。　▶教p.42 例題2

*(1)　$x-1<2-\frac{3}{2}x$　　(2)　$x+\frac{2}{3}\leqq 1-2x$

*(3)　$\frac{4}{3}x-\frac{1}{3}>\frac{3}{4}x+\frac{1}{2}$　　(4)　$\frac{3}{2}-\frac{1}{2}x<\frac{2}{3}x-\frac{5}{3}$

*(5)　$\frac{1}{2}x+\frac{1}{3}<\frac{3}{4}x-\frac{5}{6}$　　(6)　$\frac{1}{3}x+\frac{7}{6}\geqq\frac{1}{2}x+\frac{1}{3}$

SPIRAL B

88　次の１次不等式を解け。　▶教p.42 例題2

*(1)　$0.4x+0.3\geqq 1.2x+1.9$　　(2)　$0.2x+1\leqq 0.5x-1.6$

*(3)　$2(1-3x)>\frac{1-5x}{2}$　　(4)　$\frac{1}{2}(3x+4)<x-\frac{1}{6}(x+1)$

*(5)　$\frac{3-2x}{12}>\frac{x+2}{9}-\frac{2x-1}{6}$　　(6)　$\frac{4x-5}{6}-\frac{x-1}{3}\geqq\frac{2-3x}{5}$

*(7)　$\frac{x}{3}-\frac{1-2x}{6}<\frac{x-3}{2}+\frac{3}{4}$　　(8)　$\frac{2x-1}{3}-\frac{x-1}{2}\leqq-\frac{3(1+x)}{5}$

SPIRAL C

最小の整数解

例題 11　１次不等式 $6-4x<5-2x$ の解のうち，最小の整数を求めよ。

解　不等式 $6-4x<5-2x$ を解くと

$-2x<-1$

$x>\frac{1}{2}$　　$\leftarrow \frac{1}{2}=0.5$

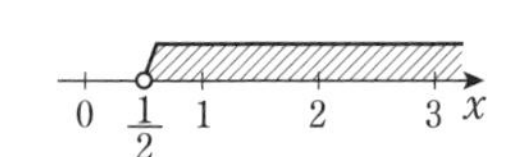

したがって

$x>\frac{1}{2}$ を満たす最小の整数は１である。 答

89　次の問いに答えよ。

(1)　１次不等式 $8x-2<3(x+2)$ の解のうち，最大の整数を求めよ。

(2)　１次不等式 $\frac{x-25}{4}<\frac{3x-2}{2}$ の解のうちで負の整数であるものの個数を求めよ。

3 1次不等式(2)

▶教p.43〜p.45

1 連立不等式

[1] 連立不等式 $\begin{cases} A>0 \\ B>0 \end{cases}$ の解 … $A>0$ の解と $B>0$ の解の共通範囲

[2] 不等式 $A<B<C$ の解 … 連立不等式 $\begin{cases} A<B \\ B<C \end{cases}$ の解

SPIRAL A

90 次の連立不等式を解け。 ▶教p.43例6

(1) $\begin{cases} 4x-3<2x+9 \\ 3x>x+2 \end{cases}$　*(2) $\begin{cases} 2x-3<3 \\ 3x+6>x-2 \end{cases}$

(3) $\begin{cases} 27 \geqq 2x+13 \\ 9 \leqq 7+4x \end{cases}$　*(4) $\begin{cases} x-1<3x+7 \\ 5x+2<2x-4 \end{cases}$

91 次の連立不等式を解け。 ▶教p.43例題3

(1) $\begin{cases} 3x+1>5(x-1) \\ 2(x-1)>5x+4 \end{cases}$　*(2) $\begin{cases} 2x-5(x+1) \leqq 1 \\ x-5 \leqq 3x+7 \end{cases}$

(3) $\begin{cases} 7x-18 \geqq 3(x-2) \\ 2(3-x) \leqq 3(x-5)-9 \end{cases}$　*(4) $\begin{cases} x-1<2-\dfrac{3}{2}x \\ \dfrac{2}{5}x-6 \leqq 2(x+1) \end{cases}$

92 次の不等式を解け。 ▶教p.44例題4

(1) $-2 \leqq 4x+2 \leqq 10$　*(2) $x-7<3x-5<5-2x$

(3) $3x+2 \leqq 5x \leqq 8x+6$　*(4) $3x+4 \geqq 2(2x-1)>3(x-1)$

SPIRAL B

93　次の連立不等式を解け。 ▶教p.43例題3

*(1) $\begin{cases} \dfrac{x+1}{3} \geqq \dfrac{x-1}{4} \\ \dfrac{1}{3}x+\dfrac{1}{6} \leqq \dfrac{1}{4}x \end{cases}$　　(2) $\begin{cases} \dfrac{x-1}{2} < 1-\dfrac{3-2x}{5} \\ 1.8x+4.2 > 3.1x+0.3 \end{cases}$

***94**　次の問いに答えよ。 ▶教p.45応用例題1

(1)　1個130円のりんごと1個90円のりんごをあわせて15個買い，合計金額を1800円以下になるようにしたい。130円のりんごをなるべく多く買うには，それぞれ何個ずつ買えばよいか。

(2)　1冊200円のノートと1冊160円のノートをあわせて10冊買い，1本90円の鉛筆を2本買って，合計金額を2000円以下になるようにしたい。1冊200円のノートは最大で何冊まで買えるか。

95　次の不等式を満たす整数xをすべて求めよ。

*(1) $\begin{cases} 2x+1<3 \\ x-1<3x+5 \end{cases}$　　(2) $\begin{cases} x \leqq 4x+3 \\ x-1 < \dfrac{x+2}{4} \end{cases}$

*(3) $x+7 \leqq 3x+15 < -4x-2$

SPIRAL C

例題 12　　四捨五入と式の値の範囲

a，bの小数第2位を四捨五入すると，aは3.2，bは1.2になった。このとき，$a+b$の値の範囲を求めよ。

解　aは小数第2位を四捨五入して3.2となる数であるから　$3.15 \leqq a < 3.25$
　bは小数第2位を四捨五入して1.2となる数であるから　$1.15 \leqq b < 1.25$
ゆえに　$3.15+1.15 \leqq a+b < 3.25+1.25$
よって　$\boldsymbol{4.3 \leqq a+b < 4.5}$　答

96　$\dfrac{3x+1}{4}$の小数第1位を四捨五入すると5になるという。このようなxの値の範囲を求めよ。

97　5%の食塩水が900gある。これに水を加えて食塩水の濃度を3%以下になるようにしたい。水を何g以上加えればよいか。

ヒント　97　濃度(%)$=\dfrac{\text{食塩の量}}{\text{食塩水の量}}\times 100$

思考力 PLUS　絶対値を含む方程式・不等式

▶教p.46〜p.47

1 絶対値を含む方程式・不等式の解

$a > 0$ のとき，方程式 $|x| = a$ の解は　$x = \pm a$

不等式 $|x| < a$ の解は　$-a < x < a$

不等式 $|x| > a$ の解は　$x < -a,\ a < x$

2 絶対値を含む方程式・不等式の解き方

絶対値の定義により場合分けをして，絶対値を含まない方程式・不等式にする。

SPIRAL A

98　次の方程式，不等式を解け。 ▶教p.46例1

(1) $|x| = 5$　　(2) $|x| = 7$

(3) $|x| < 6$　　(4) $|x| > 2$

99　次の方程式，不等式を解け。 ▶教p.47例題1

(1) $|x - 3| = 4$　　(2) $|x + 6| = 3$

(3) $|3x - 6| = 9$　　(4) $|-x + 2| = 4$

(5) $|x + 3| \leqq 4$　　(6) $|x - 1| > 5$

例題 13　絶対値と場合分け

次の方程式を解け。 ▶教p.47例題2

$$|x + 1| = 7 - 2x \quad \cdots\cdots ①$$

考え方　x の値の範囲で場合分けをして，絶対値記号をはずす。

解　(i) $x + 1 \geqq 0$ すなわち $x \geqq -1$ のとき

$|x + 1| = x + 1$

よって，①は　$x + 1 = 7 - 2x$

これを解くと　$x = 2$

この値は，$x \geqq -1$ を満たす。

(ii) $x + 1 < 0$ すなわち $x < -1$ のとき

$|x + 1| = -x - 1$

よって，①は　$-x - 1 = 7 - 2x$

これを解くと　$x = 8$

この値は，$x < -1$ を満たさない。

(i)，(ii)より，①の解は　$\boldsymbol{x = 2}$　答

100　次の方程式を解け。

(1) $|x + 1| = 2x$　　(2) $|x - 8| = 3x - 4$

1節 集合と論証

1 集合

▶教 p.52〜p.57

1 集合

集合 ある特定の性質をもつもの全体の集まり

要素 集合を構成している個々のもの

$\boldsymbol{a \in A}$ a は集合 A に属する（a が集合 A の要素である）

$\boldsymbol{b \notin A}$ b は集合 A に属さない（b が集合 A の要素でない）

2 集合の表し方

① { }の中に，要素を書き並べる。

② { }の中に，要素の満たす条件を書く。

3 部分集合

$\boldsymbol{A \subset B}$ A は B の**部分集合**（A のすべての要素が B の要素になっている）

$\boldsymbol{A = B}$ A と B は**等しい**（A と B の要素がすべて一致している）

空集合 $\varnothing$ 要素を1つももたない集合

4 共通部分と和集合/補集合/ド・モルガンの法則

共通部分 $A \cap B$ A，B のどちらにも属する要素全体からなる集合

和集合 $A \cup B$ A，B の少なくとも一方に属する要素全体からなる集合

補集合 $\overline{A}$ 全体集合 U の中で，集合 A に属さない要素全体からなる集合

ド・モルガンの法則 [1] $\overline{A \cup B} = \overline{A} \cap \overline{B}$ [2] $\overline{A \cap B} = \overline{A} \cup \overline{B}$

SPIRAL A

101 10以下の正の奇数の集合を A とするとき，次の □ に，$\in$，$\notin$ のうち適する記号を入れよ。

▶教 p.52 例1

*(1) 3 □ A (2) 6 □ A *(3) 11 □ A

102 次の集合を，要素を書き並べる方法で表せ。

▶教 p.53 例2

(1) $A = \{x \mid x$ は12の正の約数$\}$

*(2) $B = \{x \mid x > -3$，x は整数$\}$

103 次の集合 A，B について，□ に，$\supset$，$\subset$，$=$ のうち最も適する記号を入れよ。

▶教 p.54 例3

*(1) $A = \{1, 5, 9\}$，$B = \{1, 3, 5, 7, 9\}$ について A □ B

(2) $A = \{x \mid x$ は1桁（けた）の素数全体$\}$，$B = \{2, 3, 5, 7\}$ について

A □ B

*(3) $A = \{x \mid x$ は20以下の自然数で3の倍数$\}$，

$B = \{x \mid x$ は20以下の自然数で6の倍数$\}$ について A □ B

104 次の集合の部分集合をすべて書き表せ。　▶教p.54 例4

*(1)　$\{3,\ 5\}$　*(2)　$\{2,\ 4,\ 6\}$　(3)　$\{a,\ b,\ c,\ d\}$

105 $A=\{1,\ 3,\ 5,\ 7\}$，　$B=\{2,\ 3,\ 5,\ 7\}$，　$C=\{2,\ 4\}$ のとき，次の集合を求めよ。　▶教p.55 例5

*(1)　$A\cap B$　(2)　$A\cup B$　*(3)　$B\cup C$　(4)　$A\cap C$

***106** $A=\{x\,|\,-3<x<4,\ x\text{は実数}\}$，$B=\{x\,|\,-1<x<6,\ x\text{は実数}\}$ のとき，次の集合を求めよ。　▶教p.55 例6

(1)　$A\cap B$　(2)　$A\cup B$

107 $U=\{1,\ 2,\ 3,\ 4,\ 5,\ 6,\ 7,\ 8,\ 9,\ 10\}$ を全体集合とするとき，その部分集合 $A=\{1,\ 2,\ 3,\ 4,\ 5,\ 6\}$，$B=\{5,\ 6,\ 7,\ 8\}$ について，次の集合を求めよ。　▶教p.56 例題1

*(1)　$\overline{A}$　(2)　$\overline{B}$

108 $U=\{1,\ 2,\ 3,\ 4,\ 5,\ 6,\ 7,\ 8,\ 9,\ 10\}$ を全体集合とするとき，その部分集合 $A=\{1,\ 3,\ 5,\ 7,\ 9\}$，$B=\{1,\ 2,\ 3,\ 6\}$ について，次の集合を求めよ。　▶教p.56 例題1

*(1)　$\overline{A\cap B}$　(2)　$\overline{A\cup B}$　*(3)　$\overline{A}\cup B$　(4)　$A\cap\overline{B}$

SPIRAL B

***109** 次の集合を，要素を書き並べる方法で表せ。　▶教p.53 例2

(1)　$A=\{2x\,|\,x\text{は1桁の自然数}\}$

(2)　$A=\{x^2\,|\,-2\leqq x\leqq 2,\ x\text{は整数}\}$

110 次の集合 A，B について，$A\cap B$ と $A\cup B$ を求めよ。　▶教p.55 例6

(1)　$A=\{n\,|\,n\text{は1桁の正の4の倍数}\}$，　$B=\{n\,|\,n\text{は1桁の正の偶数}\}$

*(2)　$A=\{3n\,|\,n\text{は6以下の自然数}\}$，　$B=\{3n-1\,|\,n\text{は6以下の自然数}\}$

111 $U=\{x\,|\,10\leqq x\leqq 20,\ x\text{は整数}\}$ を全体集合とするとき，その部分集合

$A=\{x\,|\,x\text{は3の倍数},\ x\in U\}$，　$B=\{x\,|\,x\text{は5の倍数},\ x\in U\}$

について，次の集合を求めよ。　▶教p.56 例題1

*(1)　$\overline{A}$　(2)　$A\cap B$　*(3)　$\overline{A}\cap B$　(4)　$\overline{A}\cup\overline{B}$

112 $A=\{a-1,\ 1\}$, $B=\{-3,\ 2,\ 2a-5\}$ について，$A\subset B$ となるような定数 a の値を求めよ。

113 2つの集合 A, B が，$A=\{2,\ a-1,\ a\}$, $B=\{-4,\ a-3,\ 10-a\}$ であるとき，$A\cap B=\{2,\ 5\}$ となるような a の値を求めよ。

SPIRAL C

例題 14　全体集合と部分集合

$U=\{1,\ 2,\ 3,\ 4,\ 5,\ 6,\ 7,\ 8,\ 9\}$ を全体集合とする。

その部分集合 A, B が

$\overline{A}\cap\overline{B}=\{1,\ 4,\ 8\}$,　$A\cap\overline{B}=\{5,\ 6\}$,

$\overline{A}\cap B=\{2,\ 7\}$

を満たすとき，次の集合を求めよ。

(1)　$A\cup B$　　(2)　A　　(3)　B

解　条件より　　$A\cap B=\{3,\ 9\}$

よって，U, A, B の関係は，右の図のようになる。

(1)　$A\cup B=\{\mathbf{2,\ 3,\ 5,\ 6,\ 7,\ 9}\}$　答

(2)　$A=\{\mathbf{3,\ 5,\ 6,\ 9}\}$　答

(3)　$B=\{\mathbf{2,\ 3,\ 7,\ 9}\}$　答

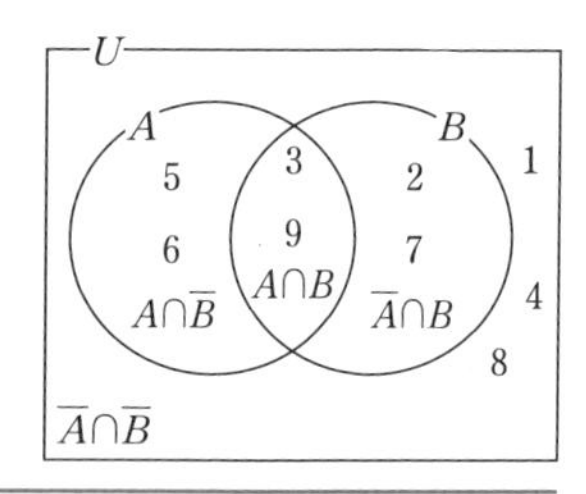

114 $U=\{1,\ 2,\ 3,\ 4,\ 5,\ 6,\ 7,\ 8,\ 9\}$ を全体集合とする。その部分集合 A, B が $\overline{A}\cap\overline{B}=\{1,\ 5,\ 6,\ 8\}$, $A\cap\overline{B}=\{2\}$, $A\cap B=\{3,\ 4,\ 7\}$ を満たすとき，A と B を求めよ。

ヒント　112 A の要素1が B の要素になっていることから，a の値を求める。
113 $A\ni 5$ となるような a の値について，場合分けして考える。

2　命題と条件

▶教 p.58〜p.63

1 命題

命題　正しい(**真**)か，正しくない(**偽**)かが定まる文や式

2 条件と集合

条件　変数の値が決まって，はじめて真偽が定まる文や式

2つの条件 p，q を満たすもの全体の集合をそれぞれ P，Q とすると，

命題「$p \Longrightarrow q$」が真であることと，$P \subset Q$ が成り立つことは同じことである。

3 必要条件と十分条件

2つの条件 p，q について，命題「$p \Longrightarrow q$」が真であるとき

p は q であるための**十分条件**であるといい，

q は p であるための**必要条件**であるという。

命題「$p \Longrightarrow q$」,「$q \Longrightarrow p$」がともに真であるとき

p は q であるための**必要十分条件**であるという。

このとき，p と q は**同値**であるともいい，$p \Longleftrightarrow q$ で表す。

4 否定/ド・モルガンの法則

否定　条件 p に対し，「p でない」という条件を p の**否定**といい，$\overline{p}$ で表す。

ド・モルガンの法則　[1] $\overline{p \text{かつ} q} \Longleftrightarrow \overline{p}$ または $\overline{q}$　[2] $\overline{p \text{または} q} \Longleftrightarrow \overline{p}$ かつ $\overline{q}$

SPIRAL A

115　次の文は命題といえるか。命題といえるならば，その真偽を答えよ。

▶教 p.58 練習9

*(1)　1 は 12 の約数である。　(2)　1 は素数である。

*(3)　0.001 は小さい数である。　(4)　正方形は長方形の一種である。

***116**　次の条件 p，q について，命題「$p \Longrightarrow q$」の真偽を調べよ。また，偽の場合は反例をあげよ。ただし，x は実数とする。

▶教 p.60 例7，8

(1)　$p：-2 \leqq x \leqq 1$　　$q：x \geqq -3$

(2)　$p：-1 < x < 2$　　$q：-2 < x < 5$

(3)　$p：x^2 - x = 0$　　$q：x = 1$

117　次の条件 p，q について，命題「$p \Longrightarrow q$」の真偽を調べよ。また，偽の場合は反例をあげよ。ただし，n は自然数とする。

▶教 p.60 例7，8

*(1)　$p：n$ は 3 の倍数　　$q：n$ は 6 の倍数

(2)　$p：n$ は 8 の約数　　$q：n$ は 24 の約数

*(3)　$p：n$ は 8 以下の奇数　　$q：n$ は素数

*118 次の□に，必要条件，十分条件，必要十分条件のうち最も適するものを入れよ。ただし，x，y は実数とする。 ▶教p.61例9，p.62例10，11

(1) $x=1$ は，$x^2=1$ であるための□である。

(2) 「四角形 ABCD は平行四辺形」は，「四角形 ABCD は長方形」であるための□である。

(3) $x^2=0$ は，$x=0$ であるための□である。

(4) $\triangle ABC \equiv \triangle DEF$ は，$\triangle ABC \backsim \triangle DEF$ であるための□である。

119 次の条件の否定をいえ。ただし，x は実数とする。 ▶教p.63例12

*(1) $x=5$　(2) $x \neq -1$　*(3) $x \geqq 0$　(4) $x<-2$

120 次の条件の否定をいえ。ただし，x，y は実数とする。 ▶教p.63例13

*(1) $x<4$ かつ $y \leqq 2$　*(2) $-3<x<2$

(3) $x \leqq 2$ または $x>5$　(4) $x<-2$ かつ $x<1$

*121 次の□に，必要条件，十分条件，必要十分条件のうち最も適するものを入れよ。ただし，m，n は自然数とする。 ▶教p.62例10，11

(1) mn が奇数であることは，m，n がともに奇数であるための□である。

(2) $m+n$，$m-n$ がともに偶数であることは，m，n がともに偶数であるための□である。

SPIRAL B

122 次の□に，必要条件，十分条件，必要十分条件のうち最も適するものを入れよ。ただし，x，y は実数とする。 ▶教p.62例10，11

(1) $x+y>0$ かつ $xy>0$ は，$x>0$ かつ $y>0$ であるための□である。

(2) $x^2=y^2$ は，$x=\pm y$ であるための□である。

(3) $x^2+y^2=0$ は，$x=0$ または $y=0$ であるための□である。

(4) $p+q$，pq がともに有理数であることは，p，q がともに有理数であるための□である。

(5) $|x|<3$ は，$|x-1|<1$ であるための□である。

3 逆・裏・対偶

▶教p.64〜p.67

1 逆・裏・対偶

命題「$p \Longrightarrow q$」に対して

「$q \Longrightarrow p$」を **逆**

「$\overline{p} \Longrightarrow \overline{q}$」を **裏**

「$\overline{q} \Longrightarrow \overline{p}$」を **対偶**

$p \Rightarrow q$ ←逆→ $q \Rightarrow p$
裏 ↕ 対偶 ↕ 裏
$\overline{p} \Rightarrow \overline{q}$ ←逆→ $\overline{q} \Rightarrow \overline{p}$

ある命題が真であっても，その逆や裏は真であるとは限らない。

2 命題とその対偶の真偽

命題「$p \Longrightarrow q$」と，その対偶「$\overline{q} \Longrightarrow \overline{p}$」の真偽は一致する。

SPIRAL A

*123 次の命題の真偽を調べよ。また，逆，裏，対偶を述べ，それらの真偽も調べよ。ただし，x は実数とする。 ▶教p.64 例14

(1) $x^2 = 16 \Longrightarrow x = 4$　　(2) $x > -1 \Longrightarrow x < 5$

124 次の命題を対偶を利用して証明せよ。 ▶教p.65 例題2

*(1) n を整数とするとき，n^2 が3の倍数ならば，n は3の倍数である。

(2) 整数 m，n について，$m+n$ が奇数ならば，m または n は偶数である。

125 $\sqrt{2}$ が無理数であることを用いて，$3+2\sqrt{2}$ が無理数であることを背理法により証明せよ。 ▶教p.66 例題3

*126 命題「$x+y>2$ ならば $x>1$ または $y>1$ である」の真偽を調べよ。また，逆，裏，対偶を述べ，それらの真偽も調べよ。ただし，x，y は実数とする。 ▶教p.64 例14

SPIRAL B

*127 m，n を整数とするとき，mn が偶数ならば m，n の少なくとも一方は偶数であることを証明せよ。

128 「自然数 n について，n^2 が3の倍数ならば n は3の倍数である」ことを用いて，$\sqrt{3}$ が無理数であることを証明せよ。 ▶教p.67 思考力✚

129 (1) a，b を有理数とする。$\sqrt{2}$ が無理数であることを用いて，次の命題を証明せよ。

$$a+\sqrt{2}\,b=0 \Longrightarrow a=b=0$$

(2) (1)を利用して，次の等式を満たす有理数 p，q を求めよ。

$$p-3+\sqrt{2}(1+q)=0$$

1節　2次関数とそのグラフ

1　関数とグラフ

▶教p.72〜p.75

1 関数

x の値を決めると，それに対応して y の値がただ1つ定まるとき，y は x の**関数**であるという。y が x の関数であることを，$\boldsymbol{y=f(x)}$，$\boldsymbol{y=g(x)}$ などと表す。

関数の値　関数 $y=f(x)$ において，$x=a$ のときの値を $\boldsymbol{f(a)}$ と表し，$x=a$ のときの関数 $f(x)$ の値という。

2 関数 $y=f(x)$ の定義域・値域

定義域　変数 x のとり得る値の範囲

値　域　定義域の x の値に対応する変数 y のとり得る値の範囲

最大値　関数の値域における y の最大の値

最小値　関数の値域における y の最小の値

3 1次関数のグラフ

1次関数 $y=ax+b$（ただし，$a\neq 0$）のグラフは，傾き a，切片 b の直線。

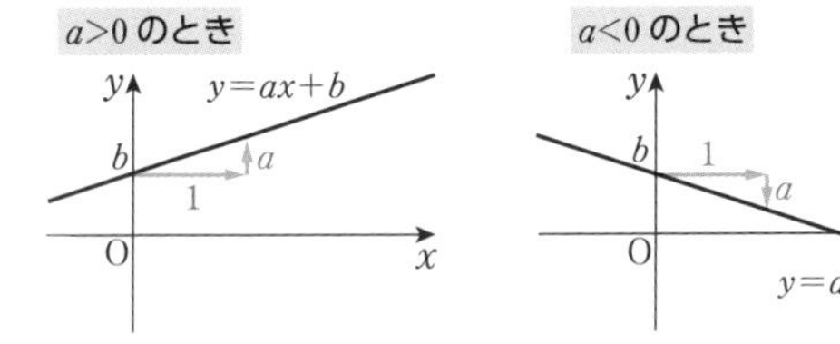

SPIRAL A

130　次の各場合について，y を x の式で表せ。　▶教p.72例1

*(1)　1辺の長さが x cm の正三角形の周の長さを y cm とする。

(2)　1本50円の鉛筆を x 本と500円の筆箱を買ったときの代金の合計を y 円とする。

131　関数 $f(x)=2x^2-5x+3$ において，次の値を求めよ。　▶教p.73例3

*(1)　$f(3)$　　*(2)　$f(-2)$　　(3)　$f(0)$

(4)　$f(a)$　　(5)　$f(-2a)$　　*(6)　$f(a+1)$

132　次の1次関数のグラフをかけ。　▶教p.74例4

*(1)　$y=2x+3$　　*(2)　$y=-3x-2$　　(3)　$y=-\frac{1}{2}x+2$

*133　関数 $y=3x-2$　$(-3\leqq x\leqq 1)$ について，次の問いに答えよ。

▶教p.75例題1

(1)　グラフをかけ。

(2)　関数の値域を求めよ。

(3)　関数の最大値，最小値を求めよ。

134　次の関数の値域を求めよ。また，最大値，最小値を求めよ。 ▶教p.75例題1

*(1)　$y=2x-5$　$(-2\leqq x\leqq 3)$　　(2)　$y=x+3$　$(-5\leqq x\leqq -3)$

*(3)　$y=-x+4$　$(2\leqq x\leqq 5)$　　(4)　$y=-3x-1$　$(-4\leqq x\leqq 1)$

SPIRAL B

135　1次関数 $f(x)=ax+b$ が次の条件を満たすとき，定数 a，b の値を求めよ。

▶教p.73

*(1)　$f(1)=3$，$f(3)=7$　　(2)　$f(-3)=2$，$f(2)=-8$

136　次の関数の値域を求めよ。 ▶教p.75例題1

*(1)　$y=-2x-3$　$(x\leqq 4)$　　(2)　$y=x-5$　$(x\leqq -3)$

SPIRAL C

1次関数の決定

例題 15　1次関数 $y=ax+b$　$(1\leqq x\leqq 4)$ の値域が $-1\leqq y\leqq 8$ となるような定数 a，b の値を求めよ。ただし，$a>0$ とする。

解　$a>0$ より，この1次関数のグラフは右上がりの直線になる。
ここで，定義域が $1\leqq x\leqq 4$ であるから
$x=1$ のとき最小，$x=4$ のとき最大となる。

$x=1$ のとき　$y=-1$

$x=4$ のとき　$y=8$

であるから

$a+b=-1$　……①，　$4a+b=8$　……②

①，②を解いて　　$a=3$，$b=-4$　答

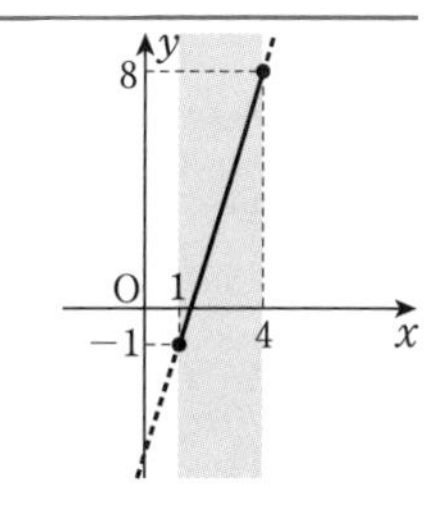

137　次の問いに答えよ。

(1)　1次関数 $y=ax+b$　$(-2\leqq x\leqq 1)$ の値域が $-3\leqq y\leqq 3$ となるような定数 a，b の値を求めよ。ただし，$a>0$ とする。

(2)　1次関数 $y=ax+b$　$(-3\leqq x\leqq -1)$ の値域が $2\leqq y\leqq 3$ となるような定数 a，b の値を求めよ。ただし，$a<0$ とする。

2 2次関数のグラフ

▶教 p.76〜p.87

1 $y = ax^2$ のグラフ

$y = ax^2$ のグラフは，**軸が y軸，頂点が 原点 $(0,\ 0)$** の放物線

$a>0$ のとき 下に凸

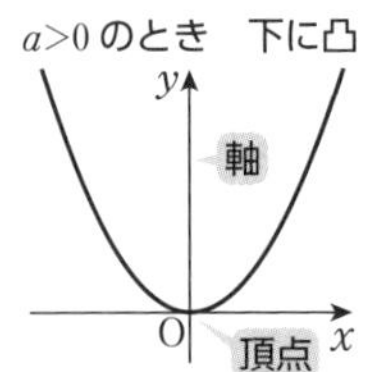

$a<0$ のとき 上に凸

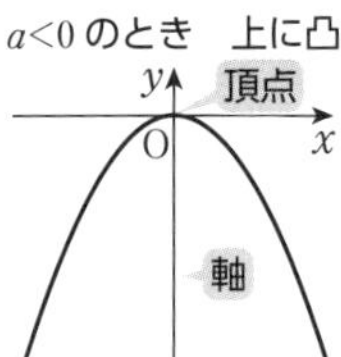

2 $y = a(x-p)^2+q$ のグラフ

$y = a(x-p)^2+q$ のグラフは，$y = ax^2$ のグラフを **x軸方向に p，y軸方向に q** だけ平行移動した放物線。軸は 直線 $x = p$，頂点は 点 $(p,\ q)$

$a>0$ のとき 下に凸

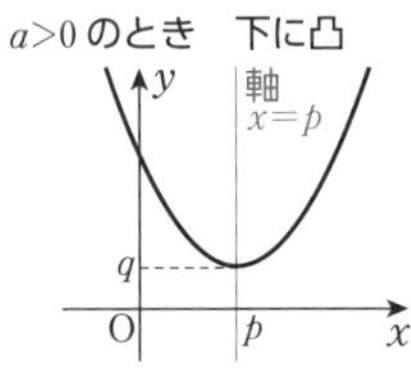

$a<0$ のとき 上に凸

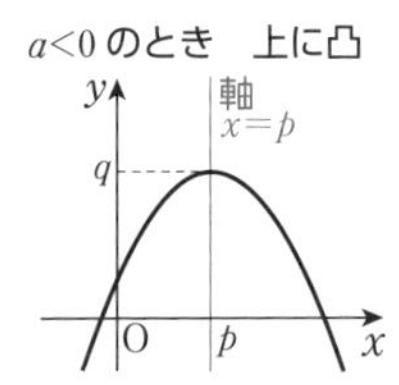

3 $y = ax^2+bx+c$ のグラフ

ax^2+bx+c を $a(x-p)^2+q$ の形に変形することを**平方完成**するという。

$y = ax^2+bx+c$ のグラフは，$y = a\left(x+\dfrac{b}{2a}\right)^2-\dfrac{b^2-4ac}{4a}$ より

軸が 直線 $x = -\dfrac{b}{2a}$，頂点が 点 $\left(-\dfrac{b}{2a},\ -\dfrac{b^2-4ac}{4a}\right)$ の放物線

SPIRAL A

138 次の2次関数のグラフをかけ。 ▶教 p.77 練習6

*(1) $y = 3x^2$　　(2) $y = \dfrac{1}{2}x^2$　　*(3) $y = -\dfrac{1}{3}x^2$

139 次の2次関数のグラフをかけ。また，その軸と頂点を求めよ。 ▶教 p.79 例5

*(1) $y = 2x^2+5$　　(2) $y = 3x^2-5$

*(3) $y = -x^2-2$　　(4) $y = -\dfrac{1}{2}x^2+1$

140 次の2次関数のグラフをかけ。また，その軸と頂点を求めよ。 ▶教 p.81 例6

*(1) $y = (x-3)^2$　　(2) $y = -(x+2)^2$

*(3) $y = -3(x-1)^2$　　(4) $y = -\dfrac{1}{3}(x+4)^2$

141 次の2次関数のグラフをかけ。また，その軸と頂点を求めよ。 ▶教p.83例7

*(1) $y=(x-3)^2-2$　　(2) $y=-(x-3)^2+1$

*(3) $y=-2(x+1)^2-2$　　(4) $y=\dfrac{1}{2}(x+3)^2-4$

142 次の2次関数を $y=(x-p)^2+q$ の形に変形せよ。 ▶教p.84例8，9

*(1) $y=x^2-2x$　　(2) $y=x^2+4x$

(3) $y=x^2-8x+9$　　*(4) $y=x^2+6x-2$

(5) $y=x^2+10x-5$　　*(6) $y=x^2-4x+4$

143 次の2次関数を $y=(x-p)^2+q$ の形に変形せよ。 ▶教p.85例10

*(1) $y=x^2-x$　　*(2) $y=x^2+5x+5$

(3) $y=x^2-3x-2$　　(4) $y=x^2+x-\dfrac{3}{4}$

144 次の2次関数を $y=a(x-p)^2+q$ の形に変形せよ。 ▶教p.85例11

*(1) $y=2x^2+12x$　　(2) $y=3x^2-6x$

*(3) $y=3x^2-12x-4$　　*(4) $y=2x^2+4x+5$

(5) $y=4x^2-8x+1$　　(6) $y=2x^2-8x+8$

145 次の2次関数を $y=a(x-p)^2+q$ の形に変形せよ。 ▶教p.85例11

*(1) $y=-x^2-4x-4$　　(2) $y=-2x^2+4x+3$

*(3) $y=-3x^2+12x-2$　　(4) $y=-4x^2-8x-3$

146 次の2次関数のグラフの軸と頂点を求め，そのグラフをかけ。 ▶教p.86例12

*(1) $y=x^2+6x+7$　　(2) $y=x^2-2x-3$

(3) $y=x^2+4x-1$　　*(4) $y=x^2-8x+13$

147 次の2次関数のグラフの軸と頂点を求め，そのグラフをかけ。 ▶教p.86例題2

*(1) $y=2x^2-8x+3$　　(2) $y=3x^2+6x+5$

*(3) $y=-2x^2-4x+5$　　(4) $y=-3x^2+12x-8$

SPIRAL B

148 次の2次関数のグラフの軸と頂点を求め，そのグラフをかけ。

▶教 p.86 例題2

*(1)　$y=2x^2-2x+3$　　(2)　$y=2x^2+6x-1$

*(3)　$y=-3x^2-3x-1$　　(4)　$y=3x^2-9x+7$

149 次の2次関数のグラフの軸と頂点を求め，そのグラフをかけ。

*(1)　$y=(x-2)(x+6)$　　(2)　$y=(x+3)(x-2)$

150 次の2次関数のグラフの軸と頂点を求め，そのグラフをかけ。▶教 p.86 例題2

*(1)　$y=\frac{1}{2}x^2+x-3$　　(2)　$y=\frac{1}{3}x^2+2x+1$

(3)　$y=-\frac{1}{2}x^2+x+\frac{1}{2}$　　(4)　$y=-\frac{1}{3}x^2-2x-2$

151 2次関数 $y=x^2-6x+4$ のグラフをどのように平行移動すれば，2次関数 $y=x^2+4x-2$ のグラフに重なるか。▶教 p.87 応用例題1

152 2次関数 $y=-x^2-4x-7$ のグラフをどのように平行移動すれば，2次関数 $y=-x^2+2x-4$ のグラフに重なるか。

SPIRAL C

153 次の2つの放物線の頂点が一致するような定数 a，b の値を求めよ。

(1)　$y=x^2-4x+5$,　$y=-x^2+2ax+b$

(2)　$y=2x^2-4x+b$,　$y=x^2-ax$

思考力 PLUS グラフの平行移動・対称移動

▶教p.88〜p.89

1 グラフの平行移動

関数 $y=f(x)$ のグラフを，x 軸方向に p，y 軸方向に q だけ平行移動すると
関数 $\boldsymbol{y=f(x-p)+q}$ のグラフになる。

2 グラフの対称移動

関数 $y=f(x)$ のグラフを，x 軸，y 軸，原点に関して対称移動すると
x 軸：$-y=f(x)$　すなわち　$\boldsymbol{y=-f(x)}$
y 軸：$\boldsymbol{y=f(-x)}$
原点：$-y=f(-x)$　すなわち　$\boldsymbol{y=-f(-x)}$

SPIRAL A

154 次の点を，x 軸，y 軸，原点に関して対称移動した点の座標を求めよ。
(1) $(3,\ 4)$　(2) $(-2,\ 5)$　(3) $(-4,\ -2)$　(4) $(5,\ -3)$

SPIRAL B

グラフの平行移動

例題 16 2次関数 $y=x^2-4x+7$ のグラフを，x 軸方向に -3，y 軸方向に2だけ平行移動した放物線をグラフとする2次関数を求めよ。 ▶教p.88例1

解　求める2次関数は，$y=x^2-4x+7$ において，x を $x+3$ に，y を $y-2$ に置きかえて
$y-2=(x+3)^2-4(x+3)+7$　すなわち　$\boldsymbol{y=x^2+2x+6}$ 答

155 次の2次関数を，(　)内のように平行移動した放物線をグラフとする2次関数を求めよ。
(1) $y=x^2+3x-4$ （x 軸方向に2，y 軸方向に3）
(2) $y=2x^2+x+1$ （x 軸方向に -1，y 軸方向に -2）

グラフの対称移動

例題 17 2次関数 $y=2x^2-3x+5$ のグラフを，x 軸，y 軸，原点に関して対称移動した放物線をグラフとする2次関数をそれぞれ求めよ。 ▶教p.89例1

解　求める2次関数は，それぞれ
x 軸：$-y=2x^2-3x+5$　すなわち　$\boldsymbol{y=-2x^2+3x-5}$ 答
y 軸：$y=2(-x)^2-3(-x)+5$　すなわち　$\boldsymbol{y=2x^2+3x+5}$ 答
原点：$-y=2(-x)^2-3(-x)+5$　すなわち　$\boldsymbol{y=-2x^2-3x-5}$ 答

156 次の2次関数のグラフを，x 軸，y 軸，原点に関して対称移動した放物線をグラフとする2次関数をそれぞれ求めよ。
(1) $y=x^2+2x-3$　(2) $y=-2x^2-x+5$

3　2次関数の最大・最小

▶教p.90〜p.95

1 2次関数 $y=a(x-p)^2+q$ の最大・最小

$a>0$ のとき，$x=p$ で最小値 q をとる。最大値はない。
$a<0$ のとき，$x=p$ で最大値 q をとる。最小値はない。

2 定義域に制限がある2次関数の最大・最小

グラフをかいて，定義域の両端の点と頂点における y の値を比較する。

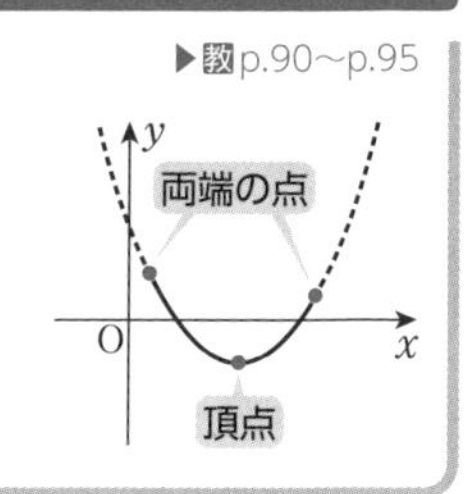

SPIRAL A

157 次の2次関数に最大値，最小値があれば，それを求めよ。 ▶教p.91 例13

*(1) $y=3(x+2)^2-5$　　(2) $y=-2(x-3)^2+5$

*(3) $y=-(x+4)^2-2$　　(4) $y=2(x-1)^2-4$

158 次の2次関数に最大値，最小値があれば，それを求めよ。 ▶教p.91 例題3

*(1) $y=x^2-4x+1$　　(2) $y=2x^2+12x+7$

(3) $y=-x^2-8x+4$　　*(4) $y=-3x^2+6x-5$

159 次の2次関数の最大値，最小値を求めよ。 ▶教p.92 例14

*(1) $y=2x^2$　$(1\leqq x\leqq 2)$　　(2) $y=x^2$　$(-4\leqq x\leqq 2)$

(3) $y=3x^2$　$(-3\leqq x\leqq -1)$　　*(4) $y=-x^2$　$(-3\leqq x\leqq -1)$

*(5) $y=-2x^2$　$(1\leqq x\leqq 4)$　　(6) $y=-3x^2$　$(-2\leqq x\leqq 1)$

160 次の2次関数の最大値，最小値を求めよ。 ▶教p.93 例題4

*(1) $y=x^2+2x-3$　$(1\leqq x\leqq 3)$

(2) $y=x^2+6x-3$　$(-2\leqq x\leqq 1)$

*(3) $y=x^2-4x-1$　$(-1\leqq x\leqq 3)$

(4) $y=2x^2-8x+7$　$(0\leqq x\leqq 2)$

*(5) $y=-x^2-4x-3$　$(-3\leqq x\leqq 2)$

(6) $y=-2x^2+4x-1$　$(-1\leqq x\leqq 3)$

SPIRAL B

161 次の2次関数に最大値，最小値があれば，それを求めよ。 ▶教p.91 例題3

*(1) $y=x^2+5x-3$　　(2) $y=2x^2-6x+3$

*(3) $y=-x^2-x+2$　　(4) $y=\frac{1}{2}x^2-3x+2$

162 次の2次関数に最大値，最小値があれば，それを求めよ。 ▶教p.93例題4

*(1) $y=(x-3)(x+1)$ $(-1 \leqq x \leqq 4)$

(2) $y=(x+2)(x+4)$ $(-2 < x \leqq 1)$

*(3) $y=x^2+7x-5$ $(-2 < x \leqq -1)$

(4) $y=-\dfrac{1}{2}x^2-x-2$ $(-3 \leqq x \leqq 2)$

***163** 長さ36 mのロープで，長方形の囲いをつくりたい。できるだけ面積が広い囲いをつくるには，どのような長方形をつくればよいか。

▶教p.94応用例題2

164 1辺が100 cmの正方形ABCDに，それより小さい正方形EFGHを右の図のように内接させる。正方形EFGHの面積をy cm^{2}とするとき，yの最小値を求めよ。

▶教p.94応用例題2

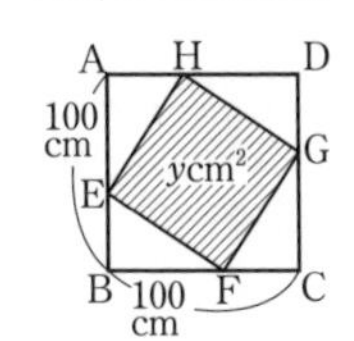

***165** ある品物の価格が1個100円のときには，1日400個の売上がある。価格を1個につき1円値上げすると1日2個の割合で売上が減る。1日の売上金額を最大にするには，価格をいくらにすればよいか。ただし，消費税は考えないものとする。 ▶教p.94応用例題2

SPIRAL C

2次関数の定数項の決定

例題 18 2次関数 $y=x^2-4x+c$ $(-2 \leqq x \leqq 3)$ の最大値が11であるとき，定数cの値を求めよ。

考え方　軸が直線 $x=2$ で下に凸のグラフになるから，定義域の範囲で2と最も差が大きいxの値でyは最大になる。

解　$y=x^2-4x+c=(x-2)^2+c-4$

ゆえに，この2次関数のグラフは，軸が直線 $x=2$ で下に凸の放物線になるから，2と最も差が大きい $x=-2$ のときyは最大になる。

よって　$(-2)^2-4\times(-2)+c=11$ より　$c=-1$ 答

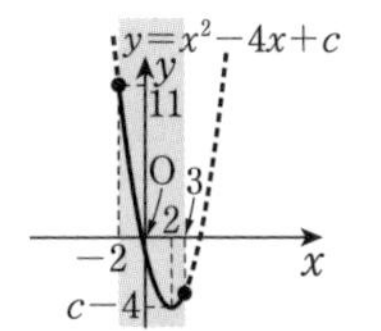

166 2次関数 $y=x^2+2x+c$ $(-3 \leqq x \leqq 2)$ の最大値が5であるとき，定数cの値を求めよ。

167 2次関数 $y=-x^2+8x+c$ $(1 \leqq x \leqq 3)$ の最小値が -3 であるとき，定数cの値を求めよ。

ヒント　165 価格をx円値上げすると，売上は$2x$個減る。1日の売上金額yをxの2次関数とみて，値の変化を調べる。

168 2次関数 $y=x^2-6x-3$ の $1 \leqq x \leqq a$ における最大値と最小値を，次の各場合についてそれぞれ求めよ。 ▶教p.95思考力✚

(1) $1<a<3$　　(2) $3 \leqq a<5$　　(3) $a \geqq 5$

169 $a>0$ のとき，2次関数 $y=x^2-6x+4$ $(0 \leqq x \leqq a)$ の最小値を求めよ。 ▶教p.95思考力✚

170 $a>0$ のとき，2次関数 $y=-x^2+4x+2$ $(0 \leqq x \leqq a)$ の最大値を求めよ。 ▶教p.95思考力✚

例題19　1次の項が変化する場合の最大値・最小値

a は定数とする。2次関数 $y=x^2-2ax+1$ $(0 \leqq x \leqq 1)$ の最小値を，次の各場合についてそれぞれ求めよ。 ▶教p.124章末13

(1) $a<0$　　(2) $0 \leqq a \leqq 1$　　(3) $a>1$

考え方　(1)〜(3)のそれぞれにおいて，軸が，定義域の左側，定義域内，定義域の右側のいずれの位置にあるか考える。

解　$y=x^2-2ax+1=(x-a)^2-a^2+1$

ゆえに，この関数のグラフの

軸は 直線 $x=a$，頂点は 点 $(a,\ -a^2+1)$

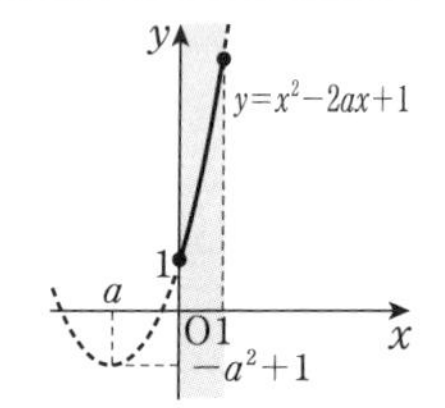

(1) $a<0$ のとき，この関数のグラフは右の図の実線部分であり，軸は定義域の左側にある。

よって，y は，

$x=0$ のとき　**最小値 1** をとる。 答

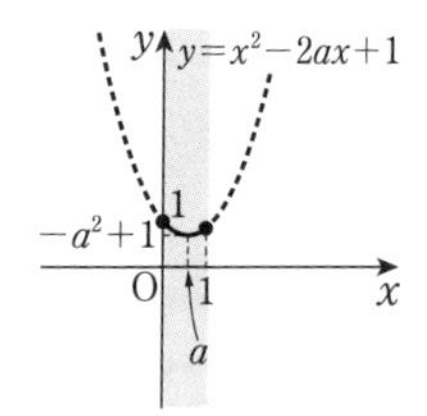

(2) $0 \leqq a \leqq 1$ のとき，この関数のグラフは右の図の実線部分であり，軸は定義域内にある。

よって，y は，

$x=a$ のとき　**最小値 $-a^2+1$** をとる。 答

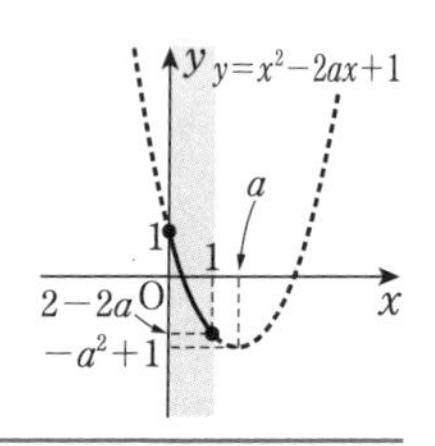

(3) $a>1$ のとき，この関数のグラフは右の図の実線部分であり，軸は定義域の右側にある。

よって，y は，

$x=1$ のとき　**最小値 $2-2a$** をとる。 答

171 a は定数とする。2次関数 $y=x^2-4ax+3$ $(0 \leqq x \leqq 1)$ の最小値を求めよ。

定義域の両端が変化する場合の最大値・最小値

例題 20　a は定数とする。2次関数 $y=x^2-4x$ $(a \leqq x \leqq a+1)$ の最小値を，次の各場合についてそれぞれ求めよ。

▶教p.124章末14

(1)　$a<1$　　(2)　$1 \leqq a \leqq 2$　　(3)　$2<a$

考え方　(1)~(3)のそれぞれにおいて，軸が，定義域の左側，定義域内，定義域の右側のいずれの位置にあるか考える。

解

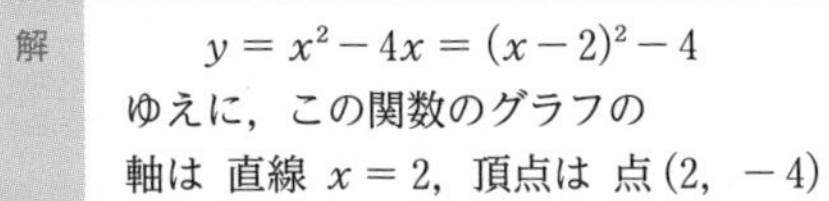

$$y=x^2-4x=(x-2)^2-4$$

ゆえに，この関数のグラフの

軸は 直線 $x=2$，頂点は 点 $(2,\ -4)$

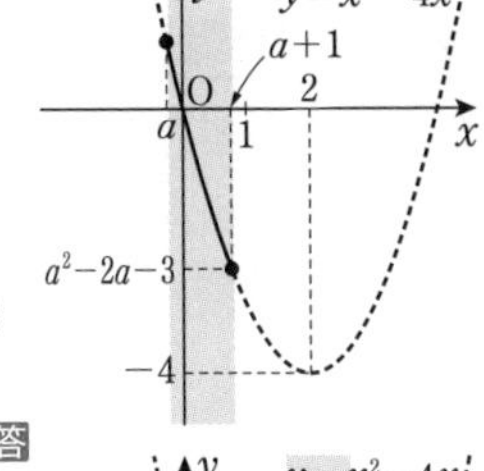

(1)　$a<1$ のとき

$a+1<2$ であるから，軸は定義域の右側にある。

$x=a+1$ のとき　$y=(a+1)^2-4(a+1)=a^2-2a-3$

よって，y は，

$x=a+1$ のとき　**最小値 a^2-2a-3** をとる。 答

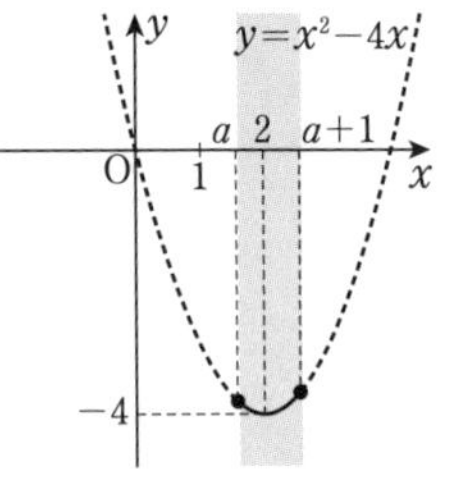

(2)　$1 \leqq a \leqq 2$ のとき

$a \leqq 2 \leqq a+1$ であるから，軸は定義域内にある。

よって，y は，

$x=2$ のとき　**最小値 -4** をとる。 答

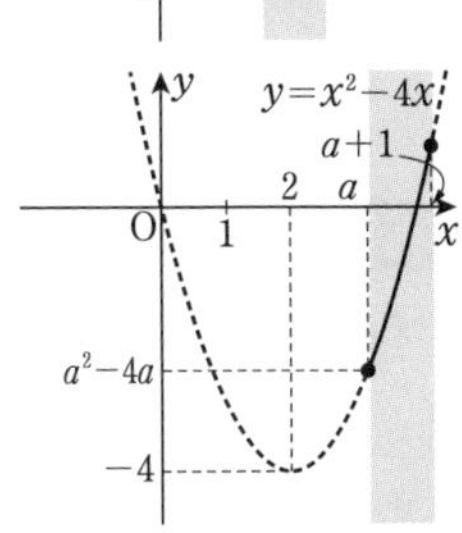

(3)　$2<a$ のとき

軸は定義域の左側にある。

$x=a$ のとき　$y=a^2-4a$

よって，y は，

$x=a$ のとき　**最小値 a^2-4a** をとる。 答

172　a は定数とする。2次関数 $y=x^2-2x$ $(a \leqq x \leqq a+2)$ の最小値を，次の各場合についてそれぞれ求めよ。

(1)　$a<-1$　　(2)　$-1 \leqq a \leqq 1$　　(3)　$1<a$

173　a は定数とする。2次関数 $y=-x^2-2x$ $(a \leqq x \leqq a+2)$ の最大値を，次の各場合についてそれぞれ求めよ。

(1)　$a<-3$　　(2)　$-3 \leqq a \leqq -1$　　(3)　$-1<a$

4　2次関数の決定

▶教 p.96〜p.99

1 グラフの軸や頂点が与えられたとき

求める2次関数を $y=a(x-p)^2+q$ と表して，条件より a, p, q を定める。

2 グラフが通る3点が与えられたとき

求める2次関数を $y=ax^2+bx+c$ と表して，条件より a, b, c を定める。

SPIRAL A

174 次の条件を満たす放物線をグラフとする2次関数を求めよ。 ▶教 p.96 例題5

*(1) 頂点が点 $(-3,\ 5)$ で，点 $(-2,\ 3)$ を通る

(2) 頂点が点 $(2,\ -4)$ で，原点を通る

175 次の条件を満たす放物線をグラフとする2次関数を求めよ。 ▶教 p.97 例題6

*(1) 軸が直線 $x=3$ で，2点 $(1,\ -2)$, $(4,\ -8)$ を通る

(2) 軸が直線 $x=-1$ で，2点 $(0,\ 1)$, $(2,\ 17)$ を通る

176 次の3点を通る放物線をグラフとする2次関数を求めよ。 ▶教 p.98 例題7

*(1) $(0,\ -1)$, $(1,\ 2)$, $(2,\ 7)$

(2) $(0,\ 2)$, $(-2,\ -14)$, $(3,\ -4)$

SPIRAL B

177 次の条件を満たす2次関数を求めよ。

*(1) $x=2$ で最小値 -3 をとり，グラフが点 $(4,\ 5)$ を通る

(2) $x=-1$ で最大値4をとり，グラフが点 $(1,\ 2)$ を通る

***178** $x=2$ で最大値をとり，グラフが2点 $(-1,\ 3)$, $(3,\ 11)$ を通る2次関数を求めよ。

179 次の条件を満たす放物線をグラフとする2次関数を求めよ。

*(1) 放物線 $y=x^2+3x$ を平行移動したもので，2点 $(1,\ -2)$, $(4,\ 1)$ を通る

(2) 頂点が放物線 $y=-2x^2+8x-5$ と同じで，点 $(5,\ 12)$ を通る

ヒント　179 (2) 放物線 $y=-2x^2+8x-5$ の頂点を求める。

SPIRAL C

180 次の連立3元1次方程式を解け。 ▶教p.99思考力➕

*(1) $\begin{cases} x+y+z=3 \\ 9x+3y+z=5 \\ 4x+2y+z=3 \end{cases}$　　(2) $\begin{cases} x-2y+z=5 \\ 2x-y-z=4 \\ 3x+6y+2z=2 \end{cases}$

181 次の3点を通る放物線をグラフとする2次関数を求めよ。 ▶教p.99思考力➕

*(1) $(-1,\ 2)$, $(1,\ 2)$, $(2,\ 8)$　　(2) $(-2,\ 7)$, $(-1,\ 2)$, $(2,\ -1)$

*(3) $(1,\ 2)$, $(3,\ 6)$, $(-2,\ 11)$

グラフの頂点の条件が与えられた2次関数

例題 21 放物線 $y=x^2-2mx+3$ の頂点が直線 $y=3x-1$ 上にあるとき，定数 m の値を求めよ。

解

$y=x^2-2mx+3=(x-m)^2-m^2+3$

ゆえに，この放物線の頂点は点 $(m,\ -m^2+3)$ である。

この点が直線 $y=3x-1$ 上にあるから

$-m^2+3=3m-1$ より　$m^2+3m-4=0$

ゆえに　$(m-1)(m+4)=0$

よって　$\boldsymbol{m=1,\ -4}$ 答

182 放物線 $y=x^2-4mx-5$ の頂点が直線 $y=-2x-8$ 上にあるとき，定数 m の値を求めよ。

183 放物線 $y=x^2+2bx+c$ が点 $(1,\ 4)$ を通るとき，次の問いに答えよ。

(1) c を b の式で表せ。

(2) この放物線の頂点が直線 $y=-x+3$ 上にあるとき，定数 b, c の値を求めよ。

グラフ上の1点と x 軸との共有点が与えられた2次関数

例題 22 2次関数のグラフが x 軸と2点 $(-1,\ 0)$ と $(3,\ 0)$ で交わり，点 $(4,\ 5)$ を通るとき，その2次関数を求めよ。

解

2次関数のグラフが x 軸と2点 $(-1,\ 0)$ と $(3,\ 0)$ で交わるから，

求める2次関数は $y=a(x+1)(x-3)$ と表すことができる。

このグラフが点 $(4,\ 5)$ を通るから

$5=a(4+1)(4-3)$ より　$a=1$

よって，求める2次関数は　$\boldsymbol{y=(x+1)(x-3)}$ 答

184 2次関数のグラフが x 軸と2点 $(-4,\ 0)$ と $(2,\ 0)$ で交わり，点 $(3,\ -7)$ を通るとき，その2次関数を求めよ。

2節　2次方程式と2次不等式

1　2次関数のグラフと2次方程式

▶教p.101〜p.110

1 2次方程式 $ax^2+bx+c=0$ の解き方

(i)　因数分解を利用する。

(ii)　解の公式 $x=\dfrac{-b\pm\sqrt{b^2-4ac}}{2a}$ を利用する。ただし，$b^2-4ac\geqq 0$

2 2次方程式の実数解の個数

2次方程式 $ax^2+bx+c=0$ の判別式を $D=b^2-4ac$ とすると

$D>0$ のとき　異なる2つの実数解をもつ　←実数解2個

$D=0$ のとき　ただ1つの実数解（重解）をもつ　←実数解1個

$D<0$ のとき　実数解をもたない　←実数解0個

3 2次関数のグラフと x 軸の共有点

2次関数 $y=ax^2+bx+c$ のグラフと x 軸の共有点の x 座標は，
2次方程式 $ax^2+bx+c=0$ の実数解である。

4 2次関数のグラフと x 軸の位置関係

$D=b^2-4ac$ の符号	$D>0$	$D=0$	$D<0$
グラフと x 軸の共有点の個数	$a>0$, α, β, x 2個	$a>0$, α, x 1個	$a>0$, x 0個
x 軸との位置関係	異なる2点で交わる	接する	共有点をもたない
$ax^2+bx+c=0$ の実数解	異なる2つの実数解 α，β	重解 α	実数解はない

SPIRAL A

185　次の2次方程式を解け。　▶教p.101例1

*(1)　$(x+1)(x-2)=0$　　(2)　$(2x+1)(3x-2)=0$

*(3)　$x^2+2x-3=0$　　(4)　$x^2-7x+12=0$

(5)　$x^2-25=0$　　*(6)　$x^2+4x=0$

186　次の2次方程式を解け。　▶教p.102例2

*(1)　$x^2+3x+1=0$　　(2)　$x^2-5x+3=0$　　*(3)　$3x^2-5x-1=0$

(4)　$3x^2+8x+2=0$　　*(5)　$x^2+6x-8=0$　　(6)　$6x^2-5x-4=0$

187　次の2次方程式の実数解の個数を求めよ。　▶教p.104例3

*(1)　$3x^2-5x+2=0$　　(2)　$x^2-x+3=0$

(3)　$3x^2+6x-1=0$　　*(4)　$4x^2-4x+1=0$

*188　2次方程式 $3x^2-4x-m=0$ が異なる2つの実数解をもつような定数 m の値の範囲を求めよ。 ▶教p.105例題1

*189　2次方程式 $2x^2+4mx+5m+3=0$ が重解をもつような定数 m の値を求めよ。また，そのときの重解を求めよ。 ▶教p.105例題2

190　次の2次関数のグラフと x 軸の共有点の x 座標を求めよ。 ▶教p.106例4

*(1)　$y=x^2+5x+6$　　(2)　$y=x^2-3x-4$

*(3)　$y=-x^2+7x-12$　　(4)　$y=-x^2-6x-8$

191　次の2次関数のグラフと x 軸の共有点の個数を求めよ。 ▶教p.108例6

(1)　$y=x^2-4x+2$　　*(2)　$y=2x^2-12x+18$

*(3)　$y=-3x^2+5x-1$　　(4)　$y=x^2+2$

*(5)　$y=x^2-2x$　　(6)　$y=3x^2+3x+1$

192　次の問いに答えよ。 ▶教p.109例題3

*(1)　2次関数 $y=x^2-4x-2m$ のグラフと x 軸の共有点の個数が2個であるとき，定数 m の値の範囲を求めよ。

(2)　2次関数 $y=-x^2+4x+3m-2$ のグラフと x 軸の共有点がないとき，定数 m の値の範囲を求めよ。

*193　2次関数 $y=x^2+(m+2)x+2m+5$ のグラフが x 軸に接するとき，定数 m の値を求めよ。 ▶教p.109例題4

SPIRAL B

194　次の2次関数のグラフと x 軸の共有点をA，Bとする。このとき，線分ABの長さを求めよ。

*(1)　$y=2x^2-5x+3$　　(2)　$y=-3x^2+x+5$

195　2次関数 $y=-x^2+2x-2m+3$ のグラフと x 軸の共有点の個数が，定数 m の値によってどのように変化するか調べよ。

196　2次関数 $y=ax^2+bx+c$ のグラフが次の図のような放物線であるとき，定数 a，b，c と b^2-4ac，$a+b+c$，$a-b+c$ の符号を求めよ。

(1)

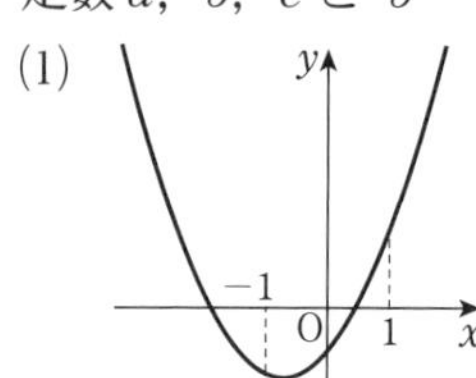

(2)

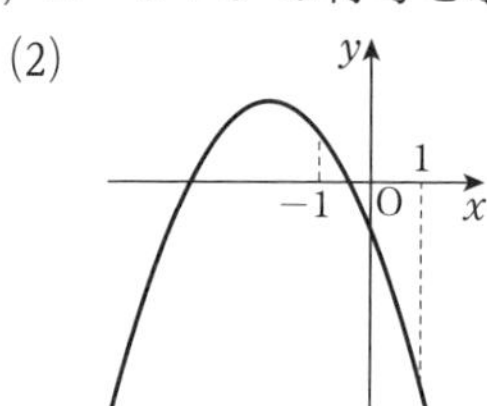

SPIRAL C

放物線と直線の共有点

例題 23　次の放物線と直線の共有点の座標を求めよ。

▶教 p.110 思考力✚発展

(1)　$y=x^2-2x+5$，$y=x+9$　　(2)　$y=x^2+3x+2$，$y=-x-2$

考え方　放物線 $y=f(x)$ と直線 $y=g(x)$ の共有点の x 座標は，方程式 $f(x)=g(x)$ の実数解である。

解　(1)　共有点の x 座標は，$x^2-2x+5=x+9$ の実数解である。

これを解くと　$(x+1)(x-4)=0$ より　　$x=-1,\ 4$

$y=x+9$ に代入すると　$x=-1$ のとき $y=8$，　$x=4$ のとき $y=13$

よって，共有点の座標は　　$(-1,\ 8)$，$(4,\ 13)$　答

(2)　共有点の x 座標は，$x^2+3x+2=-x-2$ の実数解である。

これを解くと　$(x+2)^2=0$ より　　$x=-2$

$y=-x-2$ に代入すると　$x=-2$ のとき $y=0$

よって，共有点の座標は　　$(-2,\ 0)$　答

197　次の放物線と直線の共有点の座標を求めよ。

(1)　$y=x^2+4x-1$，$y=2x+3$

(2)　$y=-x^2+3x+1$，$y=-x+5$

2つの放物線の共有点

例題 24　次の2つの放物線の共有点の座標を求めよ。

$y=x^2-1$，$y=-x^2+2x+3$

解　共有点の x 座標は，$x^2-1=-x^2+2x+3$ の実数解である。

これを解くと

$(x+1)(x-2)=0$ より　$x=-1,\ 2$

$y=x^2-1$ に代入すると　$x=-1$ のとき $y=0$

$x=2$ のとき $y=3$

よって，共有点の座標は　　$(-1,\ 0)$，$(2,\ 3)$　答

198　次の2つの放物線の共有点の座標を求めよ。

$y=-x^2+x-1$，$y=x^2-2x$

2　2次関数のグラフと2次不等式

▶教p.111〜p.121

1 2次関数のグラフと2次不等式

$ax^2+bx+c>0$ の解

$y=ax^2+bx+c$ のグラフが x 軸の上側にある部分の x の値の範囲

$ax^2+bx+c<0$ の解

$y=ax^2+bx+c$ のグラフが x 軸の下側にある部分の x の値の範囲

2 2次不等式の解

(i)　$a>0$ の場合

$D=b^2-4ac$ の符号	$D>0$	$D=0$	$D<0$
$y=ax^2+bx+c$ のグラフと x 軸の位置関係	α　β　x	α　x	x
$ax^2+bx+c=0$ の実数解	異なる2つの実数解 α, β	重解 α	実数解はない
$ax^2+bx+c>0$ の解	$x<\alpha$, $\beta<x$	α 以外のすべての実数	すべての実数
$ax^2+bx+c\geqq 0$ の解	$x\leqq\alpha$, $\beta\leqq x$	すべての実数	すべての実数
$ax^2+bx+c<0$ の解	$\alpha<x<\beta$	ない	ない
$ax^2+bx+c\leqq 0$ の解	$\alpha\leqq x\leqq\beta$	$x=\alpha$	ない

(ii)　$a<0$ の場合　両辺に -1 を掛けて，x^2 の係数を正にして考える。

注　2次方程式 $ax^2+bx+c=0$ の2つの実数解を α, β とすると

$\alpha<\beta$ のとき　$(x-\alpha)(x-\beta)>0 \iff x<\alpha,\ \beta<x$

$(x-\alpha)(x-\beta)<0 \iff \alpha<x<\beta$

SPIRAL A

199　次の1次不等式を解け。　▶教p.111例7

(1)　$3x-15<0$　　(2)　$5-2x\geqq 0$

200　次の2次不等式を解け。　▶教p.113例8

*(1)　$(x-3)(x-5)<0$　　(2)　$(x-1)(x+2)\leqq 0$

(3)　$(x+3)(x-2)>0$　　*(4)　$x(x+4)\geqq 0$

*(5)　$x^2-3x-40<0$　　(6)　$x^2-7x+10\geqq 0$

*(7)　$x^2-16>0$　　(8)　$x^2+x<0$

201 次の２次不等式を解け。 ▶教p.114例題5

*(1) $(2x-1)(3x+2)<0$　(2) $(5x+3)(2x-3)\geqq 0$

*(3) $2x^2-5x-3>0$　(4) $3x^2-7x+4\leqq 0$

(5) $6x^2+x-2<0$　(6) $10x^2-9x-9\geqq 0$

202 次の２次不等式を解け。 ▶教p.114例題6

(1) $x^2-2x-4\geqq 0$　*(2) $x^2+5x+3\leqq 0$

*(3) $2x^2-x-2>0$　(4) $3x^2+2x-2<0$

203 次の２次不等式を解け。 ▶教p.115例題7

*(1) $-x^2-2x+8<0$　(2) $-2x^2+x+3\geqq 0$

(3) $-x^2+4x-1\leqq 0$　*(4) $-2x^2-x+4>0$

204 次の２次不等式を解け。 ▶教p.116例9

*(1) $(x-2)^2>0$　(2) $(2x+3)^2\leqq 0$

(3) $x^2+4x+4<0$　*(4) $x^2-12x+36\geqq 0$

*(5) $9x^2+6x+1\leqq 0$　(6) $4x^2-12x+9>0$

205 次の２次不等式を解け。 ▶教p.117例10

*(1) $x^2+4x+5>0$　*(2) $3x^2-6x+4\leqq 0$

(3) $-x^2+2x-3\leqq 0$　(4) $2x^2-8x+9\geqq 0$

SPIRAL B

206 次の２次不等式を解け。

*(1) $3-2x-x^2>0$　(2) $3-x>2x^2$

*(3) $5+3x+2x^2\geqq x^2+7x+2$　(4) $1-x-x^2>2x^2+8x-2$

207 次の連立不等式を解け。 ▶教p.119応用例題1

*(1) $\begin{cases} 2x+6<0 \\ x^2+6x+8\geqq 0 \end{cases}$　(2) $\begin{cases} -2x+7>0 \\ x^2-6x-16\leqq 0 \end{cases}$

208 次の連立不等式を解け。 ▶教p.119応用例題1

*(1) $\begin{cases} x^2+4x-5 \leqq 0 \\ x^2-2x-8>0 \end{cases}$　　(2) $\begin{cases} x^2-5x+6>0 \\ 2x^2-x-10>0 \end{cases}$

(3) $\begin{cases} x^2+4x+3 \leqq 0 \\ x^2+7x+10<0 \end{cases}$　　*(4) $\begin{cases} x^2-x-6<0 \\ x^2-2x>0 \end{cases}$

209 次の不等式を解け。

*(1) $4<x^2-3x \leqq 10$　　(2) $7x-4 \leqq x^2+2x<4x+3$

***210** 縦6m，横10mの長方形の花壇（かだん）がある。この花壇に，垂直に交わる同じ幅の道をつくり，道の面積を，もとの花壇全体の面積の $\frac{1}{4}$ 以下になるようにしたい。道の幅を何m以下にすればよいか。

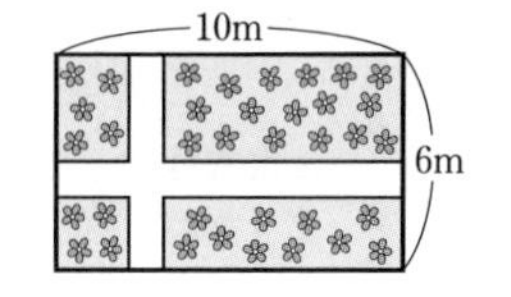

▶教p.120応用例題2

211 次の不等式を満たす整数 x をすべて求めよ。

*(1) $x^2-x-12<0$　　(2) $x^2-4x-2<0$

実数解をもつ条件

例題 25 2次方程式 $3x^2+2mx+m+6=0$ が実数解をもつような定数 m の値の範囲を求めよ。

解　2次方程式 $3x^2+2mx+m+6=0$ の判別式を D とすると

$$D=(2m)^2-4\times3\times(m+6)=4m^2-12m-72$$

この2次方程式が実数解をもつためには，$D \geqq 0$ であればよい。

ゆえに，$4m^2-12m-72 \geqq 0$　より　$(m+3)(m-6) \geqq 0$

よって　　$\boldsymbol{m \leqq -3,\ 6 \leqq m}$　答

212 2次方程式 $x^2+4mx+11m-6=0$ が異なる2つの実数解をもつような定数 m の値の範囲を求めよ。

213 2次方程式 $x^2-mx+2m+5=0$ が実数解をもたないような定数 m の値の範囲を求めよ。

SPIRAL C

2次関数のグラフと2次方程式の実数解の符号

例題 26 2次方程式 $x^2-2mx-3m+4=0$ が異なる2つの正の実数解をもつように，定数 m の値の範囲を定めよ。

▶教p.121 思考力＋

考え方　2次方程式 $ax^2+bx+c=0$ が異なる2つの正の実数解をもつ条件は，$a>0$ のとき

(i)　$D=b^2-4ac>0$

(ii)　軸 $x=-\frac{b}{2a}$ について　$-\frac{b}{2a}>0$

(iii)　グラフと y 軸の交点 $(0,\ c)$ について　$c>0$

の3つを同時に満たすことである。

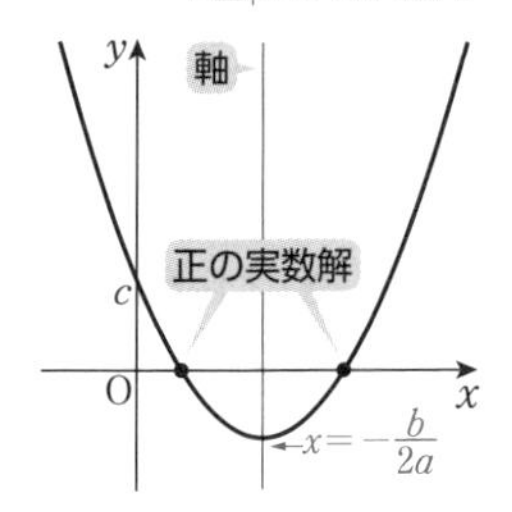

解　$f(x)=x^2-2mx-3m+4$ とおき，変形すると

$$f(x)=(x-m)^2-m^2-3m+4$$

2次方程式 $f(x)=0$ が異なる2つの正の実数解をもつのは，2次関数 $y=f(x)$ のグラフが x 軸の正の部分と異なる2点で交わるとき，すなわち，次の(i)，(ii)，(iii)が同時に成り立つときである。

(i)　<u>グラフが x 軸と異なる2点で交わる</u>

2次方程式 $x^2-2mx-3m+4=0$ の判別式を D とすると

$D=(-2m)^2-4(-3m+4)=4m^2+12m-16$

$D>0$ であればよいから　　$m^2+3m-4>0$

よって $(m+4)(m-1)>0$ より

$m<-4,\ 1<m$ ……①

(ii)　<u>グラフの軸が $x>0$ の部分にある</u>

軸が直線 $x=m$ であることより

$m>0$ ……②

(iii)　<u>グラフが下に凸より，y 軸との交点の y 座標 $f(0)$ が正</u>

$f(0)=-3m+4>0$ より

$m<\frac{4}{3}$ ……③

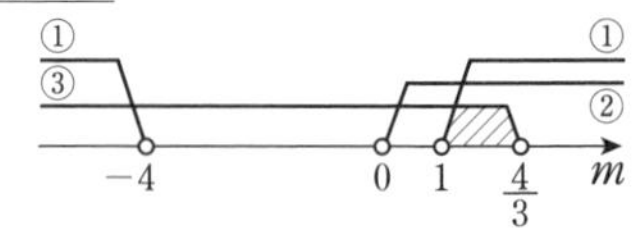

①，②，③を同時に満たす m の値の範囲は

$$\mathbf{1<m<\frac{4}{3}}$$ 答

214　2次方程式 $x^2+4mx-m+3=0$ が異なる2つの正の実数解をもつように，定数 m の値の範囲を定めよ。

215　2次方程式 $x^2-mx+m+3=0$ が異なる2つの負の実数解をもつように，定数 m の値の範囲を定めよ。

例題 27　次の関数のグラフをかけ。

(1)　$y=|x-2|$　　　　(2)　$y=|x^2-2x-3|$

考え方　絶対値の定義によって場合分けをして，絶対値記号をはずして考える。

解　(1)　$y=|x-2|$ において，

(i)　$x-2 \geqq 0$ すなわち $x \geqq 2$　のとき

$y=x-2$

(ii)　$x-2<0$ すなわち $x<2$　のとき

$y=-(x-2)=-x+2$

よって，$y=|x-2|$

のグラフは右の図のようになる。 答

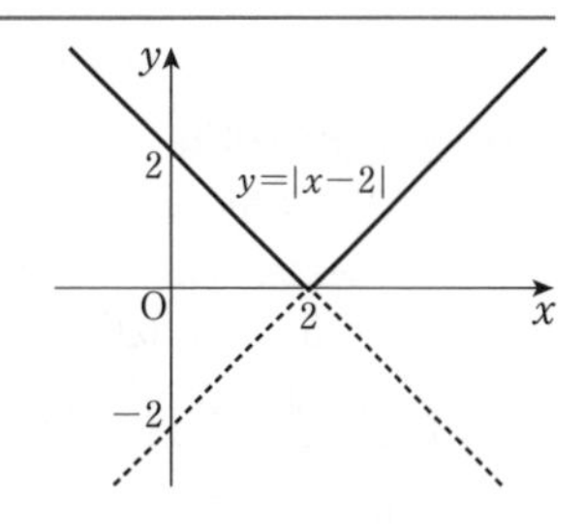

(2)　$y=|x^2-2x-3|$ において，

(i)　$x^2-2x-3 \geqq 0$ を解くと　$x \leqq -1,\ 3 \leqq x$

このとき

$y=x^2-2x-3$

$=(x-1)^2-4$

(ii)　$x^2-2x-3<0$ を解くと

$(x+1)(x-3)<0$ より　$-1<x<3$

このとき

$y=-(x^2-2x-3)$

$=-x^2+2x+3$

$=-(x-1)^2+4$

よって，$y=|x^2-2x-3|$

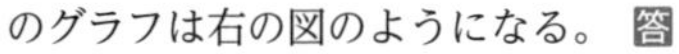

のグラフは右の図のようになる。 答

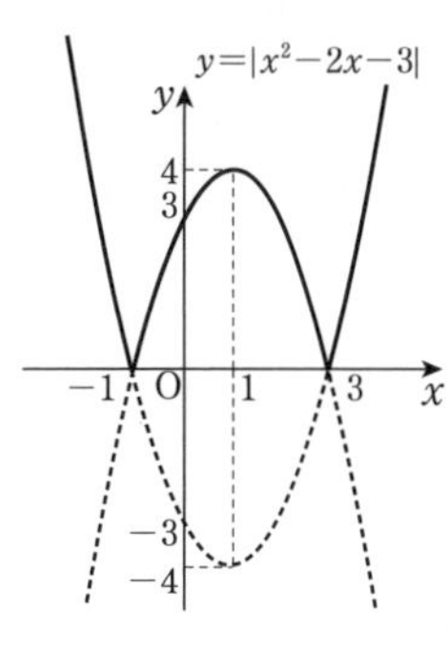

注　例題 27 において，$y=|x-2|$ のグラフは，$y=x-2$ のグラフの x 軸の下側にある部分を x 軸に関して対称移動したものであり，$y=|x^2-2x-3|$ のグラフは，$y=x^2-2x-3$ のグラフの x 軸の下側にある部分を x 軸に関して対称移動したものになっている。

216　次の関数のグラフをかけ。

(1)　$y=|x+1|$　　　　(2)　$y=|-2x+4|$

217　次の関数のグラフをかけ。

(1)　$y=|x^2-x|$　　　　(2)　$y=|-x^2-2x+3|$

1節　三角比

1 三角比

▶教p.126～p.131

1 サイン・コサイン・タンジェント

∠C が直角の直角三角形 ABC において

$$\sin A=\frac{a}{c},\ \cos A=\frac{b}{c},\ \tan A=\frac{a}{b}$$

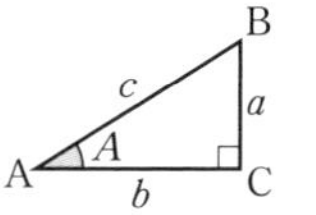

2 三角比の利用

∠C が直角の直角三角形 ABC において

$$a=c\sin A,\ b=c\cos A,\ a=b\tan A$$

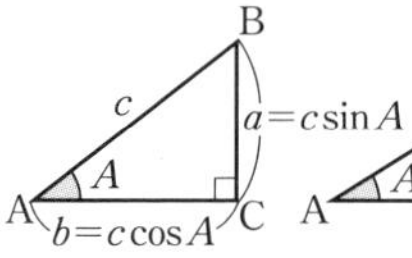

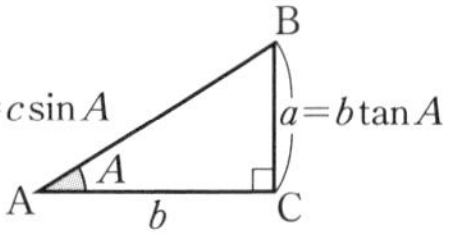

3 30°，45°，60° の三角比

A	30°	45°	60°
$\sin A$	$\frac{1}{2}$	$\frac{1}{\sqrt{2}}$	$\frac{\sqrt{3}}{2}$
$\cos A$	$\frac{\sqrt{3}}{2}$	$\frac{1}{\sqrt{2}}$	$\frac{1}{2}$
$\tan A$	$\frac{1}{\sqrt{3}}$	1	$\sqrt{3}$

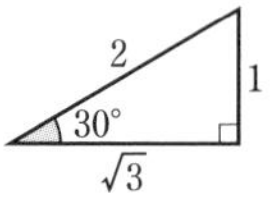

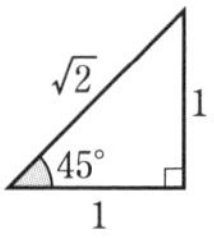

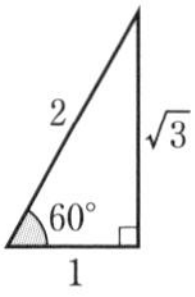

SPIRAL A

218 次の直角三角形 ABC において，$\sin A$，$\cos A$，$\tan A$ の値を求めよ。

▶教p.127例1

*(1)

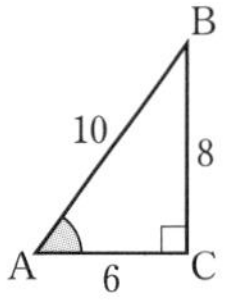

(2)

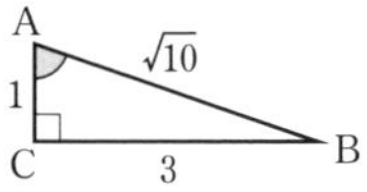

*(3)

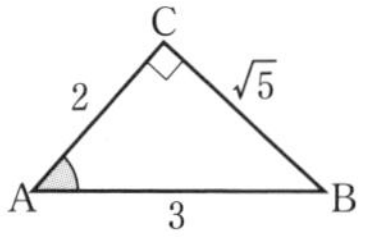

219 次の直角三角形 ABC において，$\sin A$，$\cos A$，$\tan A$ の値を求めよ。

▶教p.128例2

*(1)

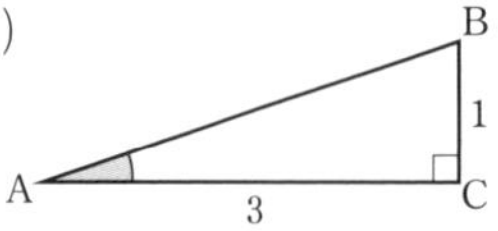

(2)

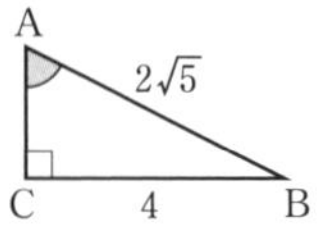

*(3)

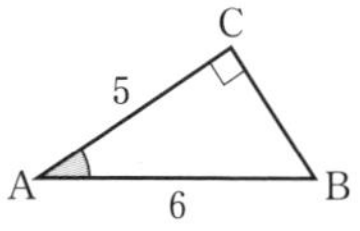

220 次の値を，三角比の表を用いて求めよ。 ▶教p.129例3

*(1)　$\sin 39°$　　(2)　$\cos 26°$　　*(3)　$\tan 70°$

221 次の直角三角形 ABC において，A のおよその値を，三角比の表を用いて求めよ。 ▶教p.129例4

*(1)

B
4
3
A
C

(2)

B
5
A
4
C

*(3)

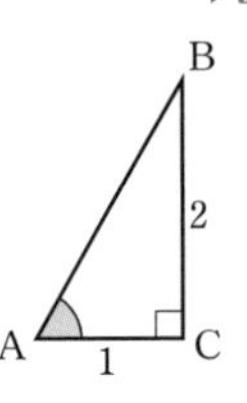

222 次の直角三角形 ABC において，x，y の値を求めよ。 ▶教p.130，131

*(1)

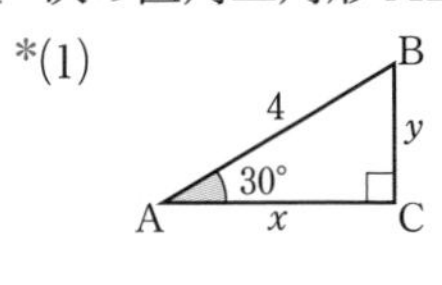

(2)

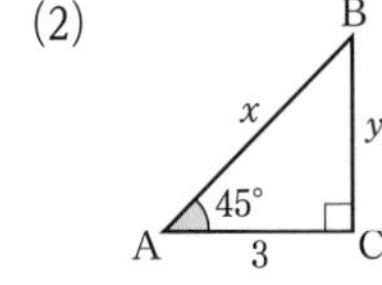

*(3)

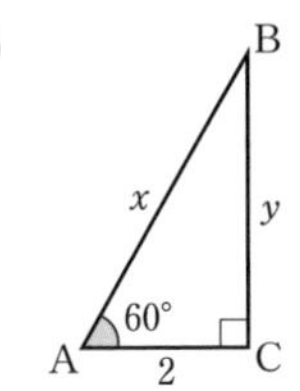

***223** 右の図のようなケーブルカーにおいて，2 地点 A，B 間の距離は 4000 m，傾斜角は 29° である。標高差 BC と水平距離 AC はそれぞれ何 m か。小数第 1 位を四捨五入して求めよ。ただし，$\sin 29° = 0.4848$，$\cos 29° = 0.8746$ とする。

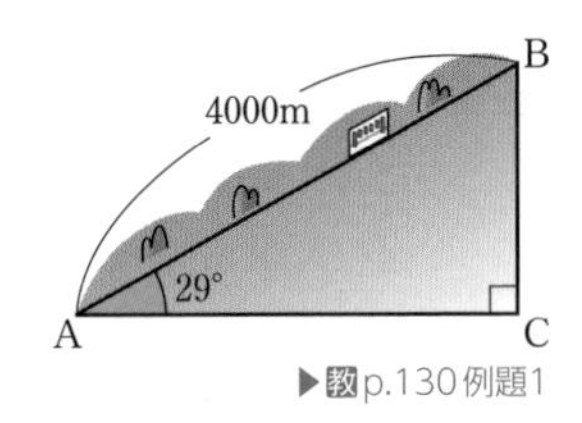

▶教p.130例題1

SPIRAL B

***224** ある鉄塔の根元から 20 m 離れた地点で，この鉄塔の先端を見上げたら，見上げる角が 25° であった。目の高さを 1.6 m とすると，鉄塔の高さは何 m か。小数第 2 位を四捨五入して求めよ。ただし，$\tan 25° = 0.4663$ とする。

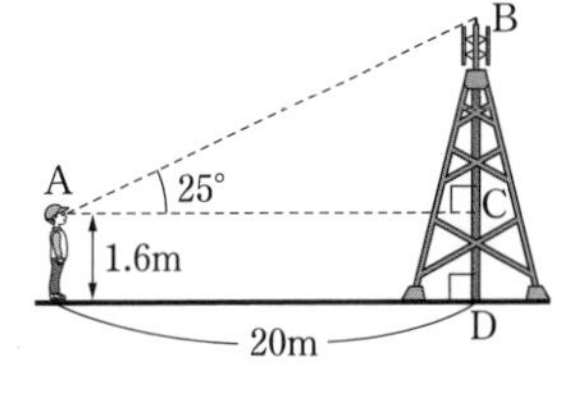

▶教p.131応用例題1

225 次の図の A の値を，三角比の表を用いて求めよ。 ▶教p.129例4

(1)

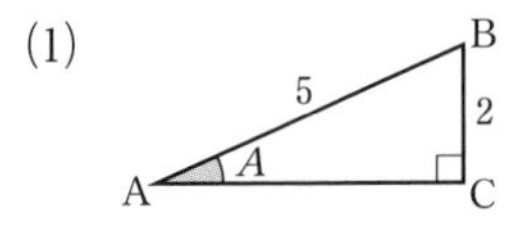

*(2)

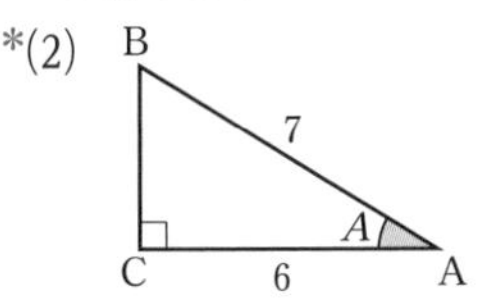

***226** 右の図のように，山のふもとの A 駅と山頂の B駅を結ぶロープウェイがある。路線の全長は 2 km，標高差は 0.5 km であるとき，∠BAC のおよその値を，三角比の表を用いて求めよ。

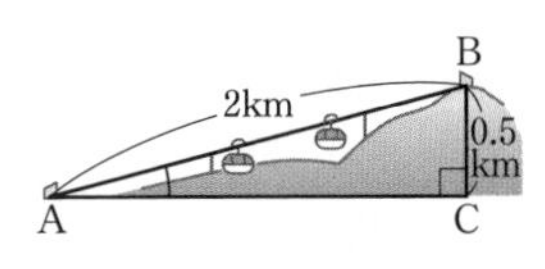

▶教p.129例4

タンジェントと辺の長さ

例題 28　右の図において，BC 間の距離を求めよ。ただし，
AD $= 6$ m，$\angle$BAC $= 45°$，$\angle$BDC $= 60°$
である。

▶教 p.158 章末1

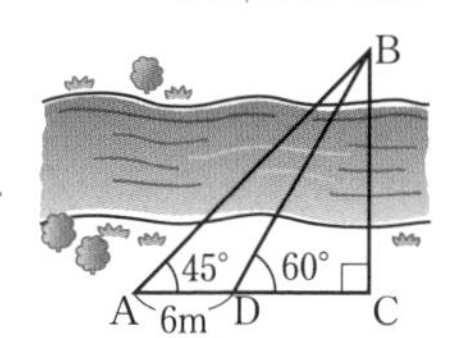

解　BC $= x$ (m) とすると，直角三角形 ABC において，
AC $=$ BC $= x$ であるから　　CD $= x - 6$
直角三角形 BCD において，BC $=$ CD $\tan 60°$ より
$x = (x-6) \times \sqrt{3}$　ゆえに　$(\sqrt{3}-1)x = 6\sqrt{3}$
よって　$x = \dfrac{6\sqrt{3}}{\sqrt{3}-1} = \dfrac{6\sqrt{3}(\sqrt{3}+1)}{(\sqrt{3}-1)(\sqrt{3}+1)} = \dfrac{6(3+\sqrt{3})}{2} = \mathbf{9+3\sqrt{3}}$ **(m)**　答

227　右の図において，塔の高さ BC を求めよ。
ただし，AD $= 100$ m，$\angle$BAC $= 30°$，
$\angle$BDC $= 60°$ である。

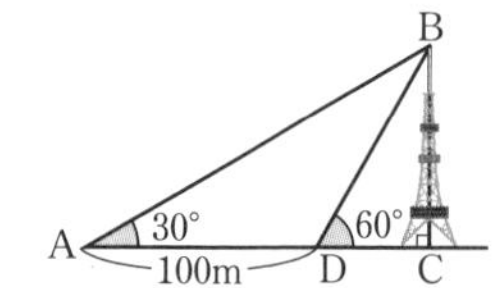

***228**　右の図のように，ある地点 A から木の先端 B を見上げる角が 30°，A より木に 10 m 近い地点 D から木の先端 B を見上げる角が 45° であった。目の高さを 1.6 m とするとき，木の高さ BC を小数第 2 位を四捨五入して求めよ。ただし，$\sqrt{3} = 1.732$ とする。

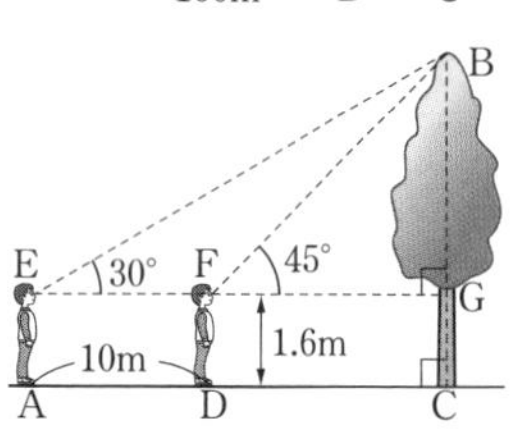

229　右の図において，AB $= 8$，BC $= 6$，$\angle$ABC $= 60°$ のとき，A のおよその値を，三角比の表を用いて求めよ。ただし，$\sqrt{3} = 1.732$ とする。

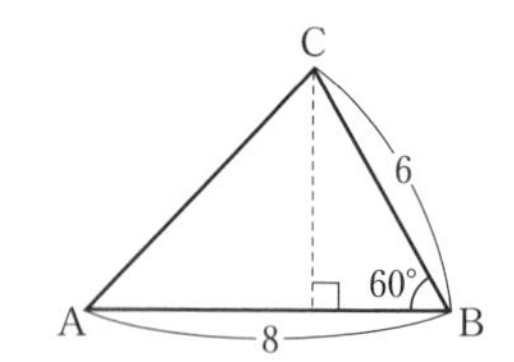

SPIRAL C

230　△ABC は $\angle$A $= 36°$ の二等辺三角形である。底角 B の二等分線が辺 AC と交わる点を D，BC $= 2$ とするとき，次の問いに答えよ。

(1)　△ABC ∽ △BCD であることを用いて，AB の長さを求めよ。

(2)　$\sin 18°$ の値を求めよ。

(3)　$\cos 36°$ の値を求めよ。

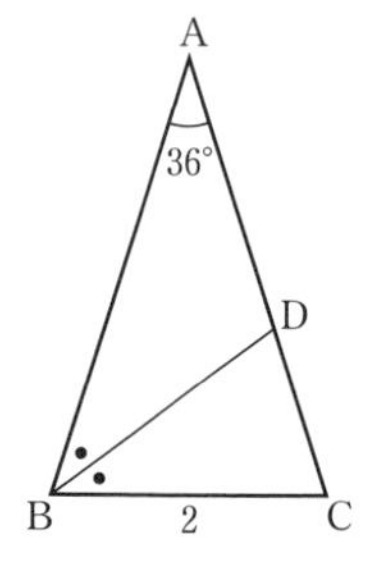

2 三角比の性質

▶教p.132～p.135

1 三角比の相互関係

$$\tan A = \frac{\sin A}{\cos A},\quad \sin^2 A + \cos^2 A = 1,\quad 1 + \tan^2 A = \frac{1}{\cos^2 A}$$

2 90° − A の三角比

$$\sin(90^\circ - A) = \cos A,\quad \cos(90^\circ - A) = \sin A,\quad \tan(90^\circ - A) = \frac{1}{\tan A}$$

SPIRAL A

231 $\sin A$ が次の値のとき，$\cos A$，$\tan A$ の値を求めよ。 ▶教p.133例題2
ただし，$0^\circ < A < 90^\circ$ とする。

*(1) $\sin A = \dfrac{12}{13}$　　(2) $\sin A = \dfrac{\sqrt{3}}{3}$　　*(3) $\sin A = \dfrac{2}{\sqrt{5}}$

232 $\cos A$ が次の値のとき，$\sin A$，$\tan A$ の値を求めよ。 ▶教p.133例題2
ただし，$0^\circ < A < 90^\circ$ とする。

*(1) $\cos A = \dfrac{3}{4}$　　(2) $\cos A = \dfrac{5}{7}$　　*(3) $\cos A = \dfrac{1}{\sqrt{3}}$

233 次の三角比を，45° 以下の角の三角比で表せ。 ▶教p.135例5

*(1) $\sin 87^\circ$　　(2) $\cos 74^\circ$

*(3) $\tan 65^\circ$　　(4) $\dfrac{1}{\tan 85^\circ}$

SPIRAL B

234 $\tan A$ が次の値のとき，$\cos A$，$\sin A$ の値を求めよ。
ただし，$0^\circ < A < 90^\circ$ とする。 ▶教p.134応用例題2

*(1) $\tan A = \sqrt{5}$　　(2) $\tan A = \dfrac{1}{2}$

235 次の式の値を求めよ。 ▶教p.135例5

*(1) $\sin^2 35^\circ + \sin^2 55^\circ$　　(2) $\cos^2 40^\circ + \cos^2 50^\circ$

*(3) $\tan 20^\circ \times \tan 70^\circ$　　(4) $\dfrac{1}{\tan^2 40^\circ} - \dfrac{1}{\cos^2 50^\circ}$

3 三角比の拡張

▶教p.136～142

1 三角比の拡張

右の図で,

$\angle AOP=\theta$, $OP=r$, $P(x,\ y)$

とすると

$\sin\theta=\dfrac{y}{r}$,　$\cos\theta=\dfrac{x}{r}$,　$\tan\theta=\dfrac{y}{x}$

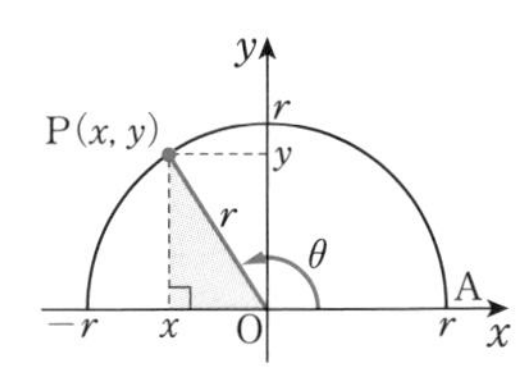

2 三角比の符号

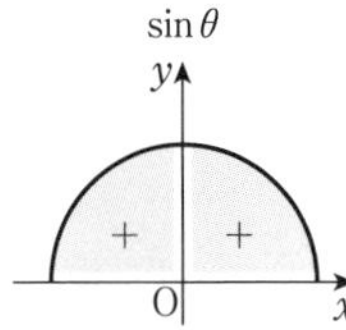

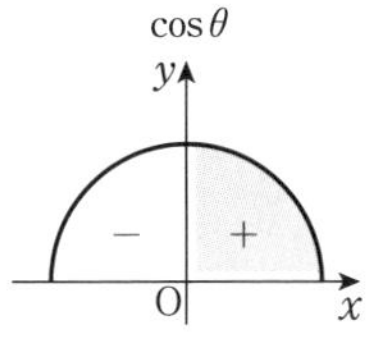

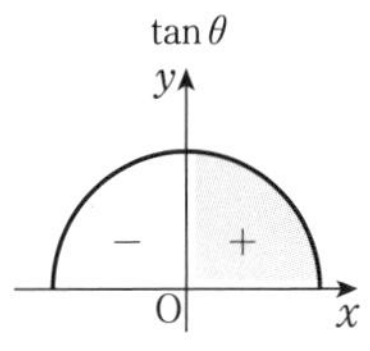

3 $180^\circ-\theta$ の三角比

$\sin(180^\circ-\theta)=\sin\theta$,　$\cos(180^\circ-\theta)=-\cos\theta$,　$\tan(180^\circ-\theta)=-\tan\theta$

4 三角比の相互関係

$\tan\theta=\dfrac{\sin\theta}{\cos\theta}$,　$\sin^2\theta+\cos^2\theta=1$,　$1+\tan^2\theta=\dfrac{1}{\cos^2\theta}$

SPIRAL A

236 次の角の三角比の値を求めよ。 ▶教p.137例6，例7

*(1) 120°　　(2) 135°

*(3) 150°　　(4) 180°

237 次の三角比を，鋭角の三角比で表せ。また，三角比の表を用いてその値を求めよ。 ▶教p.139例8

*(1) $\sin 130^\circ$　　(2) $\cos 105^\circ$　　*(3) $\tan 168^\circ$

238 $0^\circ \leqq \theta \leqq 180^\circ$ のとき，次の等式を満たす θ を求めよ。 ▶教p.140例題3

*(1) $\sin\theta=\dfrac{1}{\sqrt{2}}$　　(2) $\cos\theta=\dfrac{\sqrt{3}}{2}$

(3) $\sin\theta=0$　　*(4) $\cos\theta=-1$

239 次の各場合について，他の三角比の値を求めよ。 ▶教p.142例題4
ただし，$90^\circ < \theta < 180^\circ$ とする。

*(1) $\sin\theta = \dfrac{1}{4}$　　(2) $\cos\theta = -\dfrac{12}{13}$

SPIRAL B

240 $0^\circ \leqq \theta \leqq 180^\circ$ のとき，次の等式を満たす θ を求めよ。 ▶教p.141応用例題3

*(1) $\tan\theta = \dfrac{1}{\sqrt{3}}$　　(2) $\tan\theta = 0$　　*(3) $\sqrt{3}\tan\theta + 1 = 0$

241 $0^\circ \leqq \theta \leqq 180^\circ$ のとき，次の等式を満たす θ を求めよ。 ▶教p.140例題3

(1) $2\sin\theta - \sqrt{3} = 0$　　*(2) $2\cos\theta - \sqrt{2} = 0$

***242** $\tan\theta = -\dfrac{1}{2}$ のとき，$\cos\theta$，$\sin\theta$ の値を求めよ。
ただし，$90^\circ < \theta < 180^\circ$ とする。 ▶教p.142応用例題4

243 次の式の値を求めよ。

(1) $\sin 115^\circ + \cos 155^\circ + \tan 35^\circ + \tan 145^\circ$
(2) $(\cos 20^\circ - \cos 70^\circ)^2 + (\sin 110^\circ + \sin 160^\circ)^2$
(3) $\sin 80^\circ \cos 170^\circ - \cos 80^\circ \sin 170^\circ$
(4) $\tan 70^\circ \tan 160^\circ - 2\tan 50^\circ \tan 140^\circ$

244 次の各場合について，他の三角比の値を求めよ。
ただし，$0^\circ \leqq \theta \leqq 180^\circ$ とする。 ▶教p.142例題4

(1) $\sin\theta = \dfrac{1}{5}$　　*(2) $\cos\theta = \dfrac{1}{\sqrt{5}}$

245 次の各場合について，θ の値を求めよ。ただし，$0^\circ \leqq \theta \leqq 180^\circ$ とする。

*(1) $\sin\theta(\sqrt{2}\sin\theta - 1) = 0$　　(2) $(\cos\theta + 1)(2\cos\theta + 1) = 0$

SPIRAL C

例題 29　　　　　　　　　　　　　　　　三角比を含む不等式

$0^\circ \leqq \theta \leqq 180^\circ$ のとき，次の不等式を解け。

(1)　$\sin\theta > \dfrac{\sqrt{3}}{2}$　　　　(2)　$\cos\theta \leqq -\dfrac{1}{\sqrt{2}}$

考え方　単位円の周上の点 $(x,\ y)$ について，$\sin\theta = y$，$\cos\theta = x$ であることを利用する。

(1)では，y 座標が $\dfrac{\sqrt{3}}{2}$ より大きくなるような θ の範囲

(2)では，x 座標が $-\dfrac{1}{\sqrt{2}}$ 以下となるような θ の範囲

解　(1)　単位円の x 軸より上側の周上の点で，

y 座標が $\dfrac{\sqrt{3}}{2}$

となるのは右の図の 2 点 P，P′ である。

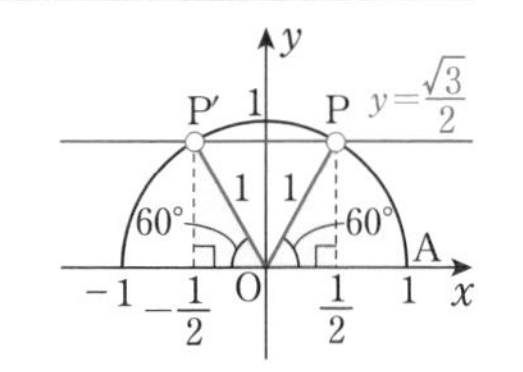

$\angle\mathrm{AOP} = 60^\circ$，$\angle\mathrm{AOP'} = 120^\circ$

であるから，不等式の解は

$60^\circ < \theta < 120^\circ$　答

(2)　単位円の x 軸より上側の周上の点で，

x 座標が $-\dfrac{1}{\sqrt{2}}$

となるのは右の図の点 P である。

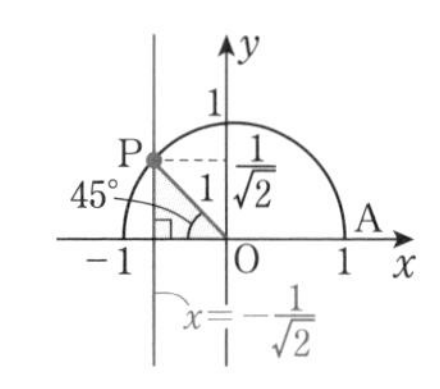

$\angle\mathrm{AOP} = 135^\circ$

であるから，不等式の解は

$135^\circ \leqq \theta \leqq 180^\circ$　答

246　$0^\circ \leqq \theta \leqq 180^\circ$ のとき，次の不等式を解け。

(1)　$\sin\theta \leqq \dfrac{1}{2}$　　　　(2)　$\cos\theta > \dfrac{1}{\sqrt{2}}$

247　次の式の値を求めよ。

(1)　$(1-\sin\theta)(1+\sin\theta) - \dfrac{1}{1+\tan^2\theta}$

(2)　$\tan^2\theta(1-\sin^2\theta) + \cos^2\theta$

(3)　$(2\sin\theta + \cos\theta)^2 + (\sin\theta - 2\cos\theta)^2$

(4)　$\dfrac{1}{1+\tan^2\theta} + \cos^2(90^\circ - \theta)$

(5)　$\dfrac{(1+\tan\theta)^2}{1+\tan^2\theta} + (\sin\theta - \cos\theta)^2$

例題 30　三角比の式の値

$\sin\theta+\cos\theta=\dfrac{2}{3}$ のとき，次の式の値を求めよ。ただし，$0^\circ \leqq \theta \leqq 180^\circ$ とする。

(1)　$\sin\theta\cos\theta$　　　(2)　$\sin\theta-\cos\theta$

解

(1)　$(\sin\theta+\cos\theta)^2=\left(\dfrac{2}{3}\right)^2$ より　$\sin^2\theta+2\sin\theta\cos\theta+\cos^2\theta=\dfrac{4}{9}$

$\sin^2\theta+\cos^2\theta=1$ より　　$1+2\sin\theta\cos\theta=\dfrac{4}{9}$

よって　　$\boldsymbol{\sin\theta\cos\theta=-\dfrac{5}{18}}$　答

(2)　$(\sin\theta-\cos\theta)^2=\sin^2\theta-2\sin\theta\cos\theta+\cos^2\theta$

$=1-2\sin\theta\cos\theta=1-2\times\left(-\dfrac{5}{18}\right)=\dfrac{14}{9}$

ゆえに　　$\sin\theta-\cos\theta=\pm\sqrt{\dfrac{14}{9}}=\pm\dfrac{\sqrt{14}}{3}$

$0^\circ \leqq \theta \leqq 180^\circ$，$\sin\theta\cos\theta<0$ より　　$\sin\theta>0$，$\cos\theta<0$

よって　　$\sin\theta-\cos\theta>0$

したがって　　$\boldsymbol{\sin\theta-\cos\theta=\dfrac{\sqrt{14}}{3}}$　答

248　$\sin\theta+\cos\theta=\dfrac{1}{2}$ のとき，次の式の値を求めよ。ただし，$0^\circ \leqq \theta \leqq 180^\circ$ とする。

(1)　$\sin\theta\cos\theta$　　(2)　$\sin\theta-\cos\theta$　　(3)　$\tan\theta+\dfrac{1}{\tan\theta}$

例題 31　タンジェントと直線の傾き

原点を通る直線 $y=mx$ と x 軸の正の向きとのなす角 θ が次のように与えられたとき，m の値を求めよ。

(1)　$\theta=60^\circ$　　(2)　$\theta=135^\circ$

解

直線 $y=mx$ と直線 $x=1$ の交点Pの座標は P$(1,\ m)$ である。

ここで，$\tan\theta=\dfrac{m}{1}=m$ であるから

$m=\tan\theta$

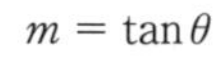

(1)　$m=\tan 60^\circ$ より　　$\boldsymbol{m=\sqrt{3}}$　答

(2)　$m=\tan 135^\circ$ より　　$\boldsymbol{m=-1}$　答

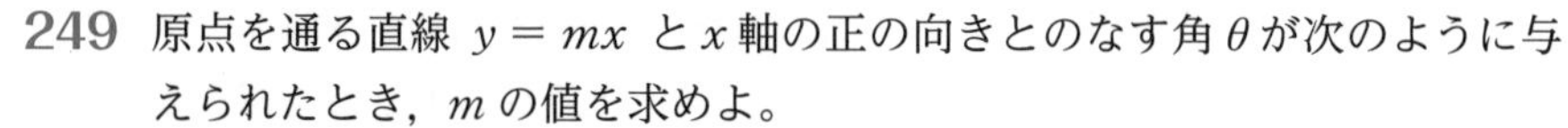

249　原点を通る直線 $y=mx$ と x 軸の正の向きとのなす角 θ が次のように与えられたとき，m の値を求めよ。

(1)　$\theta=30^\circ$　　(2)　$\theta=45^\circ$　　(3)　$\theta=120^\circ$

第4章　図形と計量

2節 三角比と図形の計量

1 正弦定理　2 余弦定理

▶教p.144〜p.149

1 正弦定理

△ABC において，次の正弦定理が成り立つ。

$$\frac{a}{\sin A}=\frac{b}{\sin B}=\frac{c}{\sin C}=2R$$

ただし，R は △ABC の外接円の半径

2 余弦定理

△ABC において，次の余弦定理が成り立つ。

$$a^2=b^2+c^2-2bc\cos A$$
$$b^2=c^2+a^2-2ca\cos B$$
$$c^2=a^2+b^2-2ab\cos C$$

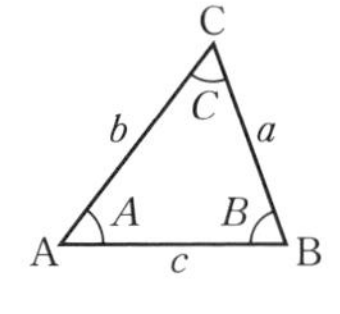

余弦定理から，次のことも成り立つ。

[1] $\cos A=\dfrac{b^2+c^2-a^2}{2bc}$,　$\cos B=\dfrac{c^2+a^2-b^2}{2ca}$,　$\cos C=\dfrac{a^2+b^2-c^2}{2ab}$

[2] $b^2+c^2>a^2 \iff A$ は鋭角
$b^2+c^2=a^2 \iff A$ は直角
$b^2+c^2<a^2 \iff A$ は鈍角

SPIRAL A

250 △ABC において，外接円の半径 R を求めよ。 ▶教p.145例1

*(1) $b=5$, $B=45^\circ$　(2) $c=\sqrt{3}$, $C=150^\circ$

251 △ABC において，次の問いに答えよ。 ▶教p.145例題1

*(1) $a=12$, $A=30^\circ$, $B=45^\circ$ のとき，b を求めよ。

(2) $a=4$, $B=75^\circ$, $C=45^\circ$ のとき，c を求めよ。

252 △ABC において，次の問いに答えよ。 ▶教p.146例2

*(1) $c=\sqrt{3}$, $a=4$, $B=30^\circ$ のとき，b を求めよ。

(2) $b=3$, $c=4$, $A=120^\circ$ のとき，a を求めよ。

(3) $a=2$, $b=1+\sqrt{3}$, $C=60^\circ$ のとき，c を求めよ。

253 △ABC において，次の問いに答えよ。 ▶教p.147例題2

*(1) $a=7$, $b=5$, $c=3$ のとき，$\cos A$ の値と A を求めよ。

(2) $a=4$, $b=\sqrt{10}$, $c=3\sqrt{2}$ のとき，$\cos B$ の値と B を求めよ。

(3) $a=7$, $b=6\sqrt{2}$, $c=11$ のとき，$\cos C$ の値と C を求めよ。

SPIRAL B

254 △ABCにおいて，3辺の長さが次のとき，Aは鋭角，直角，鈍角のいずれであるか。 ▶教p.147

(1) $a=4,\ b=3,\ c=2$

(2) $a=6,\ b=4,\ c=5$

(3) $a=13,\ b=12,\ c=5$

***255** △ABCにおいて，残りの辺の長さと角の大きさを求めよ。 ▶教p.148応用例題1

(1) $a=\sqrt{2},\ c=\sqrt{3}-1,\ B=135^\circ$

(2) $b=\sqrt{6},\ c=\sqrt{3}-1,\ A=45^\circ$

(3) $a=2\sqrt{2},\ c=\sqrt{6},\ C=60^\circ$

256 円に内接する四角形ABCDにおいて，
AB $=3$，BC $=1$，DA $=4$，$\angle$BAD $=60^\circ$
のとき，次の長さを求めよ。 ▶教p.149思考力✚

(1) 対角線BD　　(2) 辺CD

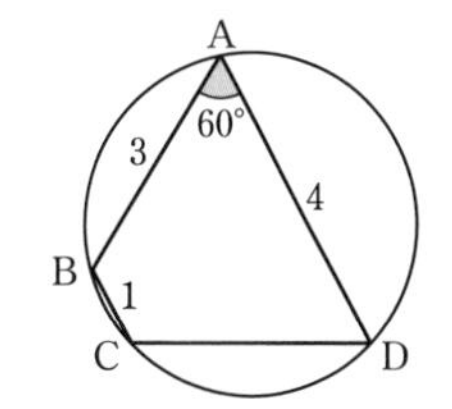

257 △ABCにおいて，$a=8,\ b=4,\ c=6$とする。
また，線分BCの中点をMとし，AM $=x$とするとき，次の問いに答えよ。

(1) △ABCにおいて，$\cos B$の値を求めよ。

(2) △ABMにおいて，余弦定理を用いてxを求めよ。

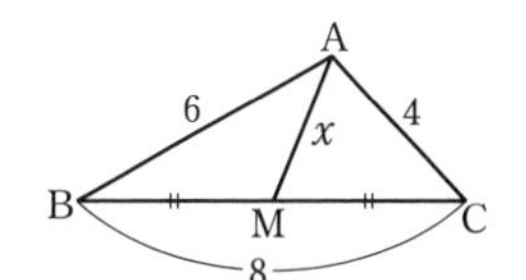

***258** △ABCにおいて，次の問いに答えよ。

(1) $b=2\sqrt{2},\ c=4,\ C=45^\circ$のとき，$B$を求めよ。

(2) $a=3$，外接円の半径$R=3$のとき，Aを求めよ。

***259** △ABCにおいて，$a=1,\ b=\sqrt{2},\ c=\sqrt{5}$のとき，$C$の大きさと，外接円の半径$R$を求めよ。

正弦定理の応用 [1]

例題 32　△ABC において，$a=3\sqrt{2}$，$b=3$，$A=45^\circ$ のとき，B と外接円の半径 R を求めよ。

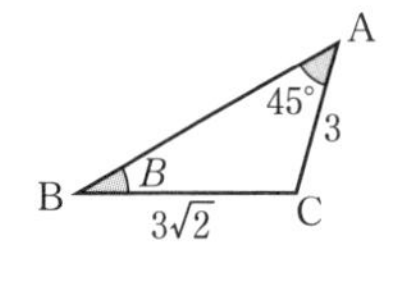

解　正弦定理より　$\dfrac{3\sqrt{2}}{\sin 45^\circ}=\dfrac{3}{\sin B}$

両辺に $\sin 45^\circ \sin B$ を掛けて

$$3\sqrt{2}\times\sin B=3\times\sin 45^\circ$$

ゆえに　$\sin B=\dfrac{3}{3\sqrt{2}}\times\sin 45^\circ$

$$=\frac{1}{\sqrt{2}}\times\frac{1}{\sqrt{2}}=\frac{1}{2}$$

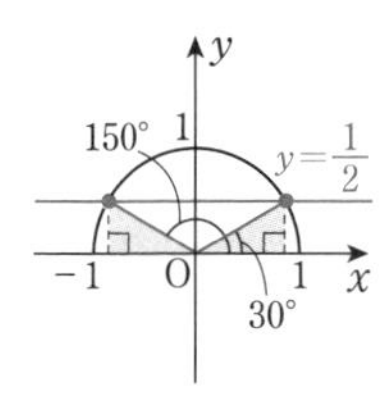

ここで，$A=45^\circ$ であるから，$B<135^\circ$ より

$B=\mathbf{30^\circ}$　答

また，正弦定理より　$\dfrac{3\sqrt{2}}{\sin 45^\circ}=2R$

よって　$R=\dfrac{1}{2}\times\dfrac{3\sqrt{2}}{\sin 45^\circ}=\dfrac{1}{2}\times 3\sqrt{2}\div\dfrac{1}{\sqrt{2}}=\mathbf{3}$　答

260　△ABC において，外接円の半径を R とするとき，次の問いに答えよ。

(1)　$a=\sqrt{3}$，$b=\sqrt{2}$，$A=60^\circ$ のとき，B と R を求めよ。

(2)　$b=2\sqrt{3}$，$c=2$，$B=120^\circ$ のとき，C と R を求めよ。

SPIRAL C

正弦定理の応用 [2]

例題 33　△ABC において，次の等式が成り立つとき，C を求めよ。　▶教p.159章末6

$$\frac{\sin A}{5}=\frac{\sin B}{16}=\frac{\sin C}{19}$$

考え方　正弦定理 $\dfrac{a}{\sin A}=\dfrac{b}{\sin B}=\dfrac{c}{\sin C}$ より　$a:b:c=\sin A:\sin B:\sin C$ が成り立つ。

解　$\dfrac{\sin A}{5}=\dfrac{\sin B}{16}=\dfrac{\sin C}{19}$ より　$\sin A:\sin B:\sin C=5:16:19$

よって　$a:b:c=5:16:19$

となるから，$a=5k$，$b=16k$，$c=19k$ $(k>0)$ とおける。

余弦定理より　$\cos C=\dfrac{(5k)^2+(16k)^2-(19k)^2}{2\cdot 5k\cdot 16k}$　　$\leftarrow \cos C=\dfrac{a^2+b^2-c^2}{2ab}$

$$=\frac{25k^2+256k^2-361k^2}{160k^2}=-\frac{1}{2}$$

$0^\circ<C<180^\circ$ より　$\mathbf{C=120^\circ}$　答

261　△ABC において，$\sin A:\sin B:\sin C=5:8:7$ のとき，C を求めよ。

262 右の図において，次の問いに答えよ。

(1) BD の長さを求めよ。

(2) $\sin 15^\circ$ の値を求めよ。

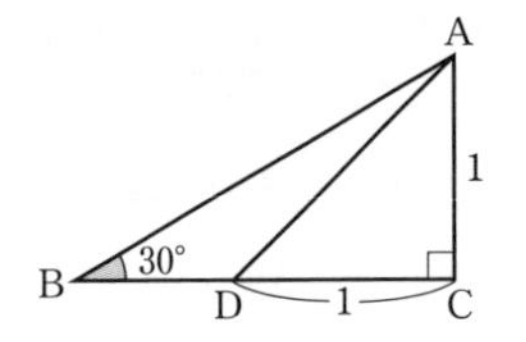

263 右の図において，次の問いに答えよ。

(1) $b=2\sqrt{3}$ のとき，c，a を求めよ。

(2) $\sin 75^\circ$ の値を求めよ。

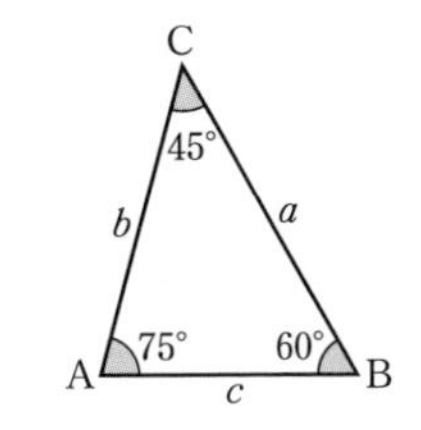

三角比と三角形の形状

例題 34 $\triangle$ABC において，$\sin A=\cos B\sin C$ が成り立つとき，この三角形はどのような三角形か。

解　$\triangle$ABC の外接円の半径を R とすると，

$$\frac{a}{\sin A}=2R,\quad \frac{c}{\sin C}=2R$$

より　$\sin A=\dfrac{a}{2R}$，$\sin C=\dfrac{c}{2R}$　……①

また，余弦定理より　$\cos B=\dfrac{c^2+a^2-b^2}{2ca}$　……②

①，②を与えられた条件式に代入すると

$$\frac{a}{2R}=\frac{c^2+a^2-b^2}{2ca}\times\frac{c}{2R}$$

両辺に $2R$ を掛けて　$a=\dfrac{c^2+a^2-b^2}{2a}$

さらに，両辺に $2a$ を掛けて整理すると

$$a^2+b^2=c^2$$

よって，$\triangle$ABC は $\boldsymbol{C=90^\circ}$ **の直角三角形** である。 答

264 $\triangle$ABC において，$\sin C=2\sin B\cos A$ が成り立つとき，この三角形はどのような三角形か。

265 $\triangle$ABC において，次の等式が成り立つことを証明せよ。

*(1) $a(\sin B+\sin C)=(b+c)\sin A$　　(2) $\dfrac{a-c\cos B}{b-c\cos A}=\dfrac{\sin B}{\sin A}$

ヒント　262 (2) $\triangle$ABD において，正弦定理を用いる。

3　三角形の面積

▶教p.150〜p.153

1 三角形の面積

△ABC の面積 S　　$S=\frac{1}{2}bc\sin A=\frac{1}{2}ca\sin B=\frac{1}{2}ab\sin C$

2 三角形の内接円と面積

△ABC において　　$S=\frac{1}{2}r(a+b+c)$　ただし，r は内接円の半径

SPIRAL A

266　次の △ABC の面積 S を求めよ。　▶教p.151 例3

*(1)　$b=5,\ c=4,\ A=45°$　　(2)　$a=6,\ b=4,\ C=120°$

*(3)　$B=45°,\ C=75°,\ b=\sqrt{6},\ c=1+\sqrt{3}$

***267**　$a=2,\ b=3,\ c=4$ である △ABC について，次の値を求めよ。

(1)　$\cos A$　　(2)　$\sin A$　▶教p.151 例題3

(3)　△ABC の面積 S

SPIRAL B

***268**　$A=120°,\ b=5,\ c=3$ である △ABC の面積を S，内接円の半径を r として，次の問いに答えよ。　▶教p.152 応用例題2

(1)　a を求めよ。　　(2)　S および r を求めよ。

***269**　$a=8,\ b=5,\ c=7$ である △ABC について，次の問いに答えよ。

▶教p.151 例題3，p.152 応用例題2

(1)　△ABC の面積 S を求めよ。　　(2)　内接円の半径 r を求めよ。

270　外接円の半径が 3 の正三角形の面積 S を求めよ。

271　△ABC において，$b=2,\ c=3,\ A=60°$ とする。∠A の二等分線が辺 BC と交わる点をDとし，$AD=x$ とおく。このとき，次の問いに答えよ。

(1)　△ABD，△ACD の面積を，x を用いて表せ。　(2)　x の値を求めよ。

SPIRAL C

272 次のような△ABC の面積 S を求めよ。 ▶教p.153思考力✚

(1) $a=4,\ b=5,\ c=7$ (2) $a=5,\ b=6,\ c=9$

円に内接する四角形の面積

例題 35 右の図のような，円に内接する四角形 ABCD において， ▶教p.159章末7

$$AB=4,\ BC=3,\ CD=2,\ DA=2$$

であるとき，次の問いに答えよ。

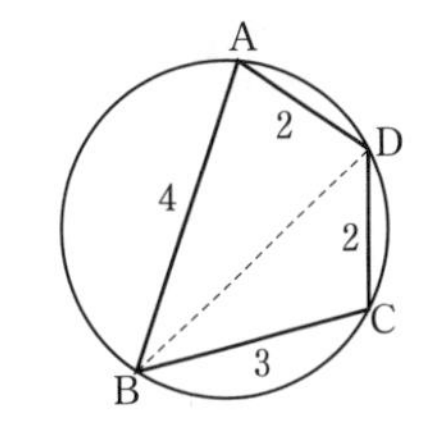

(1) $\angle BAD=\theta$ とするとき，$\cos\theta$ の値を求めよ。

(2) 対角線 BD の長さを求めよ。

(3) 四角形 ABCD の面積 S を求めよ。

考え方 $\cos C=\cos(180^\circ-A)=-\cos A$ が成り立つ。

解 (1) △ABD において，余弦定理より

$$BD^2=4^2+2^2-2\times4\times2\times\cos\theta=20-16\cos\theta$$

△BCD において，余弦定理より

$$BD^2=3^2+2^2-2\times3\times2\times\cos(180^\circ-\theta)=13+12\cos\theta$$

ゆえに　$20-16\cos\theta=13+12\cos\theta$

よって　$\cos\theta=\mathbf{\dfrac{1}{4}}$ 答

(2) (1)より　$BD^2=20-16\cos\theta=20-16\times\dfrac{1}{4}=16$

よって，$BD>0$ より　$BD=\sqrt{16}=\mathbf{4}$ 答

(3) $0^\circ<\theta<180^\circ$ より，$\sin\theta>0$ であるから

$$\sin\theta=\sqrt{1-\cos^2\theta}=\sqrt{1-\left(\frac{1}{4}\right)^2}=\sqrt{\frac{15}{16}}=\frac{\sqrt{15}}{4}$$

よって　$S=\triangle ABD+\triangle BCD$

$$=\frac{1}{2}\times AB\times AD\times\sin\theta+\frac{1}{2}\times BC\times CD\times\sin(180^\circ-\theta)$$

（$\sin(180^\circ-\theta)=\sin\theta$）

$$=\frac{1}{2}\times4\times2\times\frac{\sqrt{15}}{4}+\frac{1}{2}\times3\times2\times\frac{\sqrt{15}}{4}=\mathbf{\frac{7\sqrt{15}}{4}}$$ 答

273 円に内接する四角形 ABCD において

$$AB=1,\ BC=2,\ CD=3,\ DA=4$$

のとき，次の問いに答えよ。

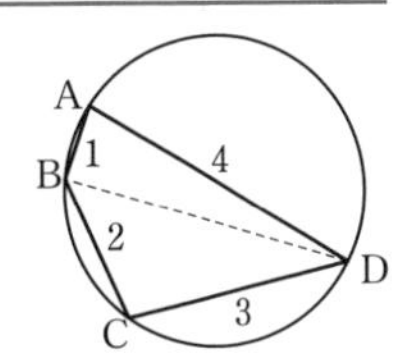

(1) $\angle BAD=\theta$ とするとき，$\cos\theta$ の値を求めよ。

(2) 四角形 ABCD の面積 S を求めよ。

ヒント 272 ヘロンの公式　$S=\sqrt{s(s-a)(s-b)(s-c)}$　ただし，$s=\dfrac{a+b+c}{2}$ を用いる。

4 空間図形の計量

1 空間図形への三角比の応用

▶教p.154〜p.156

空間図形に含まれる三角形や空間図形の切断面などに着目して，
正弦定理や余弦定理を用いることにより，辺の長さや面積を求める。

SPIRAL A

274 右の図のように，30 m 離れた 2 地点 A，B と塔の先端 C について，$\angle\mathrm{CAH}=45^\circ$，$\angle\mathrm{HBA}=60^\circ$，$\angle\mathrm{HAB}=75^\circ$ であった。このとき，塔の高さ CH を求めよ。 ▶教p.154 例題4

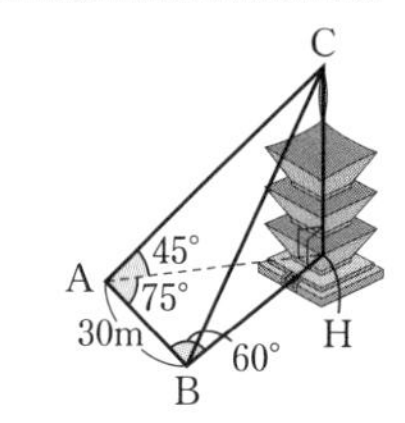

***275** 右の図のように，4 m 離れた 2 地点 A，B と木の先端 C について，$\angle\mathrm{CBH}=30^\circ$，$\angle\mathrm{CAB}=45^\circ$，$\angle\mathrm{ABC}=105^\circ$ であった。このとき，木の高さ CH を求めよ。 ▶教p.154 例題4

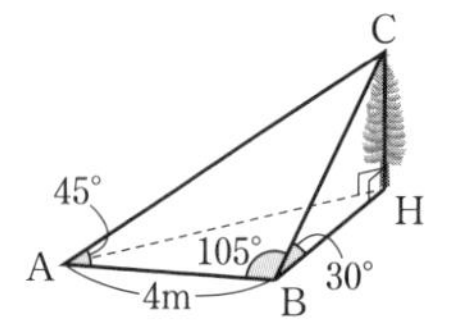

SPIRAL B

276 右の図において，

$\angle\mathrm{PHA}=\angle\mathrm{PHB}=90^\circ$
$\angle\mathrm{PAH}=60^\circ$，$\angle\mathrm{HAB}=30^\circ$
$\angle\mathrm{AHB}=105^\circ$，$\mathrm{BH}=10$

であるとき，次の問いに答えよ。 ▶教p.154 例題4

(1) PH の長さを求めよ。

(2) $\angle\mathrm{PBH}=\theta$ とするとき，$\cos\theta$ の値を求めよ。

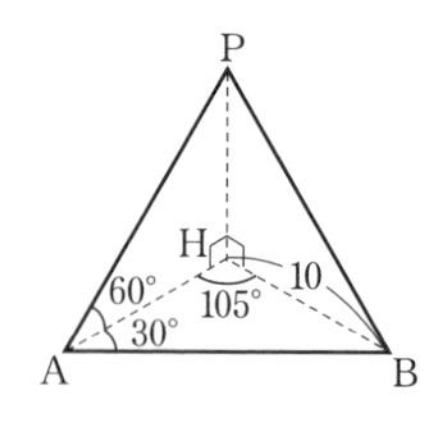

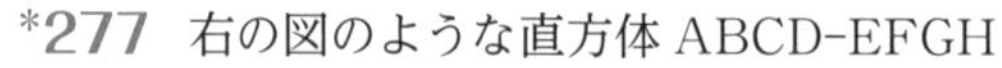

***277** 右の図のような直方体 ABCD-EFGH がある。$\mathrm{AD}=1$，$\mathrm{AB}=\sqrt{3}$，$\mathrm{AE}=\sqrt{6}$ のとき，次の問いに答えよ。 ▶教p.155 応用例題3

(1) AC，AF，FC の長さを求めよ。

(2) $\angle\mathrm{CAF}=\theta$ とするとき，θ の大きさを求めよ。

(3) $\triangle\mathrm{AFC}$ の面積 S を求めよ。

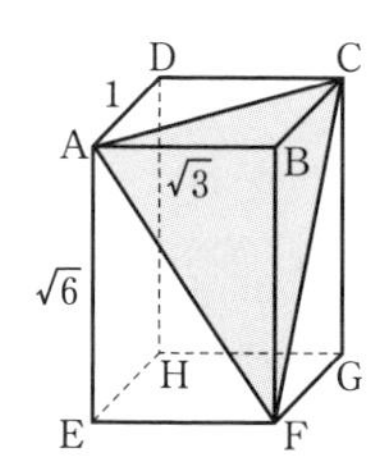

SPIRAL C

例題 36　正四面体と内接球

1辺の長さが4である正四面体ABCDについて，次の問いに答えよ。

(1)　体積 V を求めよ。

(2)　内接する球Oの半径 r を求めよ。

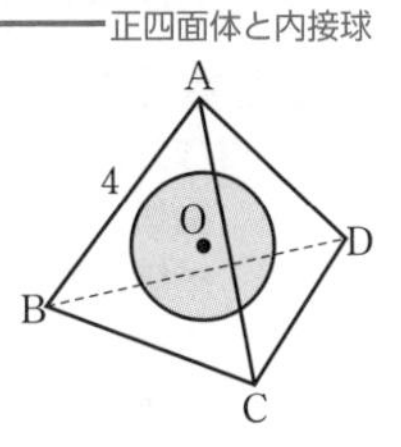

考え方　(2)　4つの四面体OABC，OABD，OACD，OBCDの体積が等しいことを利用する。

解　(1)　辺BCの中点をMとし，頂点Aから線分DMに垂線AHをおろすと，AHの長さは△BCDを底面としたときの正四面体ABCDの高さになっている。

正四面体ABCDの各面は1辺の長さが4の正三角形であるから

$$\mathrm{AM}=\mathrm{DM}=4\times\sin 60^\circ=2\sqrt{3}$$

$\angle\mathrm{AMD}=\theta$ とすると

$$\mathrm{AH}=\mathrm{AM}\sin\theta \quad \cdots\cdots①$$

△AMDにおいて，余弦定理より

$$\cos\theta=\frac{(2\sqrt{3})^2+(2\sqrt{3})^2-4^2}{2\times2\sqrt{3}\times2\sqrt{3}}=\frac{1}{3}$$

$\sin\theta>0$ であるから　$\sin\theta=\sqrt{1-\left(\frac{1}{3}\right)^2}=\frac{2\sqrt{2}}{3}$

よって，①より　$\mathrm{AH}=2\sqrt{3}\times\frac{2\sqrt{2}}{3}=\frac{4\sqrt{6}}{3}$

したがって　$V=\frac{1}{3}\times\triangle\mathrm{BCD}\times\mathrm{AH}=\frac{1}{3}\times\left(\frac{1}{2}\times4^2\times\sin 60^\circ\right)\times\frac{4\sqrt{6}}{3}$

$$=\frac{1}{3}\times4\sqrt{3}\times\frac{4\sqrt{6}}{3}=\boldsymbol{\frac{16\sqrt{2}}{3}}\quad \text{答}$$

(2)　四面体OBCDにおいて，△BCDを底面としたときの高さは球Oの半径 r になっている。四面体OABC，OABD，OACDのいずれについても同様である。正四面体ABCDの体積 V は，これら4つの四面体の体積の和に等しいから

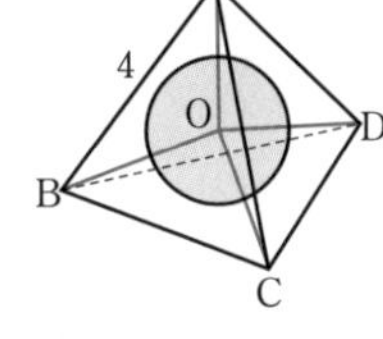
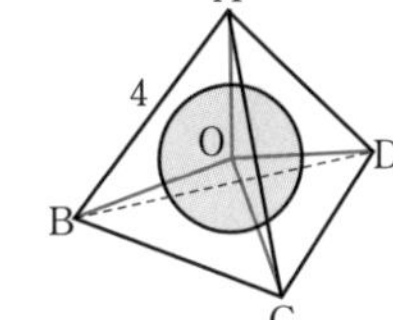

$$\left(\frac{1}{3}\times4\sqrt{3}\times r\right)\times4=\frac{16\sqrt{2}}{3}\qquad \leftarrow(\text{底面積})=4\sqrt{3}$$

よって　$r=\boldsymbol{\frac{\sqrt{6}}{3}}$　答

278　右の図の四面体ABCDにおいて，

$$\mathrm{AB}=\mathrm{AC}=\mathrm{AD}=6$$

$$\mathrm{BC}=\mathrm{CD}=\mathrm{DB}=6\sqrt{2}$$

である。この四面体について，次の問いに答えよ。

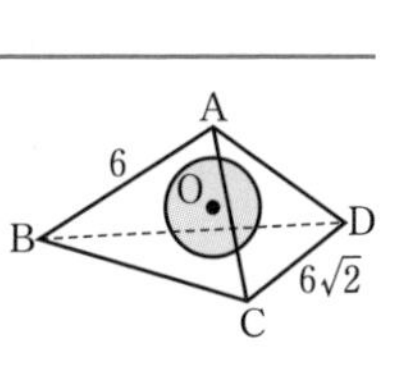

(1)　体積 V を求めよ。　　(2)　内接する球Oの半径 r を求めよ。

第4章　図形と計量

1節　データの整理

1 度数分布　2 代表値

▶教p.162〜p.165

1 度数分布表

度数分布表

階級　データの値の範囲をいくつかに分けた各区間

階級の幅　データの値の範囲をいくつかに分けた区間の幅

度数　各階級に含まれる値の個数

階級値　各階級の中央の値

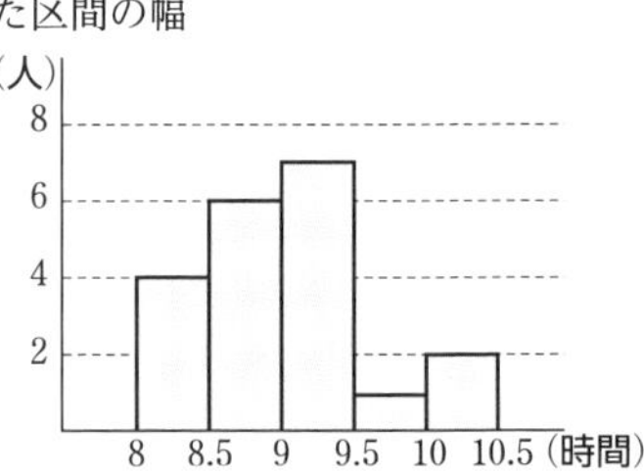

ヒストグラム　度数分布表の階級の幅を底辺，度数を高さとする長方形で表したグラフ

相対度数　$\dfrac{\text{度数}}{\text{度数の合計}}$

相対度数分布表　相対度数を記した度数分布表

2 代表値

平均値　値の総和をデータの大きさ n で割った値

$$\overline{x}=\frac{1}{n}(x_1+x_2+\cdots\cdots+x_n)$$

最頻値（モード）　データにおいて，最も個数の多い値。度数分布表に整理されているときは，度数が最も多い階級の階級値

中央値（メジアン）　データの値を小さい順に並べたとき，その中央に位置する値
データの大きさが偶数のときは，中央に並ぶ 2 つの値の平均値

SPIRAL A

*279　右の度数分布表は，ある高校の 1 年生 20 人について，50 m 走の記録を整理したものである。

(1)　度数が 1 である階級の階級値を求めよ。

(2)　速い方から 5 番目の生徒がいる階級の階級値を求めよ。

(3)　9.5 秒未満の生徒は何人いるか。

(4)　9.5 秒以上の生徒は何人いるか。

階級（秒）以上〜未満	度数（人）
8.0〜8.5	4
8.5〜9.0	6
9.0〜9.5	7
9.5〜10.0	1
10.0〜10.5	2
計	20

***280** 右のデータは，ある高校の1年生20人の上体起こしの記録である。 ▶教p.163練習1，2

24	31	19	27	24	25	23	20	12	21
21	19	24	23	26	21	31	26	27	18

(回)

(1) このデータの相対度数分布表を完成せよ。

(2) (1)のヒストグラムをかけ。

(3) (1)の度数分布表で最頻値を求めよ。

階級（回）以上～未満	階級値（回）	度数（人）	相対度数
12～16			
16～20			
20～24			
24～28			
28～32			
計		20	1

281 大きさが5のデータ 18，21，31，9，17 の平均値を求めよ。 ▶教p.164例1

282 次のデータは，あるクラスの男子A班とB班の握力の記録である。

A班	29	33	35	38	40	41	49	51	53	
B班	23	30	36	39	41	43	44	46	48	50

(kg)

(1) A班とB班の平均値をそれぞれ求めよ。 ▶教p.164例1

(2) A班とB班の中央値をそれぞれ求めよ。 ▶教p.165例3

283 次の小さい順に並べられたデータについて，中央値を求めよ。

*(1) 10，17，27，27，27，32，36，58，59，85，94 ▶教p.165例3

(2) 9，18，27，37，37，54，56，68，99

*(3) 1，13，14，20，28，41，58，62，89，95

(4) 3，9，13，13，17，21，24，25，66，75，82，86

SPIRAL B

284 大きさが6のデータ 25，19，k，10，32，16 の平均値が21であるとき，k の値を求めよ。

285 右の表は，3つのグループA，B，Cに対して行った100点満点のテストの結果である。a の値を求めよ。

	A	B	C	計
人数	12	20	8	40
平均値（点）	85	75.6	64.5	a

3 四分位数と四分位範囲

▶教p.166〜p.169

1 四分位数 データの値を小さい順に並べたとき

第2四分位数 Q_2 データ全体の中央値

第1四分位数 Q_1 中央値で分けられた前半のデータの中央値

第3四分位数 Q_3 中央値で分けられた後半のデータの中央値

四分位範囲 ＝(第3四分位数)－(第1四分位数)＝Q_3-Q_1

範囲 ＝(最大値)－(最小値)

2 箱ひげ図

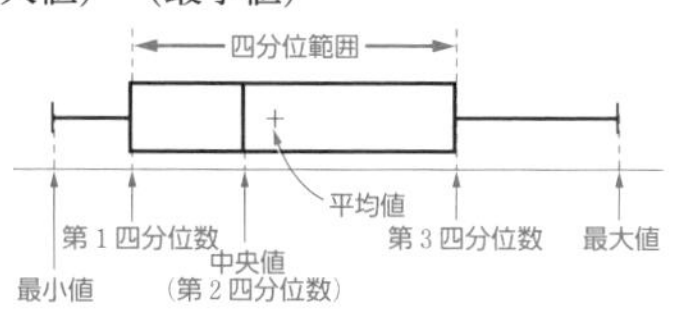

SPIRAL A

286 次の小さい順に並べられたデータについて，四分位数を求めよ。

*(1) 3，3，4，6，7，8，9 ▶教p.166例4

(2) 2，3，3，5，6，6，7，9

(3) 5，7，7，8，10，12，13，15，16

*(4) 12，14，14，14，15，17，17，17，18，18

287 次の小さい順に並べられたデータについて，範囲および四分位範囲を求めよ。また，箱ひげ図をかけ。 ▶教p.167例5，6

*(1) 5，6，8，9，10，10，11

(2) 1，2，2，2，5，5，5，5，6，7

*(3) 5，5，5，5，7，8，8，9，9，10，12

288 右の図は，ある年の3月(31日間)の，那覇と東京における1日の最高気温のデータを箱ひげ図に表したものである。2つの箱ひげ図から正しいと判断できるものを，次の①～④からすべて選べ。 ▶教p.168例7

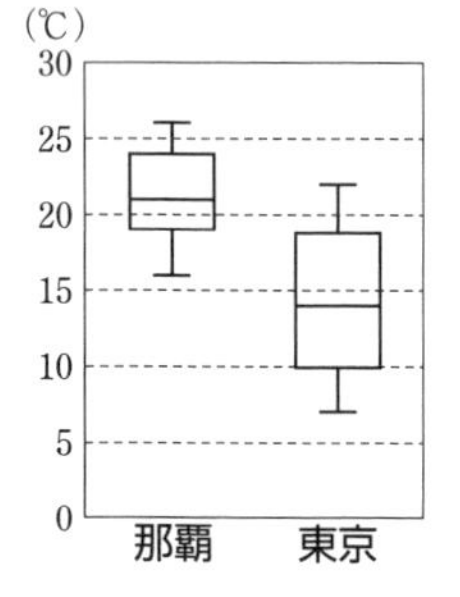

① 範囲は，東京の方が那覇より大きい。

② 四分位範囲は東京の方が小さい。

③ 那覇では，最高気温が15°C以下の日はない。

④ 東京で最高気温が10°C未満の日数は7日である。

289 右のⓐ～ⓓのヒストグラムは，下の㋐～㋓の箱ひげ図のどれに対応しているか。　▶教p.169例8

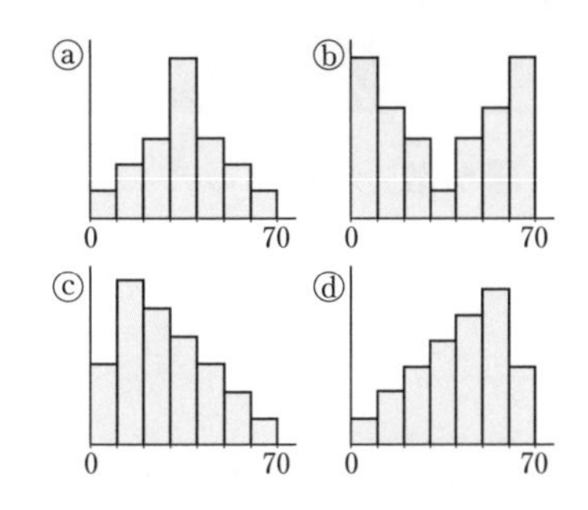

SPIRAL B

290 次のデータは，9 人の生徒に行った国語，数学，英語のテストの得点である。いずれも満点は 100 点で，点数の低い順に並べてある。　▶教p.166例4，p.167例5，p.167例6

国語	31	39	55	59	64	68	78	78	91
数学	29	44	56	59	67	67	70	88	98
英語	34	46	48	56	65	79	84	86	90

(点)

(1)　教科ごとの箱ひげ図を並べてかけ。

(2)　四分位範囲が最も大きい教科を答えよ。

291 ある高校の体育委員 8 人の体重は次のようであった。

52，55，55，61，63，65，67，70 (kg)

このデータの箱ひげ図として適当なものは，右の㋐～㋓のうちどれか。

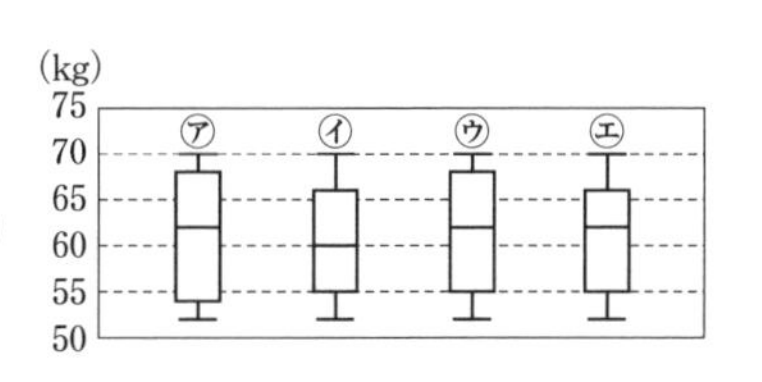

292 次の図は，16 人が行ったあるゲームの得点をヒストグラムにまとめたものである。このデータの箱ひげ図として，ヒストグラムと矛盾しないものは㋐～㋒のうちどれか。

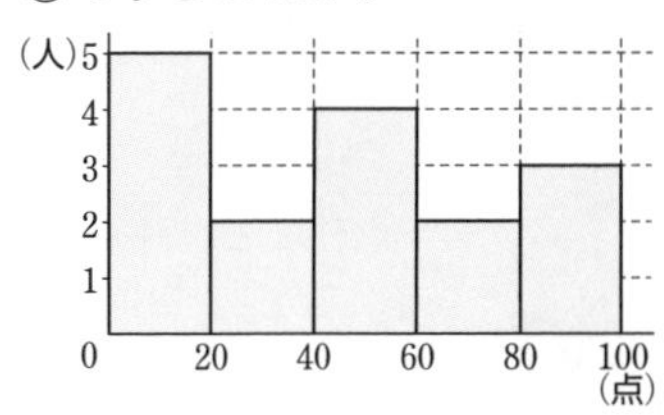

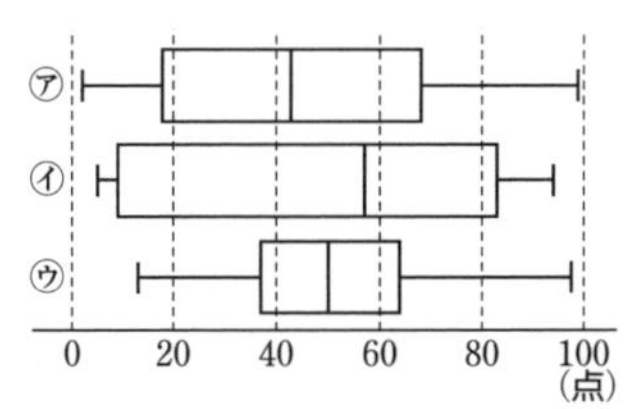

293 下の表は，9 人に対して行った 100 点満点のテストの得点を，点数の低い順に並べたものである。平均値が 79，中央値が 77，四分位範囲が 13 であるとき，a，b，c の値を求めよ。

67	72	74	75	a	80	b	88	c

(点)

2節　データの分析

1　分散と標準偏差

▶教p.170〜p.172

1 分散　大きさ n のデータ x_1, x_2, ……, x_n の平均値が $\overline{x}$ のとき

[1]　$s^2=\dfrac{1}{n}\{(x_1-\overline{x})^2+(x_2-\overline{x})^2+\cdots\cdots+(x_n-\overline{x})^2\}$

[2]　$s^2=\dfrac{1}{n}(x_1{}^2+x_2{}^2+\cdots\cdots+x_n{}^2)-\left\{\dfrac{1}{n}(x_1+x_2+\cdots\cdots+x_n)\right\}^2$　←(2乗の平均)−(平均の2乗)

2 標準偏差　分散の正の平方根，すなわち　標準偏差 $=\sqrt{\text{分散}}$

[1]　$s=\sqrt{\dfrac{1}{n}\{(x_1-\overline{x})^2+(x_2-\overline{x})^2+\cdots\cdots+(x_n-\overline{x})^2\}}$

[2]　$s=\sqrt{\dfrac{1}{n}(x_1{}^2+x_2{}^2+\cdots\cdots+x_n{}^2)-\left\{\dfrac{1}{n}(x_1+x_2+\cdots\cdots+x_n)\right\}^2}$　←$\sqrt{(2乗の平均)-(平均の2乗)}$

SPIRAL A

294　次のデータの分散 s^2 と標準偏差 s を求めよ。　▶教p.171例1

*(1)　3, 5, 7, 4, 6

(2)　1, 2, 5, 5, 7, 10

*(3)　44, 45, 46, 49, 51, 52, 54, 56, 61, 62

295　次の2つのデータ x, y について，それぞれの標準偏差を求めて散らばりの度合いを比較せよ。　▶教p.171例2

x：4, 6, 7, 8, 10　　y：4, 5, 7, 9, 10

296　大きさが5のデータ 8, 2, 4, 6, 5 の分散 s^2 と標準偏差 s を，上の囲みにある分散の [2] の公式を用いて求めよ。　▶教p.172例3

297　次のデータは，あるプロ野球球団の選手9人の身長の記録である。下の表を利用してこのデータの分散 s^2 を求めよ。　▶教p.171例1

	身長 (cm)									計	平均値
x	169	170	175	177	177	178	180	183	184	1593	177
$x-\overline{x}$											
$(x-\overline{x})^2$											

298 次の変量 x の分散 s^2 を，下の表を利用して求めよ。 ▶教p.172例3

							計	平均値
x	2	4	4	5	7	8		
x^2								

SPIRAL B

度数分布表にまとめられたデータの分散

例題 37 変量 x の値について，右の度数分布表にまとめられている。この表を用いて次の問いに答えよ。

(1) 平均値 $\overline{x}$ を求めよ。

(2) 分散 s^2 を求めよ。

変量 x	度数 f	xf	$x-\overline{x}$	$(x-\overline{x})^2f$
1	1	1	-2	4
2	2	4	-1	2
3	4	12	0	0
4	2	8	1	2
5	1	5	2	4
計	10	30		12

考え方　(1) 値の総和は xf の和であり，データの大きさは度数の和である。

解　(1) 値の総和は xf の和であるから，平均値 $\overline{x}$ は

$$\overline{x}=\frac{30}{10}=\mathbf{3}$$ 答

(2) 偏差の2乗の和は $(x-\overline{x})^2f$ の和であるから，分散 s^2 は

$$s^2=\frac{12}{10}=\mathbf{1.2}$$ 答

299 変量 x の値について，下の度数分布表にまとめられている。この表を利用して，分散 s^2 を求めよ。

変量 x	度数 f	xf	$x-\overline{x}$	$(x-\overline{x})^2f$
1	2			
2	2			
3	11			
4	4			
5	1			
計	20			

300 下の度数分布表で与えられたデータの分散 s^2 を求めよ。

階級値	4	8	12	16	20
度数	2	3	9	5	1

SPIRAL C

全体の平均値と標準偏差

例題 38 下の表は，あるクラス 32 人をA班とB班に分けて行ったテストの結果である。このクラス全体について，点数の平均値と標準偏差を求めよ。

▶教 p.184 章末1

	人数	平均値	標準偏差
A班	12人	64点	9
B班	20人	48点	13

解 全体の平均値は $\dfrac{1}{12+20}(64\times12+48\times20)=\dfrac{1728}{32}=\mathbf{54}$ **(点)** 答

A班の得点の2乗の平均値を a とすると

$9^2=a-64^2$ より $a=4177$ ←分散＝(2乗の平均)－(平均の2乗)

B班の得点の2乗の平均値を b とすると

$13^2=b-48^2$ より $b=2473$

これより，全体の分散は

$$\frac{1}{12+20}(4177\times12+2473\times20)-54^2=\frac{99584}{32}-2916=196$$

よって，全体の標準偏差は $\sqrt{196}=\mathbf{14}$ **(点)** 答

301 下の表は，あるクラス 32 人を A 班と B 班に分けて行ったテストの結果である。このクラス全体について，点数の平均値と標準偏差を求めよ。

	人数	平均値	標準偏差
A班	20人	40点	7
B班	12人	56点	9

302 下の表は，あるクラス 40 人を A 班と B 班に分けて行ったテストの結果である。次の問いに答えよ。

	人数	平均値	分散
A班	16人	65点	175
B班	24人	70点	100

(1) クラス全体について，点数の平均値と分散を求めよ。

(2) B 班全員の点数が 5 点ずつ上がったとする。このときのクラス全体の平均値と分散を求めよ。

303 大きさが 5 のデータ 3，3，x，y，5 の平均値が 4，分散が 3.2 であるとき，x，y の値を求めよ。ただし，$x\leqq y$ とする。

思考力 PLUS　変量の変換

1 変量の変換　▶教p.173

変量 x のデータから $u=ax+b$ によって得られる変量 u のデータについて

u の平均値　$\overline{u}=a\overline{x}+b$

u の分散　$s_u{}^2=a^2s_x{}^2$

SPIRAL A

304 変量 x のデータの平均値が $\overline{x}=8$，分散が $s_x{}^2=7$ であるとき，$u=4x+1$ で定まる変量 u のデータの平均値 $\overline{u}$，分散 $s_u{}^2$ を求めよ。

▶教p.173例1

305 変量 x のデータの平均値が $\overline{x}=5$，分散が $s_x{}^2=10$ であるとき，$u=\dfrac{3x-10}{5}$ で定まる変量 u のデータの平均値 $\overline{u}$，分散 $s_u{}^2$ を求めよ。

▶教p.173例1

SPIRAL B

306 あるクラスで100点満点のテストを行ったところ，得点 x の平均値は $\overline{x}=67$，標準偏差は $s_x=20$ であった。このとき，

$$u=10\left(\frac{x-\overline{x}}{s_x}\right)+50$$

によって得られる変量 u について，次の問いに答えよ。　▶教p.185章末3

(1) 得点が97点であるとき，u の値を求めよ。

(2) u の平均値 $\overline{u}$，標準偏差 s_u を求めよ。

(3) 次の①～③のうち，正しいといえるものをすべて選べ。

① A，B 2人の得点をそれぞれ x_{A}，x_{B}，対応する u の値をそれぞれ u_{A}，u_{B} とするとき，$x_{\mathrm{A}} \leqq x_{\mathrm{B}}$ ならばつねに $u_{\mathrm{A}} \leqq u_{\mathrm{B}}$ が成り立つ。

② $\overline{x}$ の値は $\overline{u}$ の値の2倍である。

③ s_x の値は s_u の値の4倍である。

(4) このテストで採点ミスがあり，全員に3点が加わった。このとき，得点 x の平均値 $\overline{x}$ および u の平均値 $\overline{u}$，x の標準偏差 s_x および u の標準偏差 s_u の値を求めよ。

2 データの相関

▶教p.174〜p.179

1 相関と相関係数・散布図

正の相関がある　　負の相関がある　　相関はない

2 共分散と相関係数

変量 x，y の平均値をそれぞれ $\overline{x}$，$\overline{y}$，標準偏差をそれぞれ s_x，s_y とするとき

共分散　$s_{xy}=\dfrac{1}{n}\{(x_1-\overline{x})(y_1-\overline{y})+(x_2-\overline{x})(y_2-\overline{y})+\cdots\cdots+(x_n-\overline{x})(y_n-\overline{y})\}$

相関係数　$r=\dfrac{s_{xy}}{s_x s_y}$

SPIRAL A

307 下の表は，8人の生徒に対し国語と数学の小テストを実施した結果である。対応する散布図を下の㋐，㋑，㋒から選べ。

生徒	①	②	③	④	⑤	⑥	⑦	⑧
国語	10	4	5	7	9	2	4	8
数学	6	9	6	4	10	3	10	6

(点)

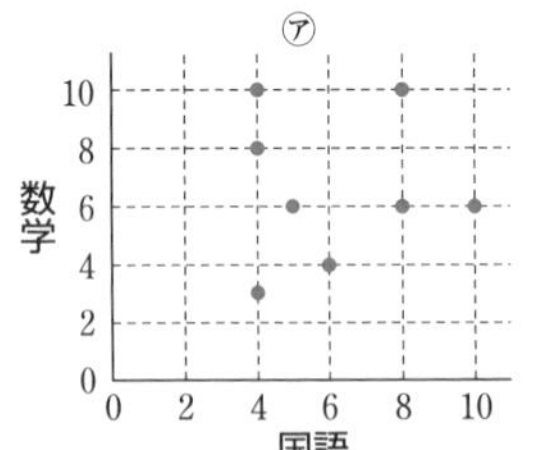

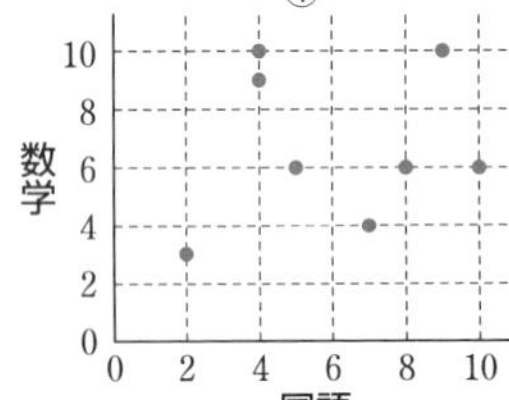

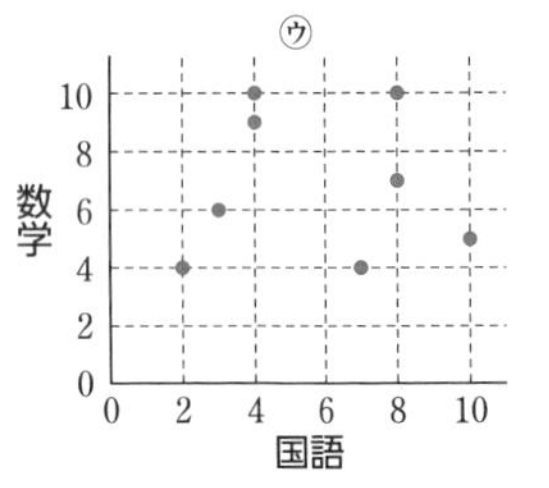

308 下の表は，あるコンビニにおける最高気温と使い捨てカイロの売上個数を1週間記録したものである。この表から散布図をつくり，相関があるかどうか調べよ。 ▶教p.175 例4

	①	②	③	④	⑤	⑥	⑦
最高気温（℃）	15	9	7	12	11	8	10
個数	5	15	20	19	10	23	20

309 下の表は，4人が2種類のゲーム x，y（ともに10点満点）を行って得た得点である。この表から共分散 s_{xy} を計算せよ。 ▶教p.177 例5

番号	①	②	③	④
ゲーム x	4	7	3	6
ゲーム y	4	8	6	10

（点）

310 下の表は，ある高校の生徒5人の数学 x と化学 y のテストの得点である。この表から散布図をつくり，共分散 s_{xy} を計算せよ。 ▶教p.175 例4，p.177 例5

生徒	①	②	③	④	⑤
数学 x	68	62	84	70	66
化学 y	51	52	71	67	59

（点）

311 右の表は，ある高校の生徒5人に行った科目Xの得点 x と科目Yの得点 y のテストの得点である。下の表を用いて，x と y の相関係数 r を求めよ。 ▶教p.178 例題1

生徒	x	y
①	4	7
②	7	9
③	5	8
④	8	10
⑤	6	6

（点）

生徒	x	y	$x-\overline{x}$	$y-\overline{y}$	$(x-\overline{x})^2$	$(y-\overline{y})^2$	$(x-\overline{x})(y-\overline{y})$
①	4	7					
②	7	9					
③	5	8					
④	8	10					
⑤	6	6					
計							
平均値							

SPIRAL B

312 次の(1)～(3)のデータに対応する散布図と相関係数を，それぞれ㋐，㋑，㋒と(a)，(b)，(c)，(d)，(e)から選んで記号で答えよ。

(1)

x	2	3	5	6	7	9	9	11	13	15
y	5	6	8	7	9	7	11	9	13	15

(2)

x	6	8	10	12	12	14	15	16	18	19
y	3	13	8	2	19	1	6	9	11	18

(3)

x	4	6	6	6	10	12	12	14	14	16
y	10	19	14	11	10	8	8	7	1	2

散布図

㋐
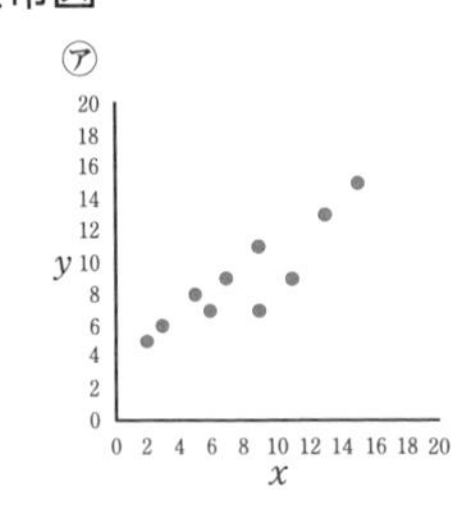

㋑
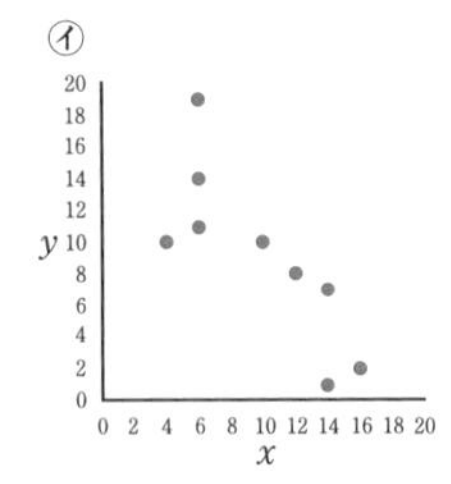

㋒
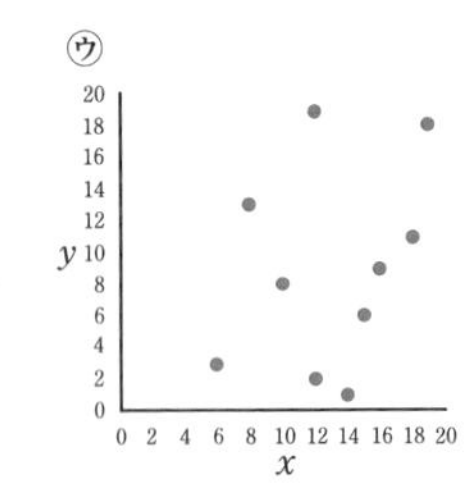

相関係数

(a)　-0.8　　(b)　-0.5　　(c)　0.3　　(d)　0.6　　(e)　0.9

313 右の図1は，ある高校の1年生20人のボール投げ(m)と握力(kg)の結果を散布図にまとめたものである。ボール投げ，握力の結果の分布を表す箱ひげ図を，それぞれ図2と図3に示した。正しい箱ひげ図を，ボール投げは㋐，㋑から，握力は㋒，㋓から1つずつ選べ。
ただし，測定値はボール投げ，握力ともに整数値とする。

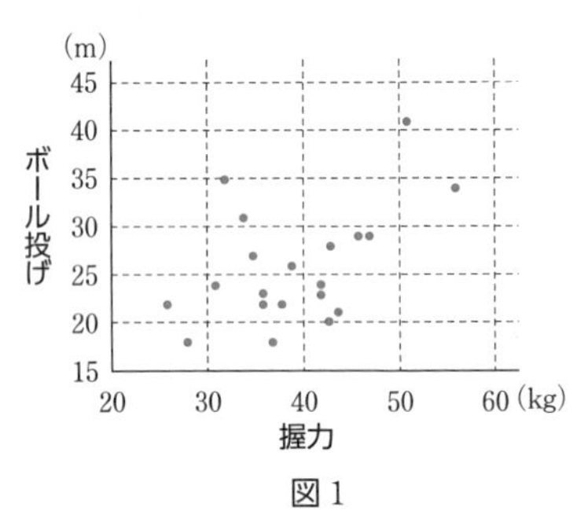

図1

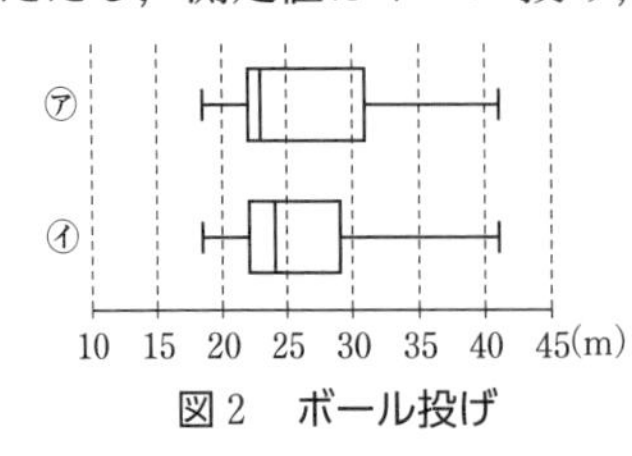

図2　ボール投げ

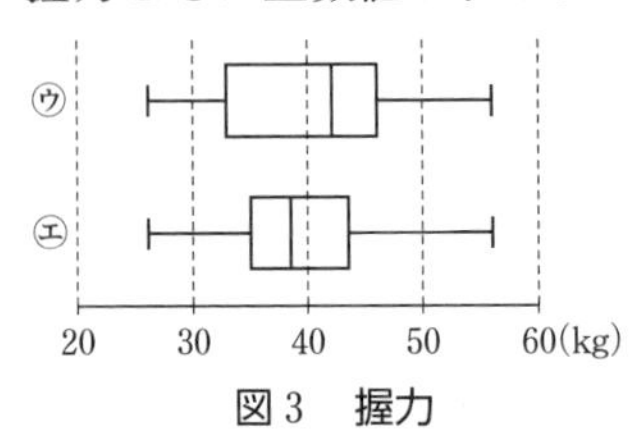

図3　握力

変量の変換と相関係数

例題 39 右の表は，ある高校の生徒5人が行った2回のボウリングの結果である。次の問いに答えよ。

生徒	①	②	③	④	⑤
1回目 x	90	120	110	85	95
2回目 y	100	120	130	105	95

(点)

(1) 1回目の得点 x と2回目の得点 y の相関係数を求めよ。ただし，小数第3位を四捨五入せよ。

(2) 機械の故障で，すべての得点が10点低く記録されていたことがわかった。正しい得点での相関係数を求めよ。ただし，小数第3位を四捨五入せよ。

解 (1)

生徒	x	y	$x-\overline{x}$	$y-\overline{y}$	$(x-\overline{x})^2$	$(y-\overline{y})^2$	$(x-\overline{x})(y-\overline{y})$
①	90	100	−10	−10	100	100	100
②	120	120	20	10	400	100	200
③	110	130	10	20	100	400	200
④	85	105	−15	−5	225	25	75
⑤	95	95	−5	−15	25	225	75
計	500	550			850	850	650
平均値	100	110			170	170	130

上の表より，求める相関係数は

$$r=\frac{130}{\sqrt{170}\sqrt{170}}$$
$$=0.764\cdots\cdots \fallingdotseq \mathbf{0.76}$$ 答

(2) x，y のすべての値が10点高くなるので，$x-\overline{x}$，$y-\overline{y}$ の値は変わらない。
したがって，相関係数の値は(1)と同じで　**0.76** 答

314 上の例題39で2回目の得点だけが10点低く記録されていた場合，正しい得点の相関係数を求めよ。ただし，小数第3位を四捨五入せよ。

315 右の表は，ある高校の生徒5人が行った2回のテストの得点である。次の問いに答えよ。

生徒	①	②	③	④	⑤
1回目 x	56	64	53	72	55
2回目 y	85	80	75	90	70

(点)

(1) 1回目と2回目の得点の相関係数を求めよ。
ただし，小数第3位を四捨五入せよ。

(2) 記録ミスで，2回目のすべての得点が5点低く記録されていたことがわかった。正しい得点での相関係数を答えよ。ただし，小数第3位を四捨五入せよ。

3 データの外れ値　4 仮説検定の考え方

▶教 p.180～p.183

1 外れ値

データの第1四分位数を Q_1，第3四分位数を Q_3 とするとき，

$Q_1-1.5(Q_3-Q_1)$ 以下

または $Q_3+1.5(Q_3-Q_1)$ 以上

の値

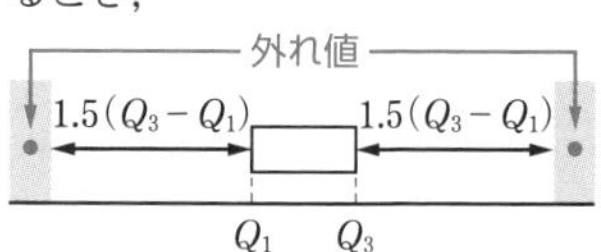

2 仮説検定の考え方

基準となる確率を5%とするとき，実際に起こったことがらについて，ある仮説のもとで起こる確率が

(i) **5%以下であれば，仮説が誤り**と判断する。

(ii) **5%より大きければ，仮説が誤りとはいえない**と判断する。

SPIRAL A

316 第1四分位数が22，第3四分位数が30のデータについて，次の①～④のうち，外れ値である値をすべて選べ。 ▶教 p.181 例6

① 8　② 11　③ 40　④ 42

317 次の表は，10人の高校生が行った懸垂の回数である。

生徒	①	②	③	④	⑤	⑥	⑦	⑧	⑨	⑩
回数	3	8	12	6	0	6	7	6	8	9

(回)

(1) 第1四分位数 Q_1，第3四分位数 Q_3 の値を求めよ。

(2) 外れ値である生徒の番号をすべて選べ。

318 実力が同じという評判の将棋部員A，Bが6回将棋をさしたところ，Aが6勝した。

右の度数分布表は，表裏の出方が同様に確からしいコイン1枚を6回投げる操作を，1000セット行った結果である。

これを用いて，「A，Bの実力が同じ」という仮説が誤りかどうか，基準となる確率を5%として仮説検定を行え。 ▶教 p.183 例7

表の枚数	セット数
6	13
5	91
4	238
3	314
2	231
1	96
0	17
計	1000

SPIRAL B

319 第1四分位数が10，第3四分位数が k であるデータにおいて，値25が外れ値であるという。このとき，k の値の範囲を求めよ。

1節　場合の数

1　集合と要素（p.84〜85 は，数学Ⅰ「集合」p.28〜29 と同じ内容）

▶教p.4〜p.9

1 集合

集合　ある特定の性質をもつもの全体の集まり

要素　集合を構成している個々のもの

$a \in A$　a は集合 A に属する（a が集合 A の要素である）

$b \notin A$　b は集合 A に属さない（b が集合 A の要素でない）

2 集合の表し方

① { } の中に，要素を書き並べる。

② { } の中に，要素の満たす条件を書く。

3 部分集合

$A \subset B$　A は B の**部分集合**（A のすべての要素が B の要素になっている）

$A = B$　A と B は**等しい**（A と B の要素がすべて一致している）

空集合 $\varnothing$　要素を1つももたない集合

4 共通部分と和集合/補集合/ド・モルガンの法則

共通部分 $A \cap B$　A，B のどちらにも属する要素全体からなる集合

和集合 $A \cup B$　A，B の少なくとも一方に属する要素全体からなる集合

補集合 $\overline{A}$　全体集合 U の中で，集合 A に属さない要素全体からなる集合

ド・モルガンの法則　[1] $\overline{A \cup B} = \overline{A} \cap \overline{B}$　[2] $\overline{A \cap B} = \overline{A} \cup \overline{B}$

SPIRAL A

1　10以下の正の奇数の集合を A とするとき，次の □ に，$\in$，$\notin$ のうち適する記号を入れよ。　▶教p.4例1

*(1)　3 □ A　(2)　6 □ A　*(3)　11 □ A

2　次の集合を，要素を書き並べる方法で表せ。　▶教p.5例2

(1)　$A = \{x \mid x$ は12の正の約数$\}$

*(2)　$B = \{x \mid x > -3,\ x$ は整数$\}$

3　次の集合 A，B について，□ に，$\supset$，$\subset$，$=$ のうち最も適する記号を入れよ。　▶教p.6例3

*(1)　$A = \{1,\ 5,\ 9\}$，$B = \{1,\ 3,\ 5,\ 7,\ 9\}$ について　A □ B

(2)　$A = \{x \mid x$ は1桁(けた)の素数全体$\}$，$B = \{2,\ 3,\ 5,\ 7\}$ について　A □ B

*(3)　$A = \{x \mid x$ は20以下の自然数で3の倍数$\}$，
$B = \{x \mid x$ は20以下の自然数で6の倍数$\}$ について　A □ B

4　次の集合の部分集合をすべて書き表せ。 ▶教 p.6 例4

*(1)　{3, 5}　　*(2)　{2, 4, 6}　　(3)　$\{a, b, c, d\}$

5　$A=\{1, 3, 5, 7\}$,　$B=\{2, 3, 5, 7\}$,　$C=\{2, 4\}$ のとき，次の集合を求めよ。 ▶教 p.7 例5

*(1)　$A\cap B$　　(2)　$A\cup B$　　*(3)　$B\cup C$　　(4)　$A\cap C$

***6**　$A=\{x\,|\,-3<x<4,\ x$ は実数$\}$, $B=\{x\,|\,-1<x<6,\ x$ は実数$\}$ のとき，次の集合を求めよ。 ▶教 p.7 例6

(1)　$A\cap B$　　(2)　$A\cup B$

7　$U=\{1, 2, 3, 4, 5, 6, 7, 8, 9, 10\}$ を全体集合とするとき，その部分集合 $A=\{1, 2, 3, 4, 5, 6\}$, $B=\{5, 6, 7, 8\}$ について，次の集合を求めよ。 ▶教 p.8 例題1

*(1)　$\overline{A}$　　(2)　$\overline{B}$

8　$U=\{1, 2, 3, 4, 5, 6, 7, 8, 9, 10\}$ を全体集合とするとき，その部分集合 $A=\{1, 3, 5, 7, 9\}$, $B=\{1, 2, 3, 6\}$ について，次の集合を求めよ。 ▶教 p.8 例題1

*(1)　$\overline{A\cap B}$　　(2)　$\overline{A\cup B}$　　*(3)　$\overline{A}\cup B$　　(4)　$A\cap\overline{B}$

SPIRAL B

***9**　次の集合を，要素を書き並べる方法で表せ。 ▶教 p.5 例2

(1)　$A=\{2x\,|\,x$ は1桁の自然数$\}$

(2)　$A=\{x^2\,|\,-2\leqq x\leqq 2,\ x$ は整数$\}$

10　次の集合 A, B について，$A\cap B$ と $A\cup B$ を求めよ。 ▶教 p.7 例6

(1)　$A=\{n\,|\,n$ は1桁の正の4の倍数$\}$,　$B=\{n\,|\,n$ は1桁の正の偶数$\}$

*(2)　$A=\{3n\,|\,n$ は6以下の自然数$\}$,　$B=\{3n-1\,|\,n$ は6以下の自然数$\}$

11　$U=\{x\,|\,10\leqq x\leqq 20,\ x$ は整数$\}$ を全体集合とするとき，その部分集合 $A=\{x\,|\,x$ は3の倍数, $x\in U\}$,　$B=\{x\,|\,x$ は5の倍数, $x\in U\}$ について，次の集合を求めよ。 ▶教 p.8 例題1

*(1)　$\overline{A}$　　(2)　$A\cap B$　　*(3)　$\overline{A}\cap B$　　(4)　$\overline{A}\cup\overline{B}$

2　集合の要素の個数

▶教p.10〜p.15

1 集合の要素の個数

集合 A の要素の個数が有限個のとき，その個数を $n(A)$ で表す。

2 和集合の要素の個数

2つの集合 A，B について

[1]　$A \cap B = \varnothing$ のとき　$n(A \cup B) = n(A) + n(B)$

[2]　$A \cap B \neq \varnothing$ のとき　$n(A \cup B) = n(A) + n(B) - n(A \cap B)$

3 補集合の要素の個数

全体集合を U，その部分集合を A とすると　$n(\overline{A}) = n(U) - n(A)$

SPIRAL A

*12　70以下の自然数を全体集合とするとき，次の集合の要素の個数を求めよ。

(1)　7の倍数　　(2)　6の倍数　▶教p.10例7

*13　$A = \{1, 3, 5, 7, 9\}$，$B = \{1, 2, 3, 4, 5\}$ のとき，$n(A \cup B)$ を求めよ。

▶教p.11例8

14　80以下の自然数のうち，次のような数の個数を求めよ。　▶教p.12例題2

(1)　3の倍数かつ5の倍数　　*(2)　6の倍数または8の倍数

15　80以下の自然数のうち，次のような数の個数を求めよ。　▶教p.13例9

*(1)　8で割り切れない数　　(2)　13で割り切れない数

SPIRAL B

16　100以下の自然数のうち，3の倍数の集合を A，4の倍数の集合を B とするとき，次の個数を求めよ。　▶教p.12例題2

(1)　$n(A)$　　(2)　$n(B)$　　*(3)　$n(A \cap B)$　　(4)　$n(A \cup B)$

*17　100人の生徒のうち，本aを読んだ生徒は72人，本bを読んだ生徒は60人，aもbも読んだ生徒は45人であった。このとき，次の人数を求めよ。

▶教p.14応用例題1

(1)　aまたはbを読んだ生徒　　(2)　aもbも読まなかった生徒

*18　全体集合 U とその部分集合 A，B について，$n(U) = 50$，$n(A \cap B) = 19$ のとき，$n(\overline{A} \cup \overline{B})$ を求めよ。

*19　全体集合 U とその部分集合 A，B について，$n(U)=70$，$n(A)=30$，$n(B)=35$，$n(\overline{A\cup B})=10$ のとき，$n(A\cap B)$ を求めよ。

20　100 以下の自然数について，6 の倍数の集合を A，7 の倍数の集合を B とするとき，次の個数を求めよ。

*(1)　$n(\overline{A\cup B})$　　(2)　$n(A\cap\overline{B})$　　*(3)　$n(\overline{A}\cap\overline{B})$

21　60 以上 200 以下の自然数のうち，次のような数の個数を求めよ。

(1)　3 でも 4 でも割り切れる数

(2)　3 と 4 の少なくとも一方で割り切れる数

*22　320 人の生徒のうち，本 a を読んだ生徒は 115 人，本 b を読んだ生徒は 80 人であった。また，a だけを読んだ生徒は 92 人であった。a も b も読まなかった生徒の人数を求めよ。

▶教 p.14応用例題1

SPIRAL C

3 つの集合の要素の個数

例題 1　300 以下の自然数のうち，2 または 3 または 5 で割り切れる数の個数を求めよ。

▶教 p.15思考力➕

考え方　3 つの集合の和集合の要素の個数について，次のことが成り立つ。

$$n(A\cup B\cup C)$$
$$=n(A)+n(B)+n(C)-n(A\cap B)-n(B\cap C)-n(C\cap A)+n(A\cap B\cap C)$$

解　300 以下の自然数のうち，2，3，5 の倍数の集合をそれぞれ A，B，C とすると

$n(A)=150$，　$n(B)=100$，　$n(C)=60$

集合 $A\cap B$ は，2 と 3 の最小公倍数 6 の倍数の集合であるから　$n(A\cap B)=50$

同様に　$n(B\cap C)=20$，　$n(A\cap C)=30$，　$n(A\cap B\cap C)=10$

であるから　$n(A\cup B\cup C)=150+100+60-50-20-30+10=220$

よって，求める自然数の個数は **220 個**である。 答

23　500 以下の自然数のうち，4 または 6 または 7 で割り切れる数の個数を求めよ。

24　40 人の生徒のうち，通学に電車を使う生徒は 25 人，バスを使う生徒は 23 人であった。電車とバスの両方を使う生徒の数を x 人とするとき，x の値のとり得る範囲を求めよ。

ヒント　24　40 人の生徒の集合を U，電車を使う生徒の集合を A，バスを使う生徒の集合を B として，$n(A)\leqq n(A\cup B)\leqq n(U)$ が成り立つことを用いる。

3 場合の数

▶教p.16〜p.21

1 場合の数

起こり得るすべての場合の総数を**場合の数**という。場合の数を，もれなく，重複なく数えあげるには，右の図のような**樹形図**や表をかくなどして考えるとよい。

例 100円，50円，10円を用いて200円を支払う方法

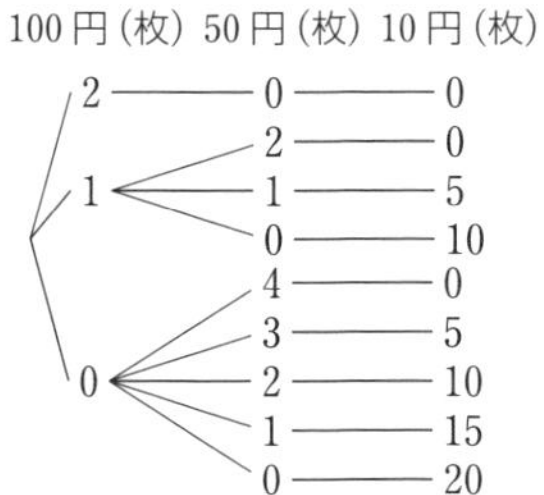

2 和の法則

2つのことがら A，B について，A の起こる場合が m 通り，B の起こる場合が n 通りあり，それらが同時には起こらないとき，A または B の起こる場合の数は　　$\boldsymbol{m+n}$（通り）

3 積の法則

2つのことがら A，B について，A の起こる場合が m 通りあり，そのそれぞれについて B の起こる場合が n 通りずつあるとき，A，B がともに起こる場合の数は

$\boldsymbol{m\times n}$（通り）

SPIRAL A

*25　500円，100円，50円の3種類の硬貨がたくさんある。これらの硬貨を使って1000円を支払うには，何通りの方法があるか。ただし，使わない硬貨があってもよいものとする。 ▶教p.16練習14

*26　大中小3個のさいころを同時に投げるとき，目の和が7になる場合は何通りあるか。 ▶教p.17例10

*27　A，Bの2チームが試合を行い，先に3勝した方を優勝とする。最初の2試合について，1試合目はBが勝ち，2試合目はAが勝った場合，優勝が決まるまでの勝敗のつき方は何通りあるか。ただし，引き分けはないものとする。 ▶教p.17例題3

28　1個のさいころを2回投げるとき，次の場合の数を求めよ。 ▶教p.18練習17

*(1)　目の和が3の倍数になる　　(2)　目の和が7以下になる

*29　パンが3種類，飲み物が4種類ある。この中からそれぞれ1種類ずつ選ぶとき，選び方は何通りあるか。 ▶教p.19練習18

*30　ある車は車体の色を赤，白，青，黒，緑の5種類，インテリアをA，B，Cの3種類から選ぶことができる。車体の色とインテリアの組み合わせ方は何通りあるか。 ▶教p.19練習18

*31　A高校からB高校への行き方は5通り，B高校からC高校への行き方は4通りある。A高校からB高校に寄って，C高校へ行く行き方は何通りあるか。

▶教p.20例11

32　大中小3個のさいころを同時に投げるとき，次の問いに答えよ。

▶教p.20例題4

*(1)　大，中のさいころの目がそれぞれ偶数で，小のさいころの目が2以上となる出方は何通りあるか。

(2)　どのさいころの目も素数となる目の出方は何通りあるか。

SPIRAL B

*33　500円硬貨1枚，100円硬貨5枚，10円硬貨4枚で支払うことのできる金額は何通りあるか。ただし，0円は数えないものとする。

*34　次の式を展開したとき，項は何項できるか。

(1)　$(a+b+c)(x+y+z+w)$　　(2)　$(a+b)(p+q+r)(x+y+z+w)$

*35　3桁の正の整数のうち，次のものは何個あるか。

(1)　すべての位の数字が奇数　　(2)　すべての位の数字が偶数

*36　大中小3個のさいころを同時に投げるとき，次の問いに答えよ。

(1)　目の積が奇数となる目の出方は何通りあるか。

(2)　目の和が偶数となる目の出方は何通りあるか。

(3)　目の積が100を超える目の出方は何通りあるか。

37　A市からB市まで行くには，鉄道，バス，タクシー，徒歩の4通りの手段があり，B市からC市まで行くには，バス，タクシー，徒歩の3通りの手段がある。このとき，次の問いに答えよ。

(1)　A市からB市へ行って，再びA市へもどるとき，同じ手段を使わない行き方は何通りあるか。

(2)　A市からB市を通ってC市まで行き，再びB市へもどるとき，同じ手段を使わない行き方は何通りあるか。

38　出席番号が1番から5番までの生徒が，1から5までの数字が1つずつ書かれた5枚のカードの中から1枚ずつ選ぶ。このとき，自分の出席番号と同じ数字を選ぶ生徒が1人だけである場合は何通りあるか。

39　次の数について，正の約数の個数を求めよ。

▶教p.21応用例題2

(1)　27　　(2)　96　　*(3)　216　　*(4)　540

4 順列

▶教p.22～p.29

1 順列

異なる n 個のものから異なる r 個を取り出して並べたものを，**n 個のものから r 個取る順列**という。その総数は　$_n\mathrm{P}_r = \underbrace{n(n-1)(n-2)\cdots\cdots(n-r+1)}_{r\text{個}} = \dfrac{n!}{(n-r)!}$

n の階乗　1から n までの自然数の積

$n! = n(n-1)(n-2)\cdots\cdots3\cdot2\cdot1$　　なお，$0! = 1$ と定める。

2 円順列

いくつかのものを円形に並べる順列を**円順列**という。

異なる n 個のものの円順列の総数は　$(n-1)!$

3 重複順列

同じものをくり返し使うことを許した場合の順列を**重複順列**という。

n 個のものから r 個取る重複順列の総数は　n^r

SPIRAL A

40　次の値を求めよ。 ▶教p.23例12

*(1)　$_4\mathrm{P}_2$　　(2)　$_5\mathrm{P}_5$　　(3)　$_6\mathrm{P}_5$　　*(4)　$_7\mathrm{P}_1$

***41**　5人の中から3人を選んで1列に並べるとき，その並べ方は何通りあるか。

▶教p.23例13

***42**　1から9までの数字が1つずつ書かれた9枚のカードがある。このカードのうち4枚のカードを1列に並べてできる4桁の整数は何通りあるか。

▶教p.23例13

43　次の選び方は何通りあるか。 ▶教p.24例14

(1)　12人の部員の中から部長，副部長を1人ずつ選ぶ選び方

(2)　9人の選手の中から，リレーの第1走者，第2走者，第3走者を選ぶ選び方

*(3)　12人の生徒の中から議長，副議長，書記，会計係を1人ずつ選ぶ選び方

***44**　1, 2, 3, 4, 5の5つの数字を用いてできる5桁の整数は何通りあるか。ただし，同じ数字は用いないものとする。 ▶教p.24例15

45　1から6までの数字が1つずつ書かれた6枚のカードがある。このとき，次の問いに答えよ。 ▶教p.25例題5

*(1)　このカードのうち3枚のカードを1列に並べて3桁の整数をつくるとき，3桁の偶数は何通りできるか。

(2)　このカードのうち4枚のカードを1列に並べて4桁の整数をつくるとき，4桁の奇数は何通りできるか。

*46　7人が円形のテーブルのまわりに座るとき，座り方は何通りあるか。

▶教p.28例16

47　次の問いに答えよ。

▶教p.29例17

*(1)　6つの空欄に，○か×を1つずつ記入するとき，記入の仕方は何通りあるか。

□□□□□□

(2)　2人でじゃんけんをするとき，2人のグー，チョキ，パーの出し方は何通りあるか。

*(3)　1，2，3の3つの数字を用いてできる5桁の整数は何通りあるか。ただし，同じ数字を何回用いてもよい。

SPIRAL B

*48　0から6までの数字が1つずつ書かれた7枚のカードがある。このカードのうち3枚のカードを1列に並べて3桁の整数をつくるとき，次のものは何通りできるか。

▶教p.26応用例題3

(1)　3桁の整数　　(2)　3桁の奇数

(3)　3桁の偶数　　(4)　3桁の5の倍数

*49　男子2人と女子4人が1列に並ぶとき，次のような並び方は何通りあるか。

(1)　女子が両端にくる並び方　　(2)　女子4人が続いて並ぶ並び方

(3)　男子2人が隣り合わない並び方

▶教p.27応用例題4

*50　SPIRALの6文字を1列に並べるとき，次のような並べ方は何通りあるか。

(1)　すべての並べ方　　(2)　SとLが両端にくる並べ方

(3)　SとPが隣り合う並べ方

51　0，1，2，3の4つの数字を用いてできる4桁の整数は何通りあるか。ただし，同じ数字を何回用いてもよい。

52　先生2人と生徒4人のあわせて6人が円形のテーブルのまわりに座るとき，次のような座り方は何通りあるか。

(1)　全員の座り方　　(2)　先生2人が隣り合って座る座り方

(3)　先生2人が向かい合って座る座り方

SPIRAL C

53　5人がA，Bの2つの部屋に分かれて入る方法は何通りあるか。ただし，5人全員が同じ部屋には入らないものとする。

5　組合せ

1 組合せ

▶教p.30～p.36

異なる n 個のものから異なる r 個を取り出してできる組を，n 個のものから r 個取る**組合せ**という。その総数は

$$ {}_nC_r = \frac{{}_nP_r}{r!} = \frac{\overbrace{n(n-1)(n-2)\cdots\cdots(n-r+1)}^{r\text{個}}}{r(r-1)(r-2)\cdots\cdots 3\cdot 2\cdot 1} = \frac{n!}{r!(n-r)!} $$

2 同じものを含む順列

n 個のものの中に，同じものがそれぞれ p 個，q 個，r 個あるとき，これら n 個のものすべてを1列に並べる順列の総数は

$$ \frac{n!}{p!q!r!} \quad \text{ただし，} p+q+r=n $$

SPIRAL A

54　次の値を求めよ。　▶教p.31 例18

*(1) ${}_5C_2$　(2) ${}_6C_3$　*(3) ${}_8C_1$　(4) ${}_7C_7$

55　次の選び方は何通りあるか。　▶教p.31 練習32

*(1) 異なる10冊の本から5冊を選ぶ選び方

(2) 12色のクレヨンから4色を選ぶ選び方

56　次の値を求めよ。　▶教p.31 例19

*(1) ${}_8C_6$　(2) ${}_{10}C_9$　*(3) ${}_{12}C_{10}$　(4) ${}_{14}C_{11}$

57　正五角形ABCDEにおいて，次のものを求めよ。　▶教p.32 例題6

*(1) 3個の頂点を結んでできる三角形の個数　(2) 対角線の本数

***58**　男子7人，女子5人の中から5人の役員を選ぶとき，男子から2人，女子から3人を選ぶ選び方は何通りあるか。　▶教p.32 例題7

59　次の問いに答えよ。　▶教p.34 例20

*(1) 1と書かれたカードが3枚，2と書かれたカードが2枚，3と書かれたカードが2枚ある。この7枚のカードすべてを1列に並べる並べ方は何通りあるか。

(2) a，a，a，a，b，b，c，c の8文字すべてを1列に並べる並べ方は何通りあるか。

SPIRAL B

60　野球の試合で，8チームが総当たり戦（リーグ戦）を行うとき，試合数は全部で何試合あるか。なお，総当たり戦とは，どのチームも自分以外の7チームと必ず1試合ずつ行う試合方法のことである。

61　男子6人，女子6人計12人の委員から，委員長1名，副委員長2名，書記1名を選びたい。副委員長2名は，必ず男女1名ずつになるような選び方は何通りあるか。

***62**　男子5人，女子7人の中から5人の委員を選ぶとき，次のような選び方は何通りあるか。

(1)　男子から2人，女子から3人を選ぶ　　(2)　特定の女子Aを必ず選ぶ

(3)　少なくとも1人は男子を選ぶ

***63**　8人を次のように分けるとき，分け方は何通りあるか。　▶教p.33応用例題5

(1)　4人ずつA，Bの2つの部屋に分ける

(2)　2人ずつ4組に分ける

(3)　Aの部屋に4人，Bの部屋に3人，Cの部屋に1人に分ける

(4)　4人，3人，1人の3組に分ける

(5)　3人，3人，2人の3組に分ける

***64**　JAPANの5文字を1列に並べるとき，次のような並べ方は何通りあるか。

(1)　すべての並べ方　　(2)　AまたはNが両端にくる並べ方

***65**　右の図のような道路のある町で，次の各場合に最短経路で行く道順は，それぞれ何通りあるか。　▶教p.35応用例題6

(1)　AからDまで行く道順

(2)　AからBを通ってDまで行く道順

(3)　AからCを通ってDまで行く道順

(4)　AからCを通らずにDまで行く道順

(5)　AからBを通り，Cを通らずにDまで行く道順

66　右の図のように，6本の平行な直線が，他の7本の平行な直線と交わっている。このとき，これらの平行な直線で囲まれる平行四辺形は，全部で何個あるか。

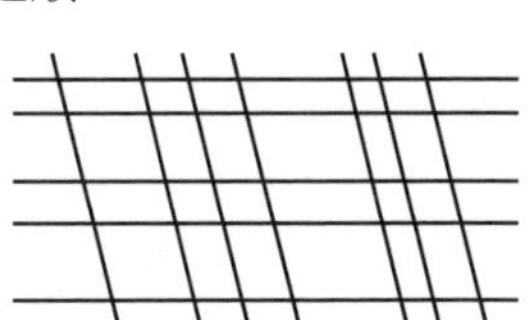

SPIRAL C

文字の並べ方

例題 2 SQUAREの6文字を1列に並べるとき，U，A，Eについては，左からこの順になるような並べ方は何通りあるか。

▶教 p.67 章末10

解 U，A，Eの3文字を□で置きかえた　SQ□□R□
の6文字を並べかえ，□には左から順にU，A，Eを入れると考えればよい。

←たとえば，□QR□□SはUQRAES

よって，求める並べ方の総数は，□3個を含む6個の文字の並べ方の総数と等しいので

$$\frac{6!}{3!1!1!1!}=\frac{6\cdot5\cdot4\cdot3\cdot2\cdot1}{3\cdot2\cdot1}=\mathbf{120}\ \textbf{(通り)}$$ 答

67 PENCILの6文字を1列に並べるとき，E，Iについては，左からこの順になるような並べ方は何通りあるか。

条件のついた最短経路

例題 3 右の図のような道路のある町で，A地点から×印の箇所を通らないでB地点まで行くとき，最短経路で行く道順は何通りあるか。

解 ×印を通ることは，CとDの両方を通ることと同じである。

AからCまで行く道順は　$\frac{6!}{3!3!}=20$（通り）

DからBまで行く道順は　$\frac{4!}{1!3!}=4$（通り）

ゆえに，×印の箇所を通る道順は　$20\times4=80$（通り）

AからBまでの道順の総数は　$\frac{11!}{5!6!}=462$（通り）

よって，×印の箇所を通らない道順は　$462-80=\mathbf{382}$ **（通り）** 答

68 右の図のような道路のある町で，A地点から×印の箇所を通らないでB地点まで行くとき，最短経路で行く道順は何通りあるか。

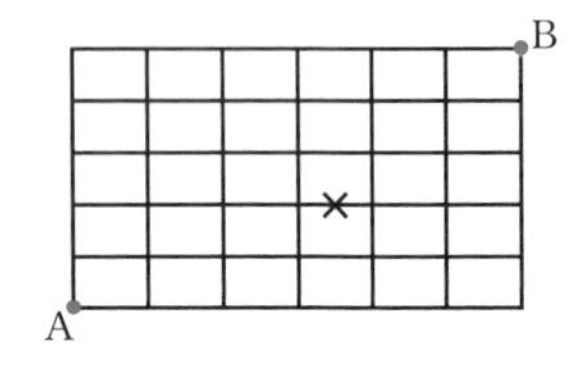

69 正七角形ABCDEFGの7個の頂点のうち，3個の頂点を結んでできる次のような三角形は何個あるか。

(1) 正七角形と2辺を共有する　(2) 正七角形と1辺だけを共有する

(3) 正七角形と辺を共有しない

例題 4　重複を許す組合せ

A，B，C 3種類のジュースを売っている自動販売機で5本のジュースを買うとき，何通りの買い方があるか。ただし，同じ種類のジュースを何本買ってもよく，また，買わないジュースの種類があってもよいものとする。

▶教 p.36 思考力＋

考え方　買い方の総数を次のようにして考えることができる。たとえば

A 2本，B 1本，C 2本　を　○○|○|○○

A 1本，B 0本，C 4本　を　○| |○○○○

A 2本，B 3本，C 0本　を　○○|○○○|

のように表すことにすると，ジュースの買い方と5個の○と2個の|の並べ方が，1対1に対応する。したがって，買い方の総数を求めるには，5個の○と2個の|の並べ方の総数を求めればよい。

解　ジュースの買い方の総数は，5本のジュースを5個の○で表し，ジュースの種類の区切りを|で表したときの，5個の○と2個の|の並べ方の総数に等しいから

$$\frac{(5+2)!}{5!2!}=\mathbf{21}$$ **（通り）** 答

補足　異なる n 個のものから重複を許して r 個取る組合せの総数は，r 個の○と $(n-1)$ 個の|の並べ方の総数に等しいから

$$\frac{\{r+(n-1)\}!}{r!(n-1)!}\quad \text{すなわち}\quad {}_{n+r-1}C_r$$

70　みかん，りんご，梨，柿の4種類の果物を用いて，果物6個を詰め合わせたバスケットをつくるとき，何通りのバスケットができるか。ただし，選ばない果物の種類があってもよいものとする。

71　オレンジ，アップル，グレープの3種類のジュースを売っている自動販売機で6本のジュースを買うとき，次の各場合の買い方は何通りあるか。

(1)　買わないジュースの種類があってもよい場合

(2)　どの種類のジュースも少なくとも1本は買う場合

72　$x+y+z=7$ を満たす $(x,\ y,\ z)$ のうち，次の各条件を満たすものは何組あるか。

(1)　$x,\ y,\ z$ が0以上の整数であるような $(x,\ y,\ z)$ の組

(2)　$x,\ y,\ z$ が自然数であるような $(x,\ y,\ z)$ の組

2節　確率

1　事象と確率

▶教p.38〜p.43

1 試行と事象

試行　何回も行うことができ，その結果が偶然によって決まるような実験や観察

事象　試行の結果として起こることがら

2 全事象・空事象・根元事象

全事象　全体集合 U で表される事象（必ず起こる事象）

空事象　空集合 $\varnothing$ で表される事象（決して起こらない事象）

根元事象　U のただ1つの要素からなる部分集合で表される事象

3 事象 A の確率 $P(A)$

ある試行において，どの根元事象が起こることも同じ程度に期待されるとき，これらの根元事象は**同様に確からしい**という。このとき，事象 A の確率 $P(A)$ は

$$P(A)=\frac{n(A)}{n(U)}=\frac{\text{事象 }A\text{ の起こる場合の数}}{\text{起こり得るすべての場合の数}}$$

SPIRAL A

*73　1, 2, 3, 4, 5 の番号が1つずつ書かれた5枚のカードがある。この中から1枚引くという試行において，全事象 U と根元事象を示せ。 ▶教p.39 例1

74　1個のさいころを投げるとき，次の確率を求めよ。 ▶教p.40 例2

(1)　3の倍数の目が出る確率　　*(2)　5より小さい目が出る確率

75　10から99までの数が1つずつ書かれた90枚のカードから1枚のカードを引くとき，次の確率を求めよ。 ▶教p.40 例2

*(1)　3の倍数のカードを引く確率

(2)　引いたカードの十の位の数と一の位の数の和が7である確率

*76　赤球3個，白球5個が入っている袋から球を1個取り出すとき，白球が出る確率を求めよ。 ▶教p.41 例3

*77　10円硬貨1枚と100円硬貨1枚を同時に投げるとき，2枚とも裏が出る確率を求めよ。 ▶教p.41 例題1

*78　10円硬貨，100円硬貨，500円硬貨の3枚を同時に投げるとき，次の確率を求めよ。 ▶教p.41 例題1

(1)　3枚とも表が出る確率　　(2)　2枚だけ表が出る確率

***79** 大小2個のさいころを同時に投げるとき，次の確率を求めよ。▶教p.42例題2

(1) 目の和が5になる確率　　(2) 目の和が6以下になる確率

***80** a，b，cを含む6人が1列に並ぶ。並ぶ順番をくじで決めるとき，左から1番目がa，3番目がb，5番目がcになる確率を求めよ。▶教p.43例題3

SPIRAL B

81 4枚の硬貨を投げるとき，3枚が表，1枚が裏になる確率を求めよ。

82 赤球4個，白球3個が入っている袋から，3個の球を同時に取り出すとき，次の球を取り出す確率を求めよ。▶教p.43応用例題1

(1) 赤球3個　　(2) 赤球2個，白球1個

***83** 3本の当たりくじを含む10本のくじがある。このくじから，2本のくじを同時に引くとき，次の確率を求めよ。

(1) 2本とも当たる確率　　(2) 1本が当たり，1本がはずれる確率

84 大中小3個のさいころを同時に投げるとき，次の確率を求めよ。

(1) すべての目が1である確率　　(2) すべての目が異なる確率

(3) 目の積が奇数になる確率　　(4) 目の和が10になる確率

***85** 男子2人と女子4人が1列に並ぶとき，次の確率を求めよ。

(1) 男子が両端にくる確率　　(2) 男子が隣り合う確率

(3) 女子が両端にくる確率

***86** 1から7までの番号が1つずつ書かれた7枚のカードを1列に並べるとき，次の確率を求めよ。

(1) 左から数えて，奇数番目には奇数が，偶数番目には偶数がくる確率

(2) 奇数が両端にくる確率　　(3) 3つの偶数が続いて並ぶ確率

87 男子6人と女子2人が，くじ引きで円形のテーブルのまわりに座るとき，次の確率を求めよ。

(1) 女子2人が隣り合って座る確率

(2) 女子2人が向かい合って座る確率

88 ○か×かで答える問題が5題ある。でたらめに○×を記入したとき，ちょうど3題が正解となる確率を求めよ。

2　確率の基本性質

▶教p.44〜p.51

1 積事象と和事象

積事象 $A \cap B$　2つの事象 A と B がともに起こる事象

和事象 $A \cup B$　事象 A または事象 B が起こる事象

2 排反事象

2つの事象 A と B が同時には起こらないとき，すなわち $A \cap B = \varnothing$ のとき，A と B は互いに**排反**である，または**排反事象**であるという。

3 確率の基本性質

[1]　任意の事象 A について　$0 \leqq P(A) \leqq 1$

[2]　全事象 U，空事象 $\varnothing$ について　$P(U)=1,\quad P(\varnothing)=0$

[3]　事象 A と B が互いに排反のとき　$P(A \cup B)=P(A)+P(B)$

4 一般の和事象の確率

$$P(A \cup B)=P(A)+P(B)-P(A \cap B)$$

5 余事象の確率

事象 A に対して，「A が起こらない」という事象を A の**余事象**といい，$\overline{A}$ で表す。

$$P(\overline{A})=1-P(A)$$

SPIRAL A

*89　1個のさいころを投げるとき，「偶数の目が出る」事象を A，「素数の目が出る」事象を B とする。このとき，積事象 $A \cap B$ と和事象 $A \cup B$ を求めよ。 ▶教p.44 例4

*90　1から30までの番号が1つずつ書かれた30枚のカードがある。この中からカードを1枚引く。次の事象のうち，互いに排反である事象はどれとどれか。 ▶教p.45 例5

A：番号が「偶数である」事象　　B：番号が「5の倍数である」事象

C：番号が「24の約数である」事象

*91　各等の当たる確率が，右の表のようなくじがある。このくじを1本引くとき，次の確率を求めよ。 ▶教p.47 例6

1等	2等	3等	4等	はずれ
$\frac{1}{20}$	$\frac{2}{20}$	$\frac{3}{20}$	$\frac{4}{20}$	$\frac{10}{20}$

(1)　1等または2等が当たる確率

(2)　4等が当たるか，またははずれる確率

92　大小2個のさいころを同時に投げるとき，目の差が2または4となる確率を求めよ。 ▶教p.47 例6

*93　男子3人，女子5人の中から3人の委員を選ぶとき，3人とも男子または3人とも女子が選ばれる確率を求めよ。
▶教 p.47 例題4

*94　1から30までの番号が1つずつ書かれた30枚のカードがある。この中から1枚のカードを引くとき，引いたカードの番号が5の倍数でない確率を求めよ。
▶教 p.49 例7

SPIRAL B

*95　1から100までの番号が1つずつ書かれた100枚のカードがある。この中から1枚のカードを引くとき，引いたカードの番号が4の倍数または6の倍数である確率を求めよ。
▶教 p.48 応用例題2

*96　1組52枚のトランプから1枚のカードを引くとき，「スペードである」事象をA，「絵札である」事象をBとする。次の確率を求めよ。
▶教 p.48 応用例題2

(1)　$P(A \cap B)$　　(2)　$P(A \cup B)$

97　51から100までの番号が1つずつ書かれた50枚のカードがある。この中から1枚のカードを引くとき，次の確率を求めよ。

(1)　3の倍数または4の倍数である確率

(2)　4の倍数または6の倍数である確率

(3)　2の倍数であるが3の倍数でない確率

98　赤球4個，白球5個が入っている箱から，3個の球を同時に取り出すとき，少なくとも1個は白球である確率を求めよ。
▶教 p.50 応用例題3

*99　当たりくじ2本を含む12本のくじから，3本のくじを同時に引くとき，少なくとも1本は当たる確率を求めよ。
▶教 p.50 応用例題3

*100　a，b，cの3人がじゃんけんを1回するとき，2人だけが勝つ確率を求めよ。
▶教 p.51 応用例題4

*101　赤球と白球が3個ずつ入っている袋から，3個の球を同時に取り出すとき，次の確率を求めよ。

(1)　3個とも同じ色の球を取り出す確率

(2)　少なくとも1個は赤球を取り出す確率

3　独立な試行とその確率

▶教p.52〜p.57

1 独立な試行の確率

2つの試行において，一方の試行の結果が他方の試行の結果に影響をおよぼさないとき，この2つの試行は互いに**独立である**という。

互いに独立な試行SとTにおいて，Sで事象Aが起こり，Tで事象Bが起こる確率は

$$P(A)\times P(B)$$

2 反復試行の確率

同じ条件のもとでの試行のくり返しを**反復試行**という。

1回の試行において，事象Aの起こる確率をpとする。この試行をn回くり返す反復試行で，事象Aがちょうどr回起こる確率は

$${}_n\mathrm{C}_r\, p^r(1-p)^{n-r}$$

SPIRAL A

*102　1個のさいころと1枚の硬貨を投げるとき，さいころは3以上の目が出て，硬貨は裏が出る確率を求めよ。
▶教p.53例8

103　1個のさいころを続けて3回投げるとき，次の確率を求めよ。 ▶教p.54例9

*(1)　1回目に1，2回目に2の倍数，3回目に3以上の目が出る確率

(2)　1回目に6の約数，2回目に3の倍数が出る確率

*104　大小2個のさいころを同時に投げるとき，どちらか一方だけに3の倍数の目が出る確率を求めよ。
▶教p.54例題5

*105　1枚の硬貨を続けて6回投げるとき，表がちょうど2回出る確率を求めよ。
▶教p.56例題6

*106　1個のさいころを続けて4回投げるとき，3以上の目がちょうど2回出る確率を求めよ。
▶教p.56例題6

*107　1個のさいころを続けて5回投げるとき，3の倍数の目が4回以上出る確率を求めよ。
▶教p.56例題7

*108　1から5までの番号が1つずつ書かれた5枚のカードから1枚を引き，番号を確かめてからもとにもどす。この試行を3回くり返すとき，奇数のカードを2回以上引く確率を求めよ。
▶教p.56例題7

SPIRAL B

*109 赤球3個，白球2個が入っている袋Aと，赤球4個，白球3個が入っている袋Bがある。A，Bの袋から球を1個ずつ取り出すとき，次の確率を求めよ。

(1) 両方の袋から赤球を取り出す確率

(2) 一方の袋だけから赤球を取り出す確率

(3) 両方の袋から同じ色の球を取り出す確率

*110 A，Bの2チームが試合を行うとき，各試合でAチームが勝つ確率は $\frac{4}{5}$ であるという。この2チームが試合を3回行うとき，Bチームが少なくとも1回勝つ確率を求めよ。ただし，引き分けはないものとする。

*111 赤球4個，白球2個が入っている袋から1個の球を取り出して，球の色を確かめてからもとにもどす。この試行を4回くり返すとき，次の確率を求めよ。

(1) 赤球をちょうど2回取り出す確率

(2) 白球を3回以上取り出す確率

112 1個のさいころを続けて3回投げるとき，3以上の目が少なくとも1回出る確率を求めよ。

113 あるフィギュアスケートの選手は，10回のうち9回ジャンプを成功させるという。この選手が3回ジャンプを行うとき，2回以上失敗する確率を求めよ。ただし，3回のジャンプは独立な試行であるとする。

*114 A，Bの2チームが試合を行うとき，各試合でAチームが勝つ確率は $\frac{3}{5}$ であるという。先に3勝した方を優勝とするとき，Aが優勝する確率を求めよ。ただし，引き分けはないものとする。

SPIRAL C

115　数直線上の原点の位置に点Ｐがある。点Ｐは，さいころを投げて出た目が３以上なら $+2$，２以下なら -3 だけ動く。さいころを６回投げるとき，次の確率を求めよ。
▶教 p.57 思考力➕

(1)　点Ｐの座標が -8 になる確率

(2)　点Ｐの座標が正の数になる確率

例題 5　　最大値の確率

１個のさいころを続けて３回投げるとき，次の確率を求めよ。

(1)　３回とも５以下の目が出る確率

(2)　出る目の最大値が５である確率

考え方　(1)　各回の試行は互いに独立である。

(2)　３回とも５以下の目が出る確率から，３回とも４以下の目が出る確率を引けばよい。

解　(1)　さいころを１回投げるとき，５以下の目が出る確率は $\dfrac{5}{6}$

各回の試行は互いに独立であるから，求める確率は

$$\left(\frac{5}{6}\right)^3 = \mathbf{\frac{125}{216}}$$ 答

(2)　(1)と同様に考えると，３回とも４以下の目が出る確率は

$$\left(\frac{4}{6}\right)^3 = \frac{64}{216}$$

求める確率は，３回とも５以下の目が出る確率から，３回とも４以下の目が出る確率を引いて

$$\frac{125}{216} - \frac{64}{216} = \mathbf{\frac{61}{216}}$$ 答

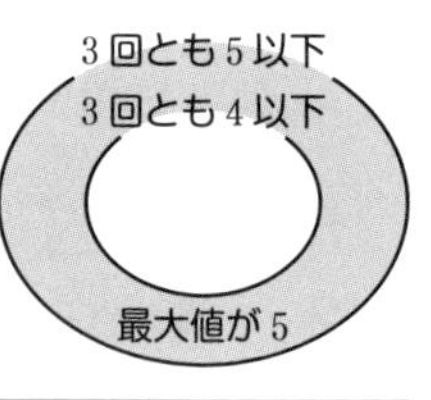

116　１個のさいころを続けて３回投げるとき，次の確率を求めよ。

(1)　３回とも４以下の目が出る確率

(2)　出る目の最大値が４である確率

117　１個のさいころを続けて３回投げるとき，次の確率を求めよ。

(1)　３回とも２以上の目が出る確率

(2)　出る目の最小値が２である確率

4　条件つき確率と乗法定理

▶教p.58〜p.61

1 条件つき確率

事象 A が起こったという条件のもとで事象 B が起こる確率を，事象 A が起こったときの事象 B の起こる**条件つき確率**といい，$\boldsymbol{P_A(B)}$ で表す。

[1]　**条件つき確率**

$$P_A(B)=\frac{n(A\cap B)}{n(A)}=\frac{P(A\cap B)}{P(A)}$$

[2]　**乗法定理**

$$P(A\cap B)=P(A)\times P_A(B)$$

SPIRAL A

***118**　右の表は，あるクラス40人の部活動への入部状況である。この中から1人の生徒を選ぶとき，その生徒が女子である事象を A，運動部に所属している事象を B とする。次の確率を求めよ。

	男子	女子
運動部	14	9
文化部	6	11

▶教p.59例10

(1)　$P(A\cap B)$　　(2)　$P_A(B)$　　(3)　$P_B(A)$

***119**　1から9までの番号が1つずつ書かれた9枚のカードから，1枚ずつ2枚のカードを引く試行を考える。ただし，引いたカードはもとにもどさないものとする。この試行において，1枚目に奇数が出たとき，2枚目に偶数が出る条件つき確率を求めよ。

▶教p.59例11

***120**　赤球3個，白球5個が入っている箱から，a，bの2人がこの順に球を1個ずつ取り出すとき，次の確率を求めよ。ただし，取り出した球はもとにもどさないものとする。

▶教p.60例12

(1)　2人とも赤球を取り出す確率

(2)　aが白球を取り出し，bが赤球を取り出す確率

***121**　1組52枚のトランプの中から1枚ずつ続けて2枚のカードを引くとき，1枚目にエース(A)，2枚目に絵札（J，Q，K）を引く確率を求めよ。ただし，引いたカードはもとにもどさないものとする。

▶教p.60例12

SPIRAL B

***122**　袋の中に，1，2，3の番号のついた3個の赤球と，4，5，6，7の番号のついた4個の白球が入っている。この袋から球を1個取り出すとき，次の確率を求めよ。

(1)　偶数の番号のついた白球を取り出す確率

(2)　取り出した球が白球であるとき，その球に偶数の番号がついている確率

(3)　取り出した球に偶数の番号がついているとき，その球が白球である確率

123　4本の当たりくじを含む10本のくじがある。a，bの2人がこの順にくじを1本ずつ引くとき，次の確率を求めよ。ただし，引いたくじはもとにもどさないものとする。

▶教p.61 応用例題5

(1)　2人とも当たる確率　　(2)　bがはずれる確率

***124**　1組52枚のトランプの中から1枚ずつ続けて2枚のカードを引くとき，次の確率を求めよ。ただし，引いたカードはもとにもどさないものとする。

(1)　2枚ともハートのカードを引く確率

(2)　2枚目にハートのカードを引く確率

SPIRAL C

例題 6　　事後の確率

ある製品を製造する工場a，bがある。この製品は，工場aで25%，工場bで75%製造されている。このうち，工場aでは2%，工場bでは3%の不良品が出るという。多くの製品の中から1個を取り出して検査をするとき，次の確率を求めよ。

(1)　取り出した製品が不良品である確率

(2)　取り出した製品が不良品であるとき，その製品が工場bの製品である確率

解　取り出した1個の製品が，「工場aの製品である」事象をA，「工場bの製品である」事象をB，「不良品である」事象をEとすると

$$P(A)=\frac{25}{100},\ P(B)=\frac{75}{100},\ P_A(E)=\frac{2}{100},\ P_B(E)=\frac{3}{100}$$

(1)　求める確率は

$$P(E)=P(A\cap E)+P(B\cap E)=P(A)P_A(E)+P(B)P_B(E)$$
$$=\frac{25}{100}\times\frac{2}{100}+\frac{75}{100}\times\frac{3}{100}=\boldsymbol{\frac{11}{400}}$$ 答

(2)　求める確率は$P_E(B)$であるから

$$P_E(B)=\frac{P(E\cap B)}{P(E)}=\frac{P(B\cap E)}{P(E)}=\frac{P(B)P_B(E)}{P(E)}=\frac{75}{100}\times\frac{3}{100}\div\frac{11}{400}=\boldsymbol{\frac{9}{11}}$$ 答

125　ある製品を製造する工場a，bがある。この製品は，工場aで60%，工場bで40%製造されている。このうち，工場aでは3%，工場bでは4%の不良品が出るという。多くの製品の中から1個を取り出して検査をするとき，次の確率を求めよ。

(1)　取り出した製品が不良品である確率

(2)　取り出した製品が不良品であるとき，その製品が工場aの製品である確率

5 期待値

▶教p.62〜p.64

1 期待値

ある試行の結果によって，変量 X のとる値が

$x_1,\ x_2,\ \cdots\cdots,\ x_n$

のいずれかであり，これらの値をとる事象の確率が，それぞれ

$p_1,\ p_2,\ \cdots\cdots,\ p_n$

であるとき　$\boldsymbol{x_1p_1+x_2p_2+\cdots\cdots+x_np_n}$

の値を，X の**期待値**という。ただし，$p_1+p_2+\cdots\cdots+p_n=1$

X の値	x_1	x_2	……	x_n	計
確率	p_1	p_2	……	p_n	1

SPIRAL A

126 1，3，5，7，9 の数が 1 つずつ書かれた 5 枚のカードから 1 枚のカードを引くとき，引いたカードに書かれた数の期待値を求めよ。 ▶教p.63例13

127 1 枚の硬貨を続けて 3 回投げるとき，表が出る回数の期待値を求めよ。 ▶教p.63例13

128 賞金の当たる確率が，次の表のようなくじがある。このくじを 1 本引くとき，当たる賞金の期待値を求めよ。

賞金	1000 円	500 円	100 円	10 円	計
確率	$\dfrac{1}{50}$	$\dfrac{3}{50}$	$\dfrac{11}{50}$	$\dfrac{35}{50}$	1

SPIRAL B

129 大小 2 個のさいころを同時に投げるとき，出る目の和の期待値を求めよ。

130 赤球 3 個と白球 2 個が入った袋から，3 個の球を同時に取り出し，取り出した赤球 1 個につき 500 点がもらえるゲームを行う。1 回のゲームでもらえる点数の期待値を求めよ。 ▶教p.64例題8

131 1 個のさいころを続けて 4 回投げるとき，5 以上の目が出る回数の期待値を求めよ。

1節　三角形の性質

1　三角形と線分の比

▶教p.70〜p.73

1 平行線と線分の比

右の図の △ABC において，DE ∥ BC ならば

AD：AB＝AE：AC

AD：AB＝DE：BC

AD：DB＝AE：EC

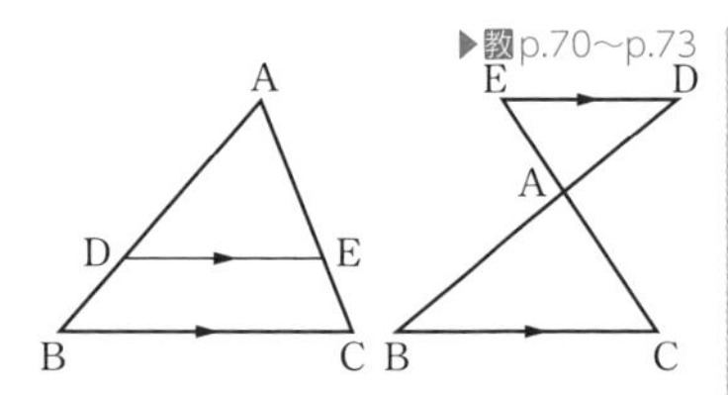

2 線分の内分と外分

1　内分

線分 AB を $m：n$ に内分

A　P　B

2　外分

線分 AB を $m：n$ に外分

$m > n$ のとき

$m < n$ のとき

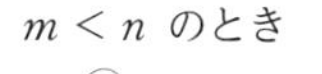

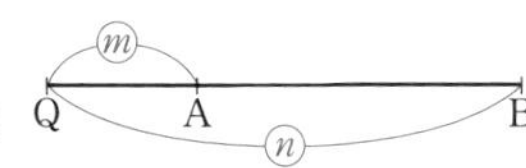

3 角の二等分線と線分の比

1　内角の二等分線と線分の比

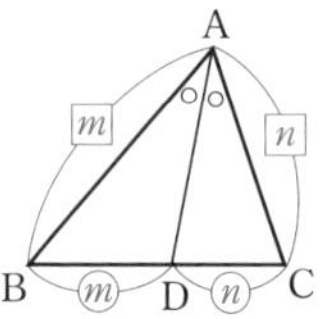

BD：DC＝AB：AC

2　外角の二等分線と線分の比

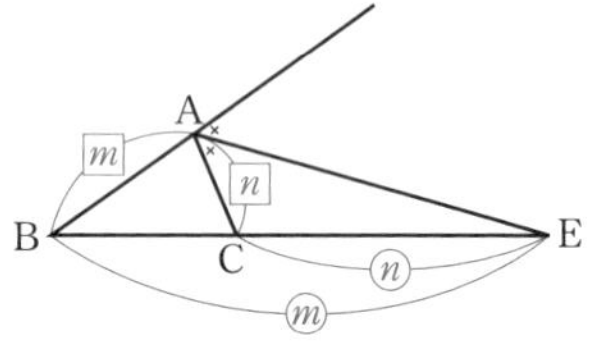

BE：EC＝AB：AC

SPIRAL A

132　次の図において，DE ∥ BC のとき，x，y を求めよ。　▶教p.70練習1

*(1)　(2)　(3)

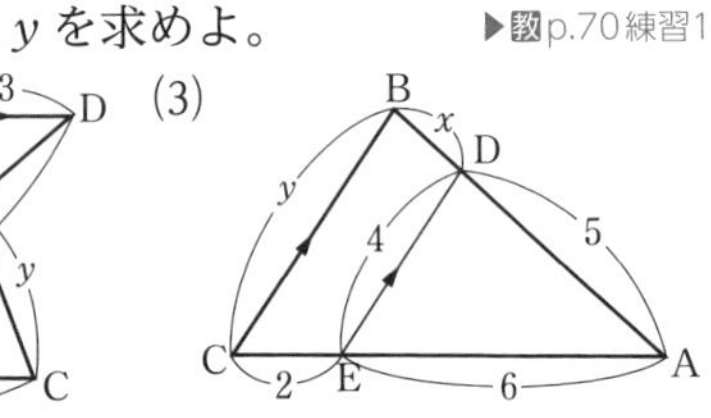

***133**　次の図の線分 AB において，次の点を図示せよ。　▶教p.71例1

(1)　1：3 に内分する点 C　　(2)　3：1 に内分する点 D

(3)　2：1 に外分する点 E　　(4)　1：3 に外分する点 F

*134　右の図の△ABCにおいて，ADが∠Aの二等分線であるとき，線分BDの長さxを求めよ。 ▶教p.72例2

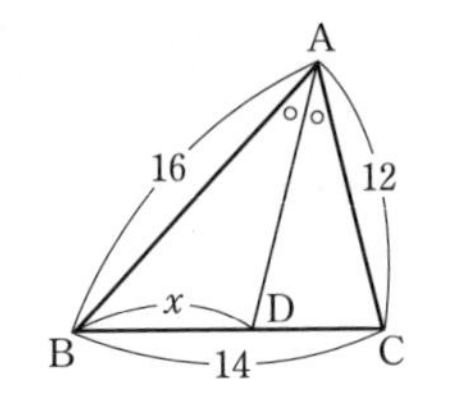

135　右の図の△ABCにおいて，ADが∠Aの二等分線，AEが∠Aの外角の二等分線であるとき，次の線分の長さを求めよ。 ▶教p.73例3

*(1)　BD　　*(2)　CE　　(3)　DE

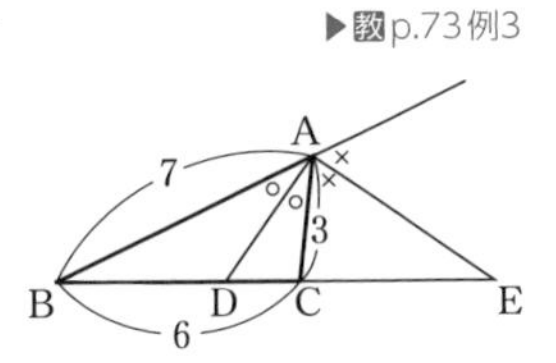

SPIRAL B

136　次の図において，AB // CD // EF のとき，x，yを求めよ。 ▶教p.70

(1)

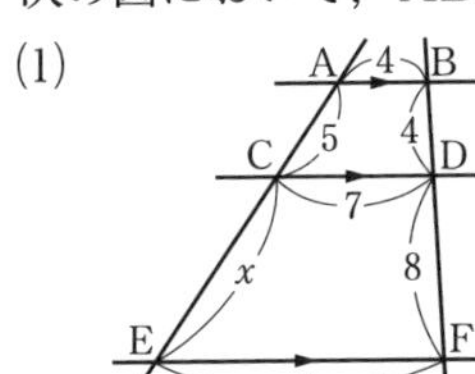

(2)

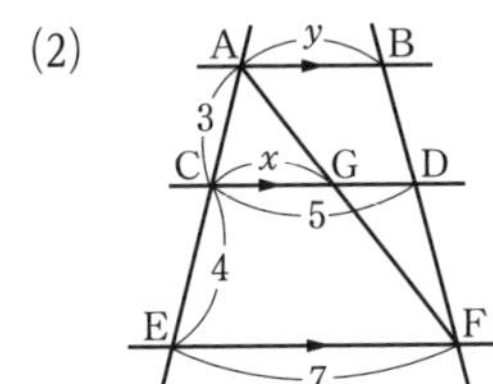

*137　次の図において，点P，Q，Rは線分ABをそれぞれどのような比に分ける点か答えよ。 ▶教p.71例1

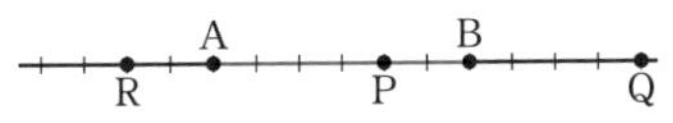

138　右の図のように，△ABCの辺BCの中点をMとし，∠AMB，∠AMCの二等分線と辺AB，ACの交点をそれぞれD，Eとする。このとき，次の問いに答えよ。

(1)　DE // BC であることを証明せよ。

(2)　AM = 5，BC = 6 のとき，DEの長さを求めよ。

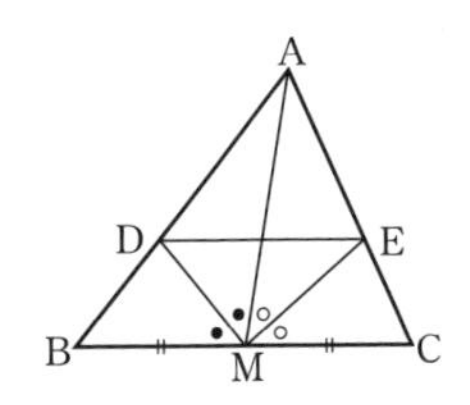

2 三角形の重心・内心・外心

▶教p.74～p.79

1 重心

[1]　三角形の3本の中線は1点Gで交わり，この交点Gを**重心**という。

[2]　重心Gはそれぞれの**中線を 2：1 に内分**する。

2 内心

[1]　三角形の3つの内角の二等分線は1点Iで交わり，この交点Iを**内心**という。

[2]　内心Iは三角形の内接円の中心であり，**内心から各辺までの距離は等しい。**

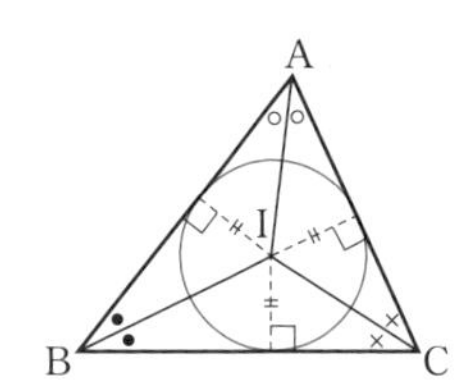

3 外心

[1]　三角形の3つの辺の垂直二等分線は1点Oで交わり，この交点Oを**外心**という。

[2]　外心Oは三角形の外接円の中心であり，**外心から各頂点までの距離は等しい。**

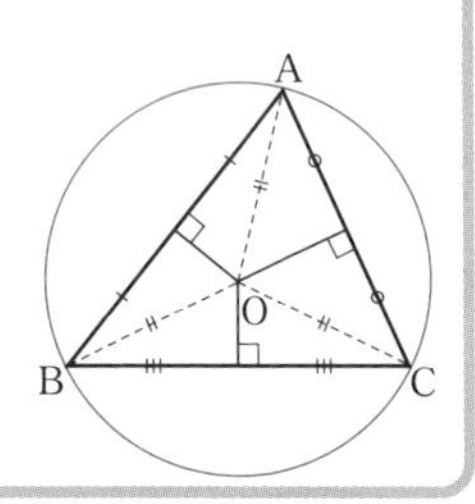

SPIRAL A

*139　右の図において，点Gは△ABCの重心であり，Gを通る線分PQは辺BCに平行である。AP = 4，BC = 9 のとき，PB，PQの長さを求めよ。

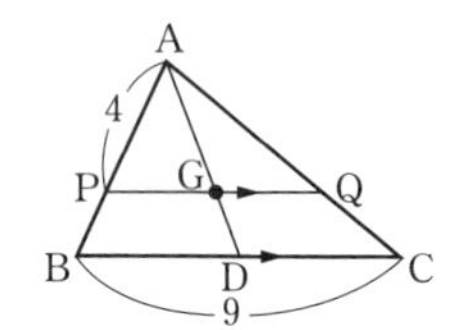

140　右の図のAB = AC，BC = 6 の二等辺三角形ABCにおいて，中線AL，BMの交点をPとする。PL = 2 のとき，APおよびABの長さを求めよ。　▶教p.75 例4

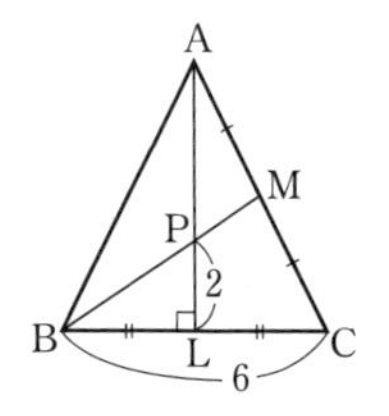

*141 次の図において，点 I は △ABC の内心である。このとき，θ を求めよ。

▶教p.77例5

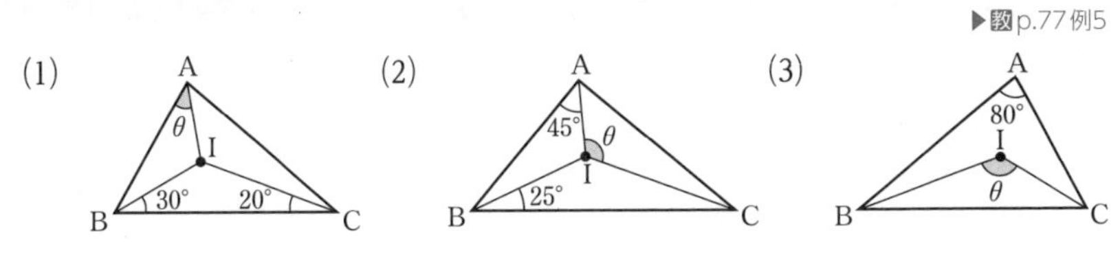

142 次の図において，点 O は △ABC の外心である。このとき，θ を求めよ。

▶教p.79例6

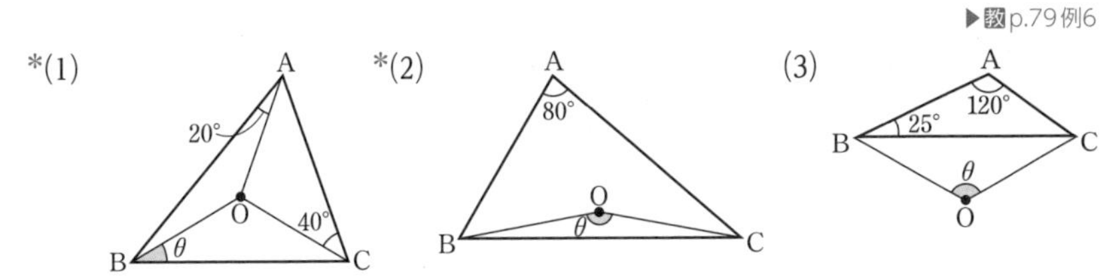

SPIRAL B

143 右の図の平行四辺形 ABCD において，辺 BC，CD の中点をそれぞれ E，F とし，BD と，AE，AC，AF との交点をそれぞれ P，Q，R とする。BD = 6 のとき，PQ と PR の長さを求めよ。

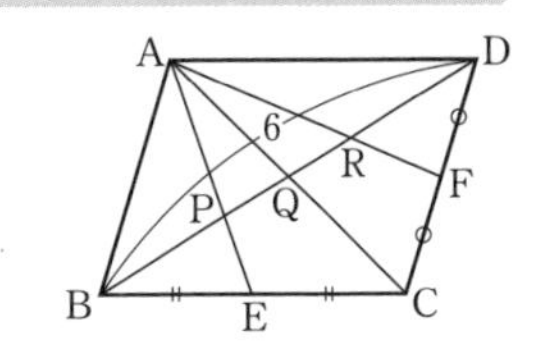

*144 右の図のように，AB = 4，BC = 5，CA = 3 である △ABC の内心を I，直線 AI と辺 BC の交点を D とするとき，次の問いに答えよ。 ▶教p.112章末1

(1) 線分 BD の長さを求めよ。

(2) AI：ID を求めよ。

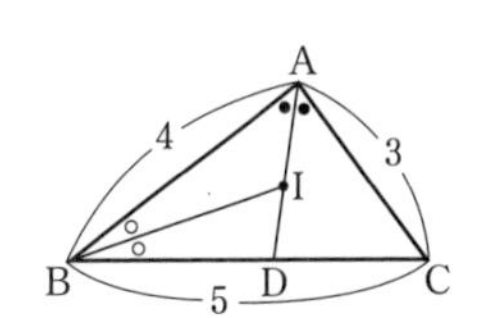

145 右の図の △ABC において，∠B = 90° であり，3 点 P，Q，R は △ABC の重心，内心，外心のいずれかであるとする。このとき，△ABC の重心，内心，外心は P，Q，R のいずれであるか答えよ。

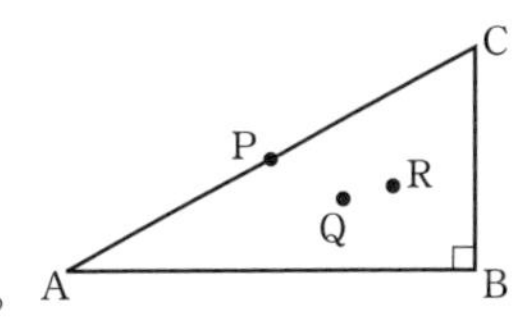

3 メネラウスの定理とチェバの定理

▶教p.80〜p.83

1 メネラウスの定理

△ABC の頂点を通らない直線 l が，辺 BC，CA，AB，または その延長と交わる点をそれぞれ P，Q，R とするとき

$$\frac{BP}{PC}\cdot\frac{CQ}{QA}\cdot\frac{AR}{RB}=1$$

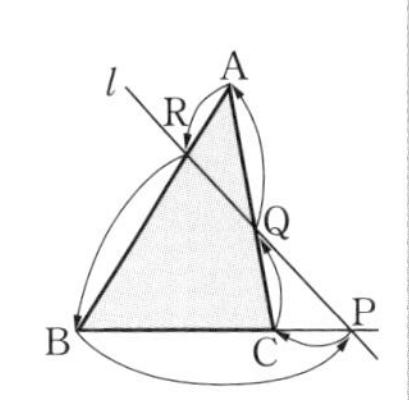

2 チェバの定理

△ABC の 3 辺 BC，CA，AB 上に，それぞれ点 P，Q，R があり，3 直線 AP，BQ，CR が 1 点 S で交わるとき

$$\frac{BP}{PC}\cdot\frac{CQ}{QA}\cdot\frac{AR}{RB}=1$$

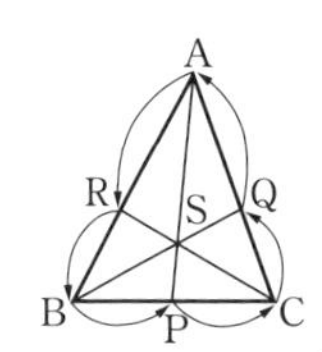

SPIRAL A

146 次の図において，$x:y$ を求めよ。 ▶教p.80 例7

*(1)

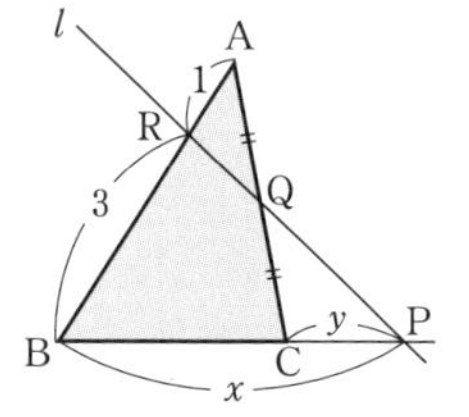

(2)

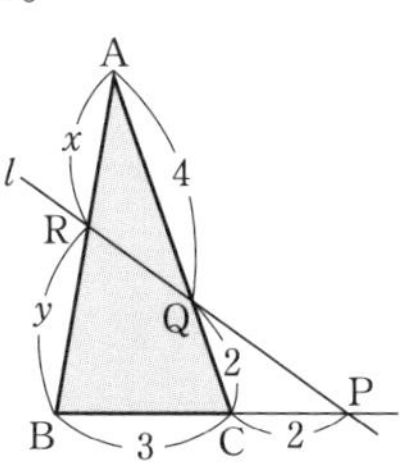

(3)

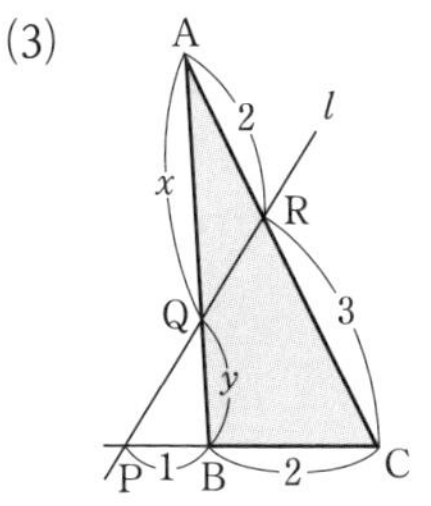

147 次の図において，$x:y$ を求めよ。 ▶教p.81 例8

*(1)

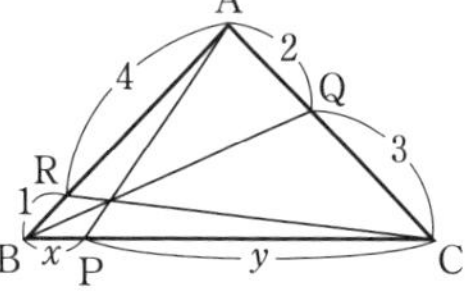

(2)

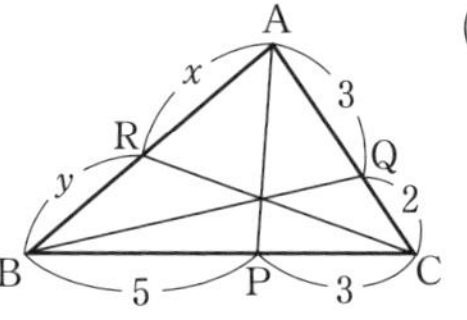

(3)

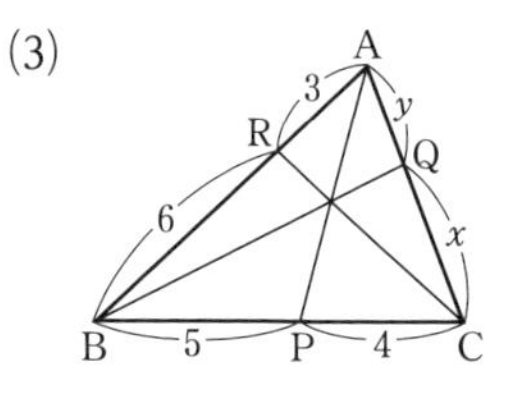

SPIRAL B

148 右の図の △ABC において，AF：FB = 2：3，AP：PD = 7：3 である。このとき，次の比を求めよ。 ▶教p.80例7，p.81例8

(1)　BD：DC　　　(2)　AE：EC

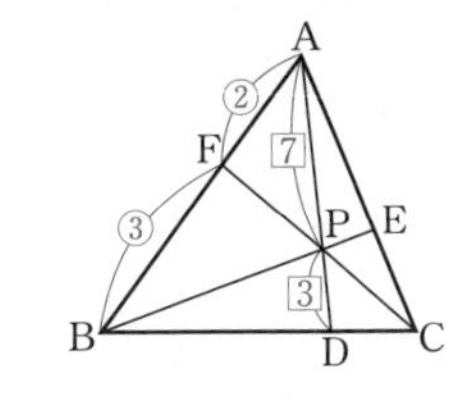

149 右の図の △ABC において，辺 BC を 1：3 に内分する点を P，辺 CA を 2：3 に内分する点を Q，AP と BQ の交点を O とする。このとき，次の比を求めよ。 ▶教p.82応用例題1

(1)　AO：OP　　(2)　△OBC：△ABC

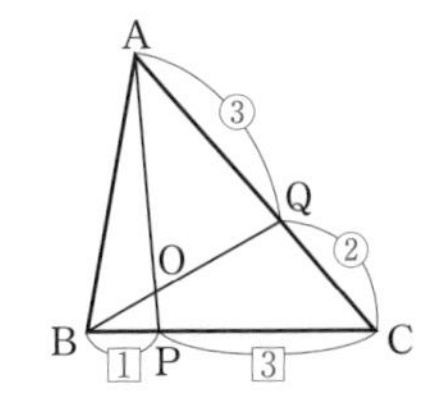

面積比

例題 7　右の図の △ABC において，AD：DB = 2：3，BE：EC = 3：4 である。このとき，次の面積比を求めよ。

(1)　△OAB：△OAC　　(2)　△OBC：△OAC

(3)　△OAC：△ABC

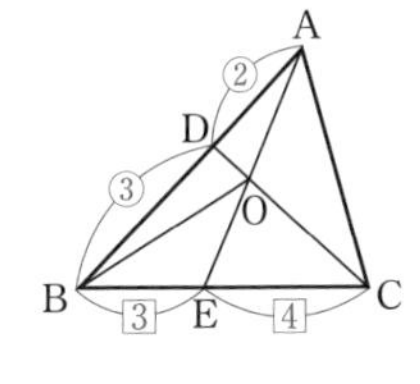

解　(1)　辺 OA を共有しているから

△OAB：△OAC = BE：EC = **3：4**　答

(2)　辺 OC を共有しているから

△OBC：△OAC = BD：DA = **3：2**　答

(3)　(1)，(2)より

$\triangle OAB = \frac{3}{4}\triangle OAC$，$\triangle OBC = \frac{3}{2}\triangle OAC$

ゆえに　$\triangle ABC = \triangle OAB + \triangle OBC + \triangle OAC$

$= \frac{3}{4}\triangle OAC + \frac{3}{2}\triangle OAC + \triangle OAC = \frac{13}{4}\triangle OAC$

よって　△OAC：△ABC = **4：13**　答

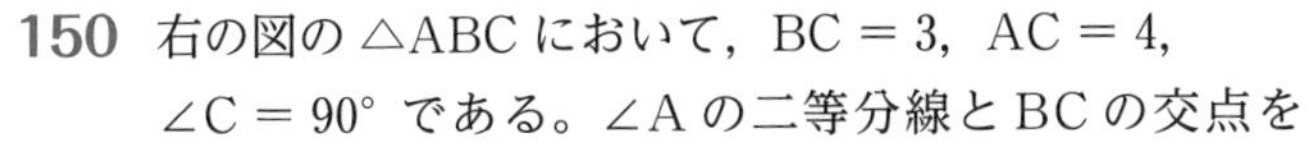

150 右の図の △ABC において，BC = 3，AC = 4，∠C = 90° である。∠A の二等分線と BC の交点を D，AB の中点を E とするとき，次の面積比を求めよ。

(1)　△DAB：△ABC　　(2)　△DBE：△ABC

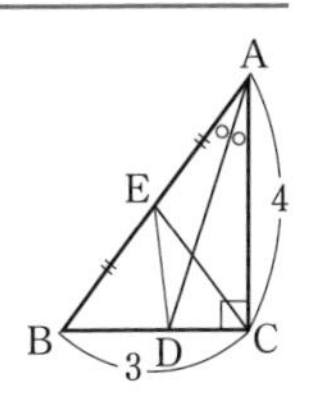

思考力 PLUS 三角形の辺と角の大小関係

▶教 p.84〜p.85

1 三角形の3辺の長さ

次のことが成り立てば，これらを3辺とする三角形が存在する。

他の2辺の長さの差 ＜ ある1辺の長さ ＜ 他の2辺の長さの和

または

最大の辺の長さ ＜ 他の2辺の長さの和

2 三角形の辺と角の大小

△ABC において，

$b > c$　ならば　$\angle B > \angle C$

逆に

$\angle B > \angle C$　ならば　$b > c$

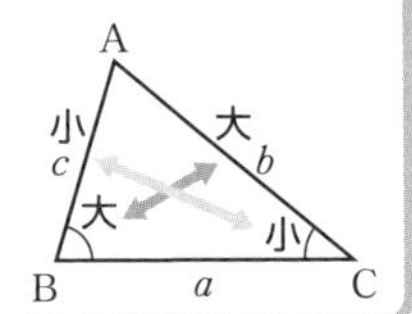

SPIRAL A

***151** 3つの線分の長さが次のように与えられているとき，これらを3辺の長さとする三角形が存在するか調べよ。 ▶教 p.84 例1

(1) 2，4，7　　(2) 5，7，10

(3) 3，5，8　　(4) 1，6，6

***152** 次の△ABC において，∠A，∠B，∠C を大きい方から順に並べよ。 ▶教 p.85 練習2

(1) $a = 6$，$b = 5$，$c = 7$

(2) $a = 4$，$b = 5$，$c = 3$

(3) $a = 11$，$b = 5$，$c = 7$

SPIRAL B

***153** 次の△ABC において，a，b，c を大きい方から順に並べよ。

(1) $\angle A = 45^\circ$，$\angle B = 60^\circ$

(2) $\angle A = 115^\circ$，$\angle B = 50^\circ$

154 次の△ABC において，∠A，∠B，∠C を大きい方から順に並べよ。

(1) $a = 3$，$b = 4$，$\angle C = 90^\circ$

(2) $\angle A = 120^\circ$，$b = 5$，$c = 7$

155　3つの線分の長さが次のように与えられているとき，これらを3辺の長さとする三角形が存在するように x の値の範囲を定めよ。

(1)　x，5，6　　　　(2)　x，$x+1$，7

SPIRAL C

例題 8　辺と角の大小関係の応用

右の図の △ABC において，辺 BC 上に頂点と異なる点 P をとる。このとき，次のことを証明せよ。

(1)　$AB > AC$　ならば　$AB > AP$

(2)　$2AP < AB + BC + CA$

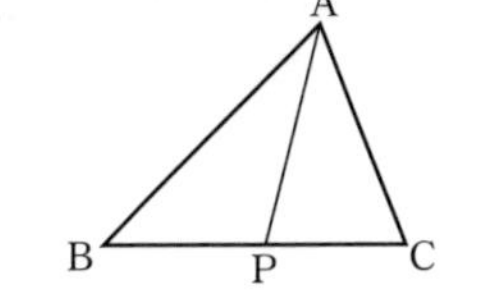

証明　(1)　$AB > AC$　ならば　$\angle C > \angle B$　……①

また　$\angle APB = \angle C + \angle CAP$

より　$\angle APB > \angle C$　……②

①，②より　$\angle APB > \angle B$

よって，△ABP において

$\angle APB > \angle B$

より　$AB > AP$　終

(2)　△ABP において　$AP < AB + BP$　……③

△APC において　$AP < AC + PC$　……④

③，④の辺々をたすと

$2AP < AB + (BP + PC) + AC$

よって　$2AP < AB + BC + CA$　終

156　右の図のように，$\angle C = 90°$ の直角三角形 ABC の辺 BC 上に頂点と異なる点 P をとる。このとき，

$AC < AP < AB$

であることを証明せよ。

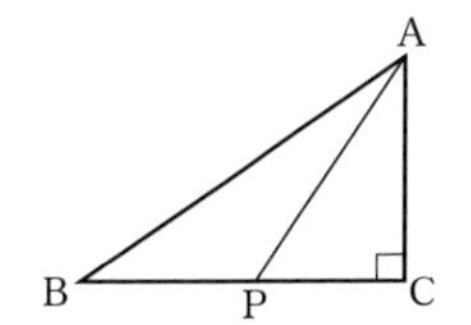

157　右の図の △ABC において，∠B，∠C の二等分線の交点を P とする。このとき，

$AB > AC$　ならば　$PB > PC$

であることを証明せよ。

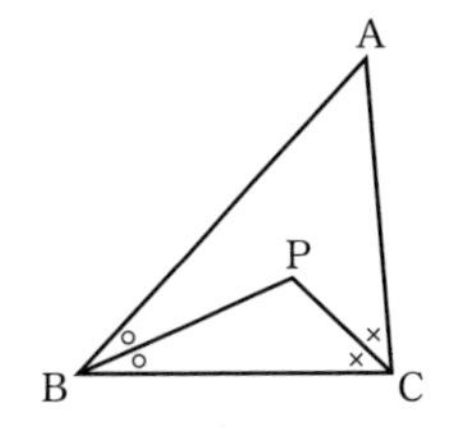

2節　円の性質

1　円に内接する四角形

▶教p.86〜p.89

1 円に内接する四角形の性質

四角形が円に内接するとき，次の性質が成り立つ。

[1]　向かい合う内角の和は 180° である。

[2]　1つの内角は，それに向かい合う内角の外角に等しい。

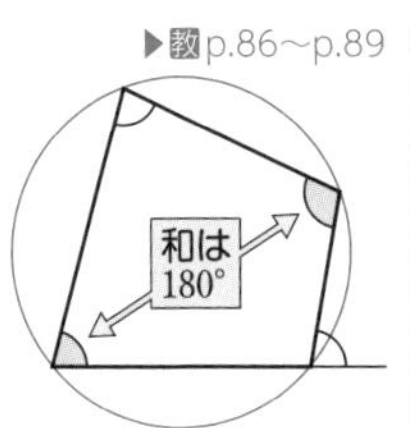

2 四角形が円に内接する条件

次の [1], [2] のいずれかが成り立つ四角形は，円に内接する。

[1]　向かい合う内角の和が 180° である。

[2]　1つの内角が，それに向かい合う内角の外角に等しい。

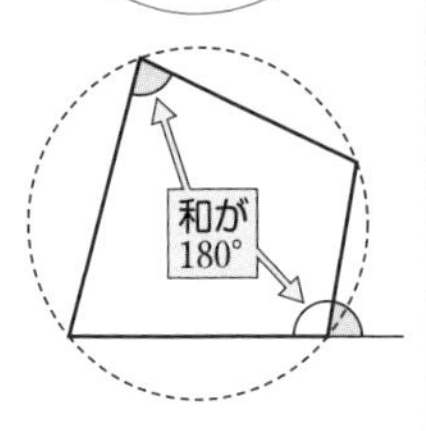

SPIRAL A

158　次の図において，四角形 ABCD は円 O に内接している。このとき，α, β を求めよ。 ▶教p.87 例1

*(1)　(2)　*(3)

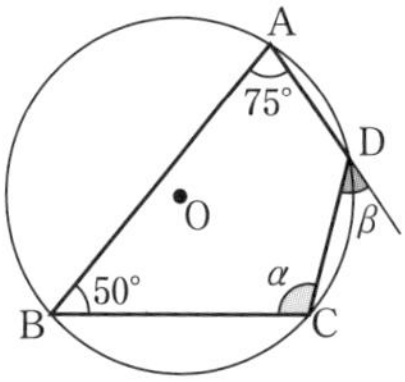

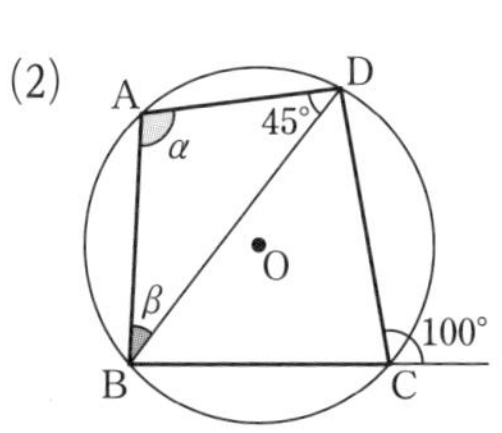

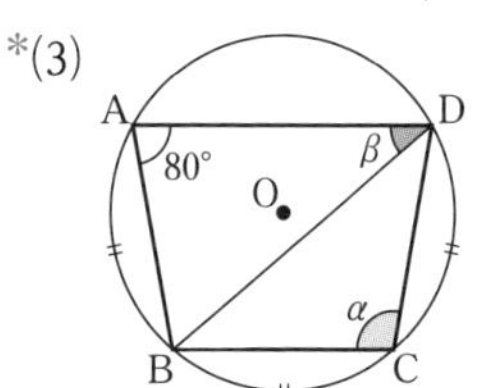

***159**　次の四角形 ABCD のうち，円に内接するものはどれか答えよ。 ▶教p.89 例2

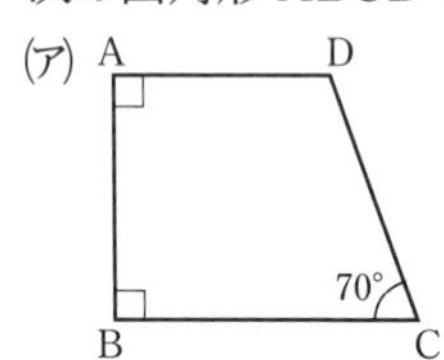

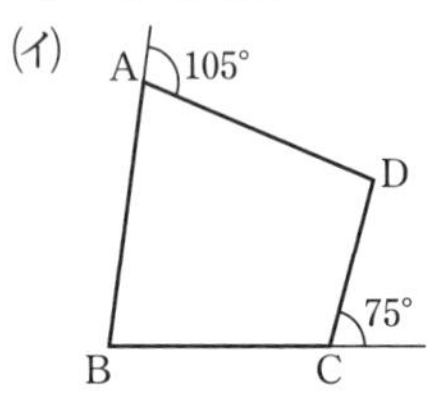

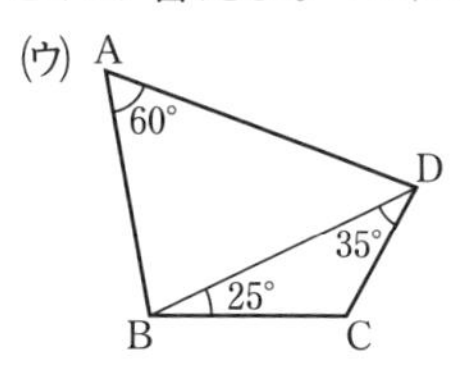

***160**　右の図の AD // BC の台形 ABCD において，$\angle B = \angle C$ ならば，この台形 ABCD は円に内接することを示せ。　▶教 p.89 例2

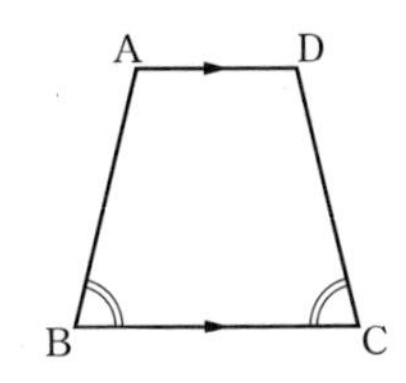

SPIRAL B

161　次の図において，θ を求めよ。

*(1)

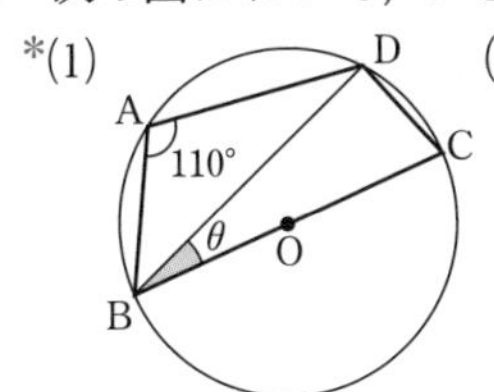

(2)

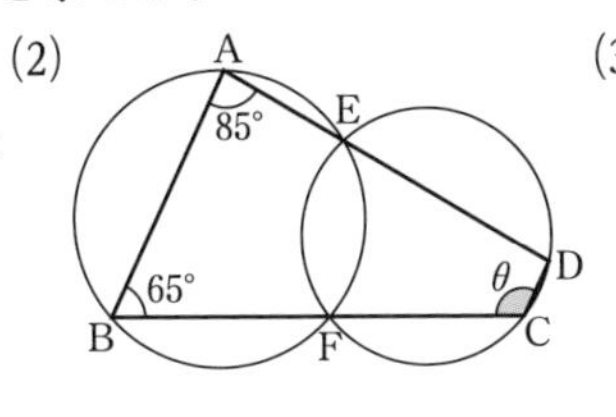

(3)

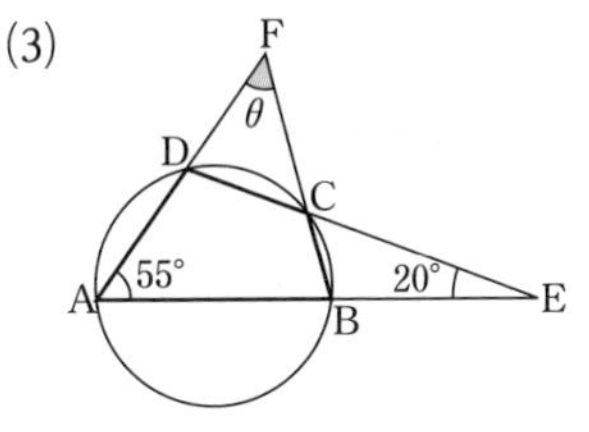

SPIRAL C

例題 9　　円に内接する四角形

右の図の △ABC において，辺 BC，CA，AB の中点をそれぞれ D，E，F とし，頂点 A から辺 BC におろした垂線を AH とする。このとき，4 点 D，H，E，F は同一円周上にあることを証明せよ。

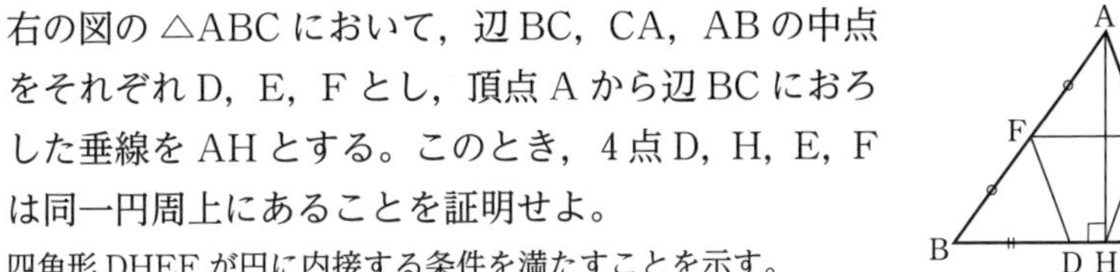

考え方　四角形 DHEF が円に内接する条件を満たすことを示す。

証明　中点連結定理より，四角形 DCEF は平行四辺形であるから

$\angle EFD = \angle DCE$　……①

また，直角三角形 AHC は，点E を中心とする円に内接するから，$EC = EH$ であり，△EHC は二等辺三角形である。

ゆえに　$\angle EHC = \angle DCE$　……②

①，②より　$\angle EFD = \angle EHC$

よって，四角形 DHEF は円に内接する。

したがって，4 点 D，H，E，F は同一円周上にある。　終

162　右の図の △ABC において，頂点 A から BC におろした垂線を AD とし，D から AB，AC におろした垂線をそれぞれ DE，DF とする。このとき，4 点 B，C，F，E は同一円周上にあることを証明せよ。

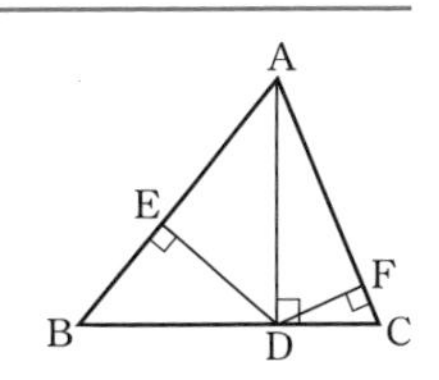

ヒント　162 四角形 BCFE が円に内接する条件である $\angle B + \angle EFC = 180°$ を示す。

2 円の接線と弦のつくる角

1 円の接線

▶教p.90〜p.93

[1]　円の接線は，接点を通る半径に垂直である。

[2]　円の外部の1点からその円に引いた2本の接線の長さは等しい。

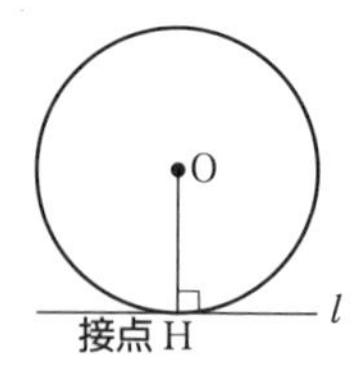

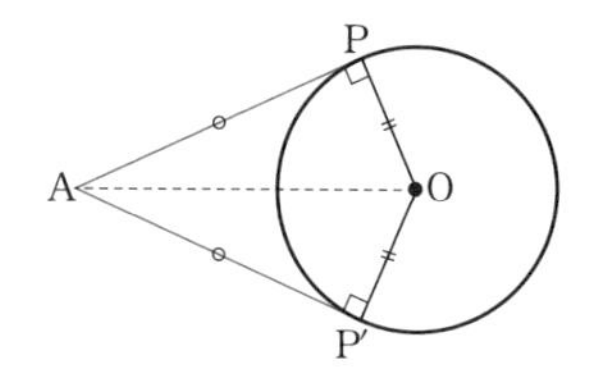

2 接線と弦のつくる角（接弦定理）

円の接線 AT と接点 A を通る弦 AB のつくる角は，その角の内部にある弧 AB に対する円周角に等しい。

すなわち

$\angle\mathrm{TAB} = \angle\mathrm{ACB}$

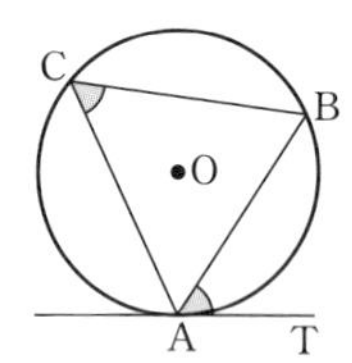

SPIRAL A

*163　右の図において，△ABC の内接円 O と辺 BC，CA，AB との接点を，それぞれ P，Q，R とする。このとき，辺 AB の長さを求めよ。　▶教p.90例3

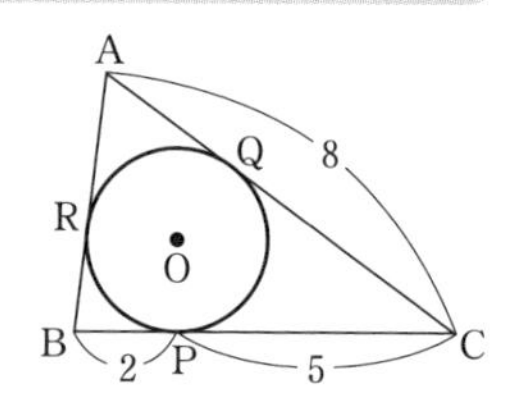

*164　AB = 6，BC = 8，CA = 7 である △ABC の内接円 O と辺 BC，CA，AB との接点を，それぞれ点 P，Q，R とする。このとき，AR の長さを求めよ。

▶教p.91例題1

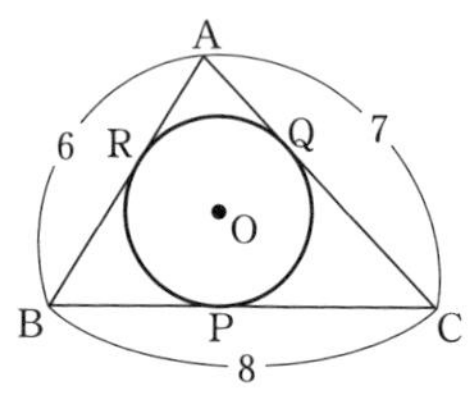

165 次の図において，AT は円 O の接線，A は接点である。このとき，θ を求めよ。

▶教p.92 例4，p.93 例題2

*(1)　*(2)　(3)　*(4)

SPIRAL B

***166** 右の図のように，AB ＝ 7，BC ＝ 8，DA ＝ 4 である四角形 ABCD の各辺が円 O に接するとき，辺 CD の長さを求めよ。

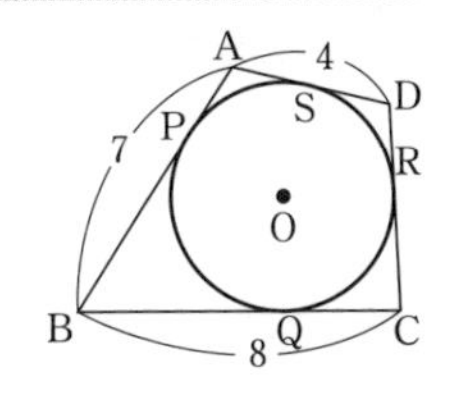

167 次の図において，AT は円 O の接線，A は接点である。このとき，θ を求めよ。

▶教p.92 例4，p.93 例題2

(1)

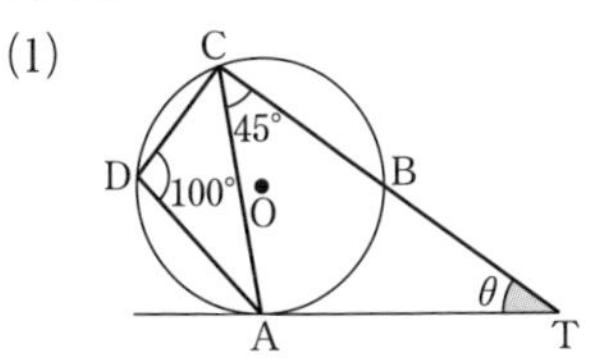

(2)

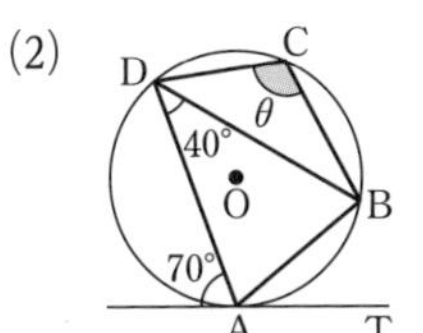

(3)

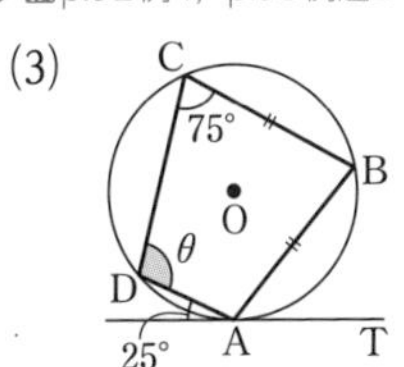

***168** 右の図において，AP，BP は円 O の接線，A，B はその接点である。このとき，θ を求めよ。

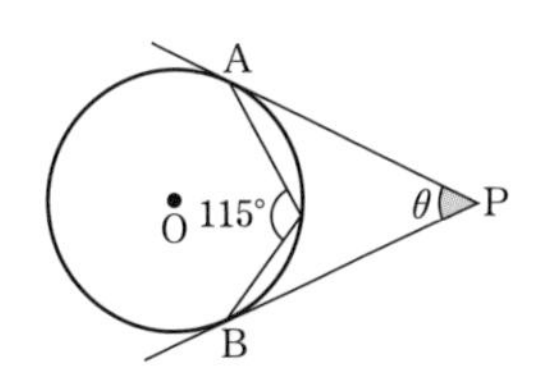

169 右の図のように，円 O に内接する △ABC において，∠BAC の二等分線が円 O と交わる点を P とする。このとき，P における円 O の接線 PT と辺 BC は平行であることを示せ。

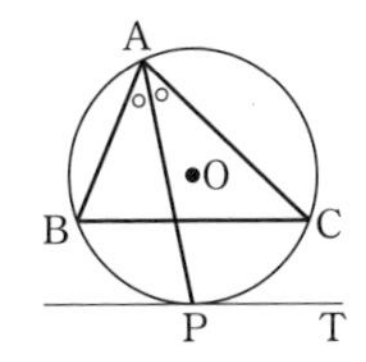

ヒント　166 AP ＝ x とおき，各頂点から引いた接線の長さを x で表す。

3 方べきの定理

▶教p.94〜p.95

1 方べきの定理 (1)

円の 2 つの弦 AB，CD の交点，または，それらの延長の交点を P とするとき

$$PA \cdot PB = PC \cdot PD$$

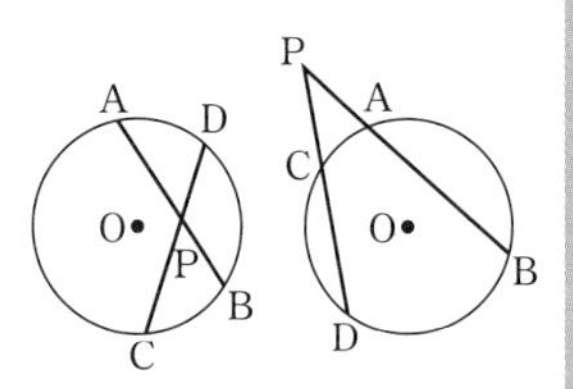

2 方べきの定理 (2)

円の弦 AB の延長と円周上の点 T における接線が点 P で交わるとき

$$PA \cdot PB = PT^2$$

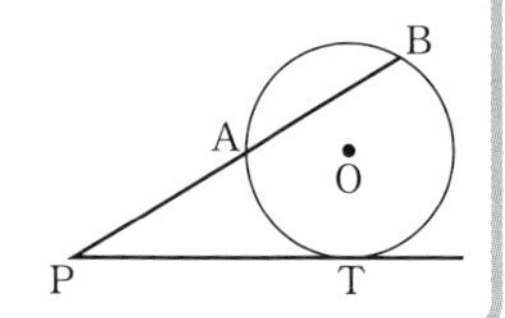

SPIRAL A

*170 次の図において，x を求めよ。 ▶教p.94 例5

(1)

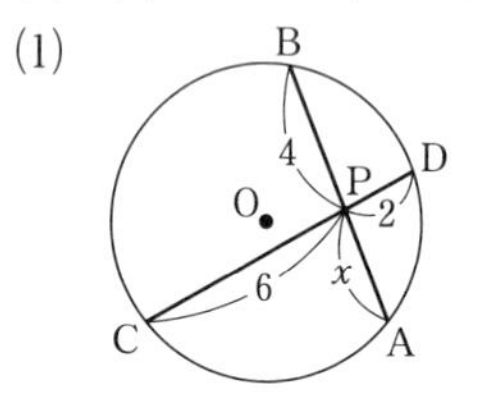

(2)

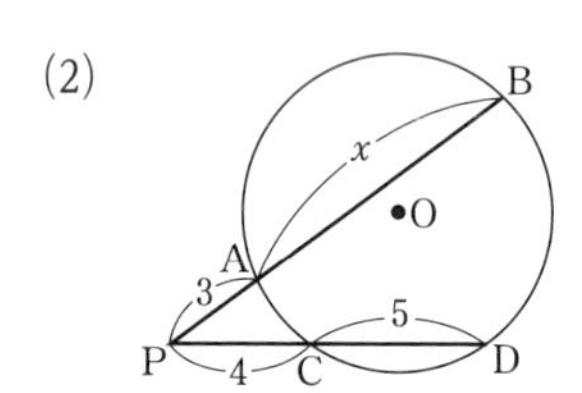

*171 次の図で，PT が円 O の接線，T が接点であるとき，x を求めよ。

▶教p.95 例6

(1)

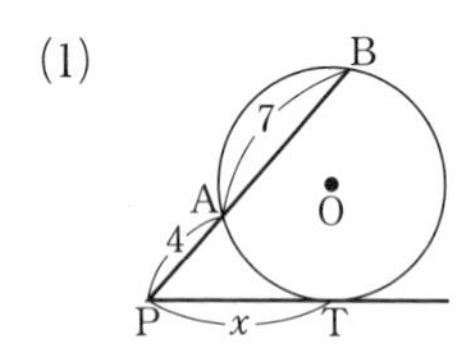

(2)

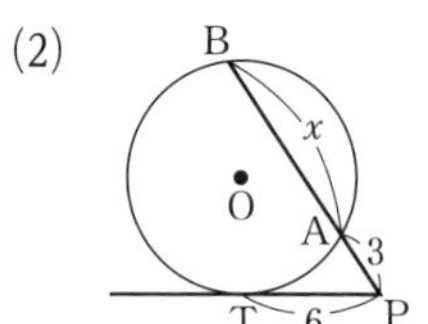

(3)

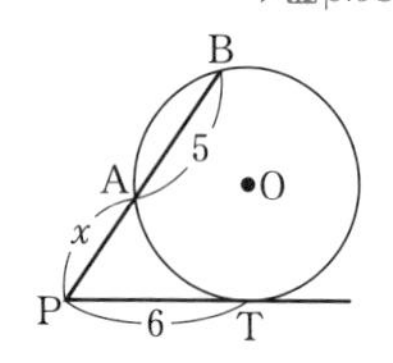

SPIRAL B

*172 次の図において，x を求めよ。ただし，O は円の中心である。

(1)

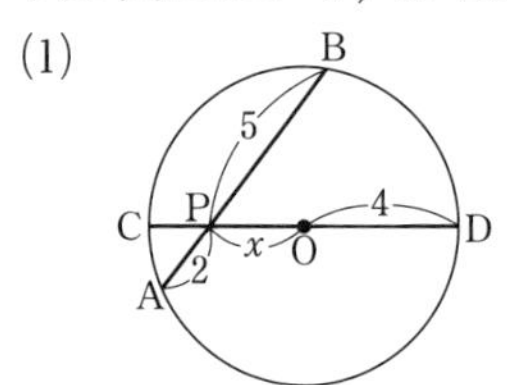

(2)

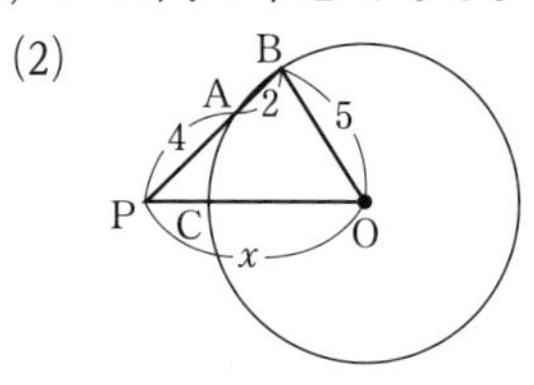

173 右の図のように，2点A，Bで交わる2つの円O，O′の共通接線の接点をS，Tとするとき，2直線AB，STの交点Pは，線分STの中点であることを示せ。

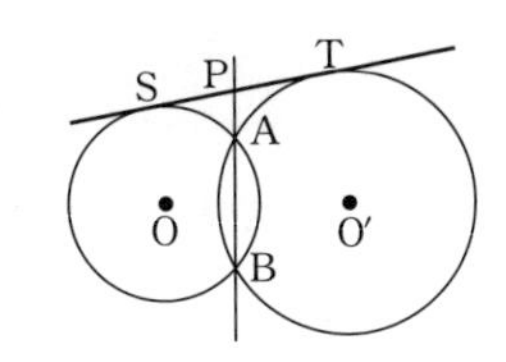

174 右の図のように，点Oを中心とする半径3の円と半径5の円がある。半径3の円周上の点Pを通る直線が，半径5の円と交わる点をA，Bとするとき，PA・PBの値を求めよ。

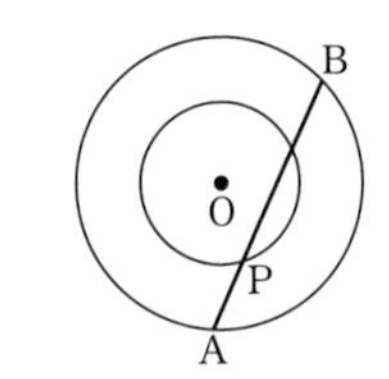

SPIRAL C

方べきの定理の逆

例題 10 右の図のように，2点X，Yで交わる2つの円O，O′がある。円Oの弦ABと円O′の弦CDが，線分XY上の点Pで交わるとき，4点A，B，C，Dは同一円周上にあることを証明せよ。

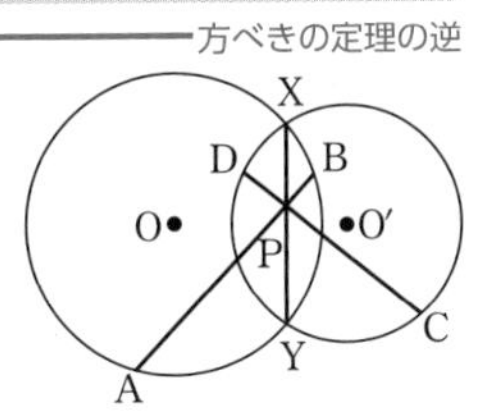

考え方　次の**方べきの定理の逆**を用いる。

2つの線分AB，CD，または，それらの延長が点Pで交わるとき，

$$PA \cdot PB = PC \cdot PD$$

が成り立つならば，4点A，B，C，Dは同一円周上にある。

証明　4点A，B，X，Yは円Oの周上にあるから，方べきの定理より

$$PA \cdot PB = PX \cdot PY \quad \cdots\cdots ①$$

また，4点C，D，X，Yは円O′の周上にあるから，同様に

$$PC \cdot PD = PX \cdot PY \quad \cdots\cdots ②$$

①，②より　$PA \cdot PB = PC \cdot PD$

よって，方べきの定理の逆より，4点A，B，C，Dは同一円周上にある。 終

175 右の図のように，点Xで接する2つの円O，O′がある。円Oの弦ABおよび円O′の弦CDの延長が，点Xにおける接線上の点Pで交わるとき，4点A，B，C，Dは同一円周上にあることを証明せよ。

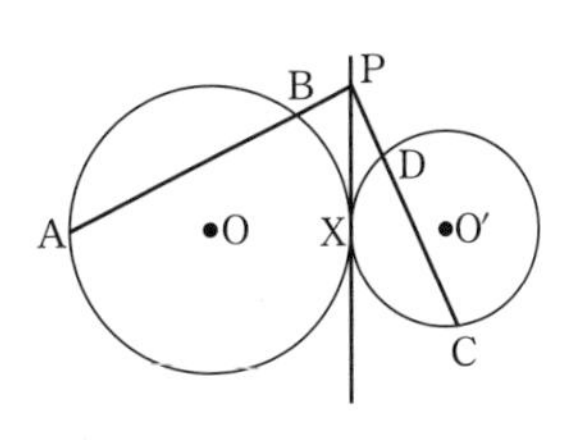

4　2つの円

1　2つの円の位置関係

▶教p.96〜p.97

2つの円の半径をそれぞれ r, r' $(r>r')$, 中心間の距離を d とするとき，2つの円の位置関係は次の5つの場合に分類される。

離れている	外接する	2点で交わる	内接する	内側にある
$d>r+r'$	$d=r+r'$	$r-r'<d<r+r'$	$d=r-r'$	$d<r-r'$

2　2つの円の共通接線

2つの円の共通接線は，次のようになる。

① 離れているとき

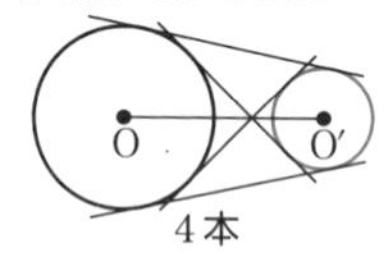

② 外接するとき

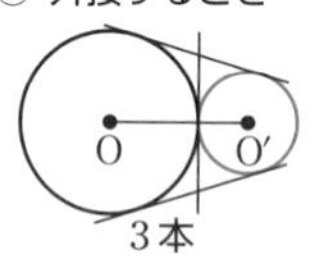

③ 2点で交わるとき

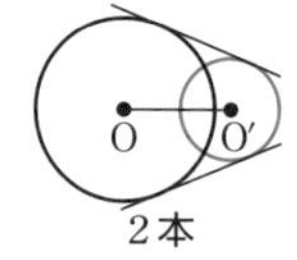

④ 内接するとき

O　O′

1本

⑤ 内側にあるとき

SPIRAL A

*176　半径が r と5の2つの円がある。2つの円は中心間の距離が8のときに外接する。2つの円が内接するときの中心間の距離を求めよ。　▶教p.96

*177　半径がそれぞれ7, 4である2つの円O, O′について，中心OとO′の距離が次のような場合，2つの円の位置関係を答えよ。また，共通接線は何本あるか。　▶教p.96, 97

(1)　13　　(2)　11　　(3)　6

***178** 次の図において，AB は円 O，O′ の共通接線で，A，B は接点である。このとき，線分 AB の長さを求めよ。 ▶教 p.97 例7

(1)

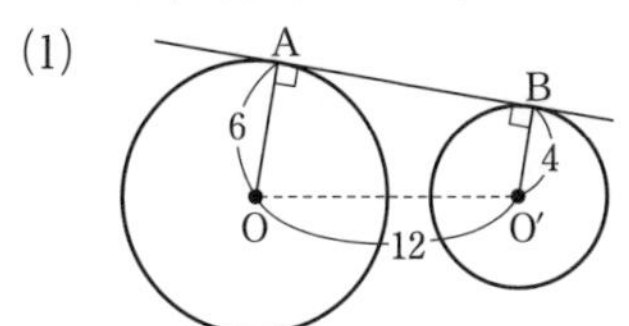

(2)

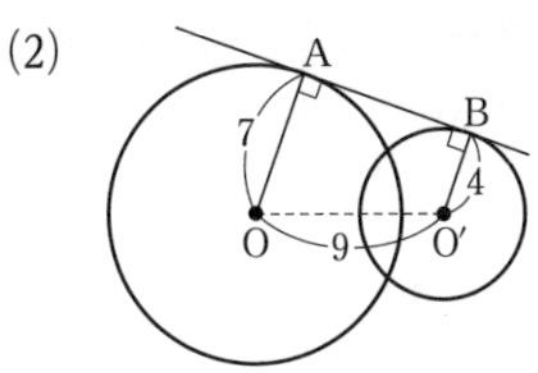

***179** 右の図において，AB は円 O，O′ の共通接線で，A，B は接点である。このとき，線分 AB の長さを求めよ。 ▶教 p.97 例7

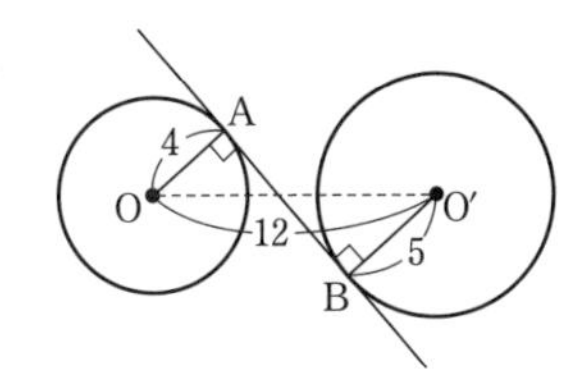

SPIRAL B

例題 11 共通接線の利用

右の図において，円 O と円 O′ は点 P で外接している。AB は 2 つの円の共通接線で，A，B はその接点である。このとき，∠APB = 90° であることを証明せよ。

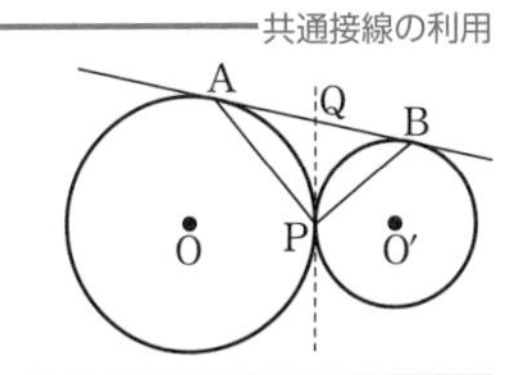

証明　点 P における 2 つの円の共通接線と直線 AB の交点を Q とすると，円の接線の性質から

$$QA = QP = QB$$

よって，点 Q は △APB の外心であり，線分 AB はその直径である。
したがって，∠APB は直径 AB に対する円周角であるから

$$\angle APB = 90^\circ$$ 終

180 右の図において，円 O と円 O′ は点 P で外接している。点 P を通る 2 本の直線が 2 つの円とそれぞれ A，B および C，D で交わるとき，AC ∥ DB であることを証明せよ。

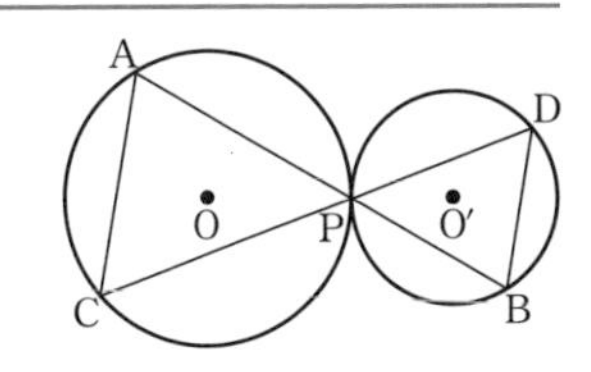

3節　作図

1 作図

▶教p.99～p.102

1 内分する点，外分する点の作図

[1] 線分 AB を 2：1 に内分する点 P の作図

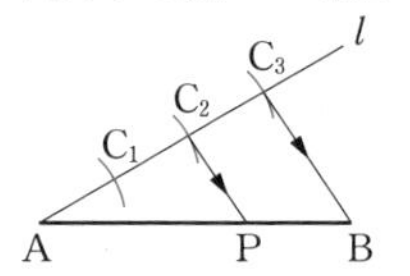

[2] 線分 AB を 4：1 に外分する点 Q の作図

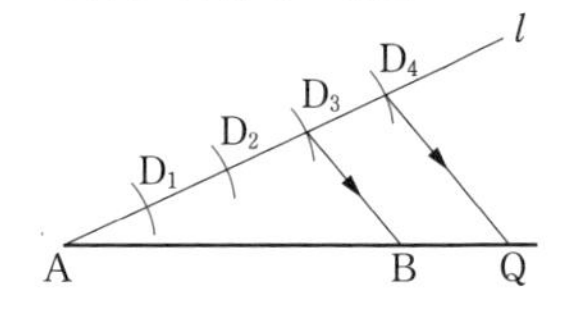

2 いろいろな長さの線分の作図

長さ 1 および長さ a，b の線分が与えられたとき，次の長さの線分の作図ができる。

(1)　$a+b$，$a-b$ の長さの線分

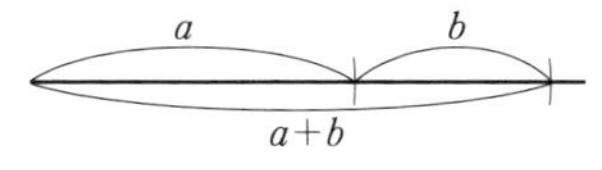

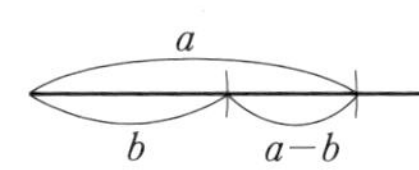

(2)　ab，$\dfrac{a}{b}$ の長さの線分

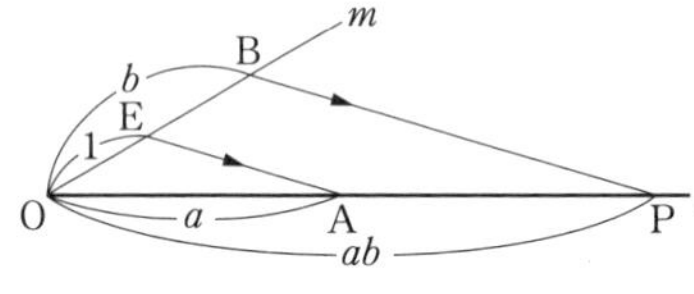

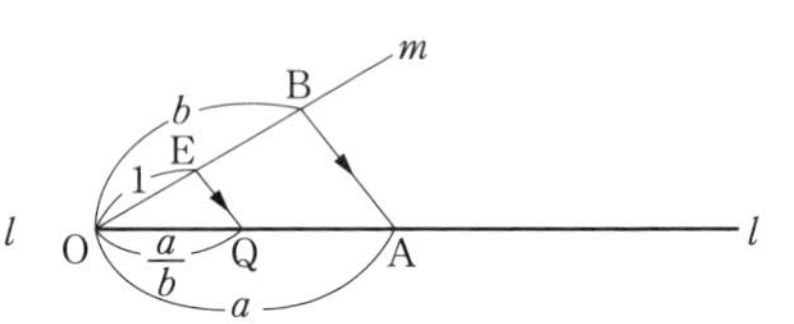

(3)　$\sqrt{a}$ の長さの線分

① 3 点 A，B，C を AB = 1，BC = a となるように同一直線上にとる。

② 線分 AC の中点 O を求め，OA を半径とする円をかく。

③ 点 B を通り AC に垂直な直線を引き，円 O との交点を D，D′ とする。このとき，線分 BD の長さが $\sqrt{a}$ となる。

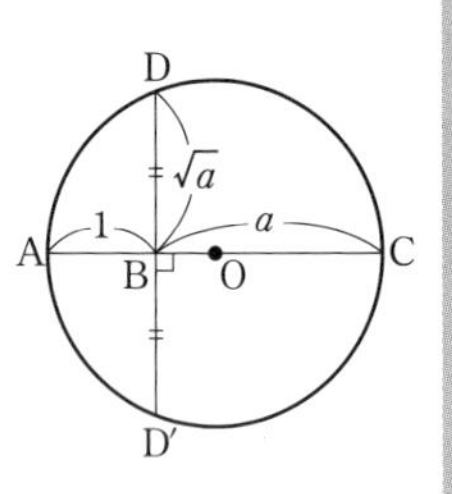

SPIRAL A

*181　右の図の線分 AB を 1：2 に内分する点 P と，6：1 に外分する点 Q をそれぞれ作図せよ。

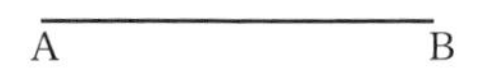

▶教p.100例2

***182** 下の図の長さ a，b の線分を用いて，長さ $2a-3b$ の線分を作図せよ。

***183** 下の図の長さ1および a，b，c の線分を用いて，長さ ab および $\dfrac{ab}{c}$ の線分をそれぞれ作図せよ。

▶教p.101 練習3

SPIRAL B

184 右の図の辺BCを底辺とし，面積が平行四辺形ABCDの $\dfrac{1}{6}$ である三角形を作図せよ。

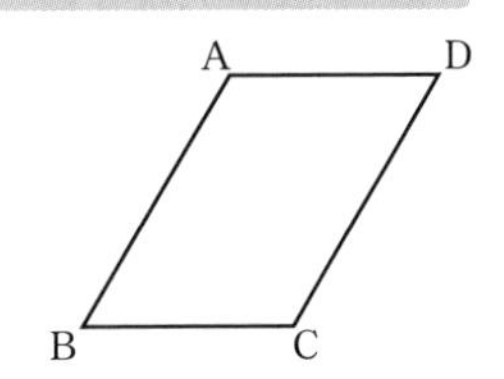

***185** 下の図の長さ1の線分を用いて，長さ $\sqrt{3}$ の線分を作図せよ。

▶教p.102 応用例題1

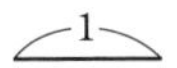

186 右の図の長方形ABCDと面積が等しい正方形を作図せよ。また，その作図が正しいことを証明せよ。

▶教p.102 応用例題1

4節　空間図形

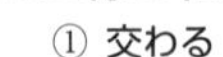

空間における直線と平面

▶教p.104〜p.108

1 2直線の位置関係

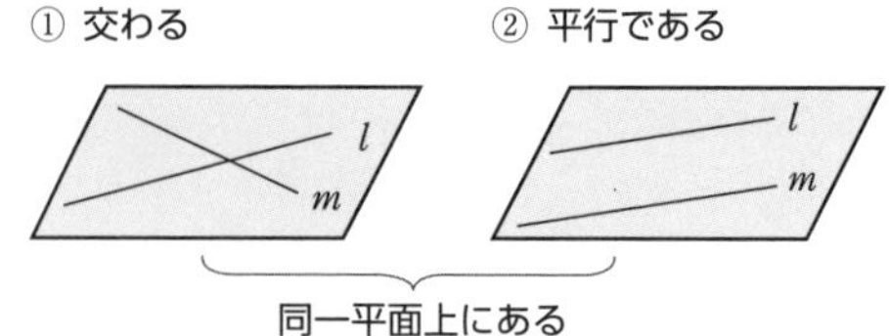

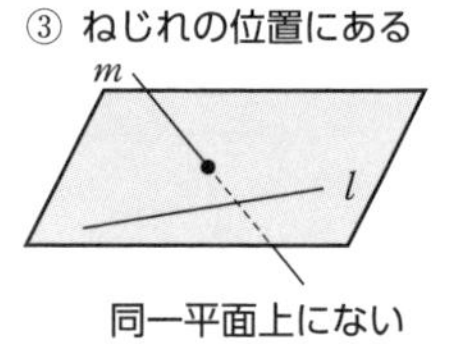

2 2直線のなす角

2直線 l, m に対し，任意の点Oを通り，l, m に平行な直線 l', m' を引くと，l', m' のなす角は点Oのとり方に関係なく一定である。この角を**2直線 l, m のなす角**という。

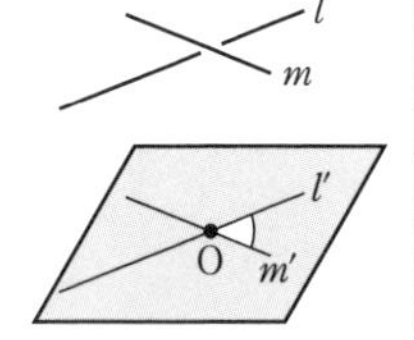

3 2平面のなす角

2平面 α, β が交わるとき，交線上の点Oを通って，交線に垂直な直線OA，OBをそれぞれ平面 α, β 上に引く。このとき，OA，OBのなす角を，**2平面 α, β のなす角**という。

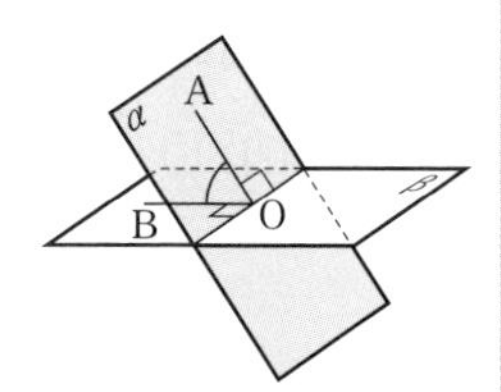

4 直線と平面の垂直

直線 l が平面 α 上のすべての直線と垂直であるとき，l と α は**垂直**であるといい，$l \perp \alpha$ と書く。

直線 l が平面 α 上の交わる2直線 m, n に垂直であれば，$l \perp \alpha$ である。

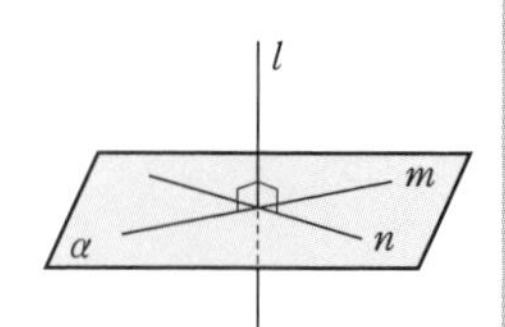

5 三垂線の定理

[1]　$PO \perp \alpha$, $OA \perp l$　ならば　$PA \perp l$

[2]　$PO \perp \alpha$, $PA \perp l$　ならば　$OA \perp l$

[3]　$PA \perp l$, $OA \perp l$, $PO \perp OA$　ならば　$PO \perp \alpha$

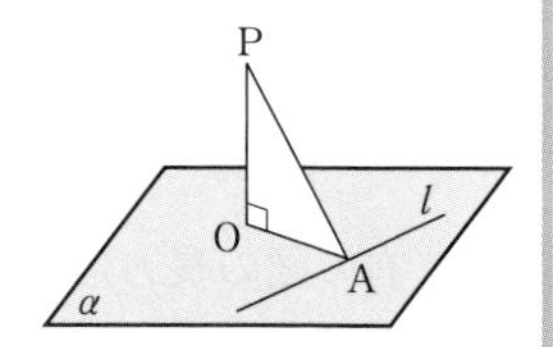

SPIRAL A

***187** 右の図の三角柱 ABC-DEF において，辺 AB とねじれの位置にある辺をすべてあげよ。 ▶教p.105例1

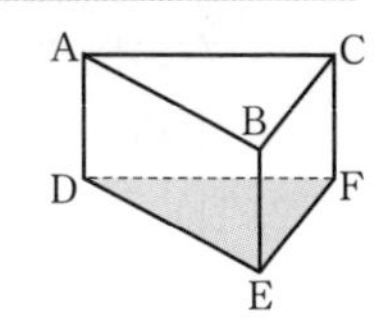

***188** 右の図の立方体 ABCD-EFGH において，次の 2 直線のなす角を求めよ。 ▶教p.105例2

(1)　AD，BF　　(2)　AB，EG
(3)　AB，DE　　(4)　BD，CH

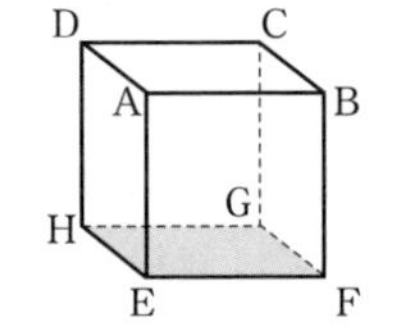

***189** 右の図の底面が正三角形である三角柱 ABC-DEF において，次のものを求めよ。 ▶教p.106例3

(1)　平面 DEF と平行な平面
(2)　平面 DEF と交わる平面
(3)　2 平面 ABC，ADEB のなす角
(4)　2 平面 ADEB，BEFC のなす角

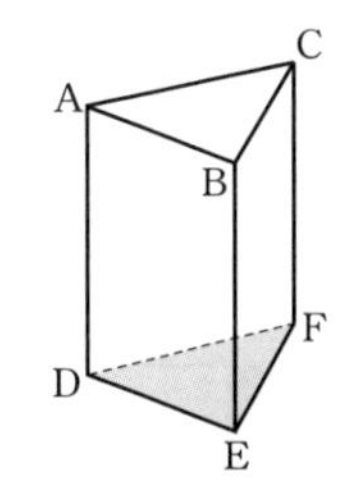

***190** 右の図の直方体 ABCD-EFGH において，次のものをすべて求めよ。

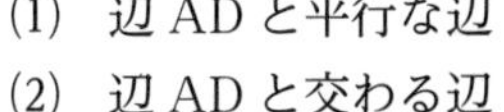

(1)　辺 AD と平行な辺 ▶教p.105例1，p.107例4
(2)　辺 AD と交わる辺
(3)　辺 AD とねじれの位置にある辺
(4)　辺 AD と平行な平面
(5)　辺 AD を含む平面
(6)　辺 AD と交わる平面

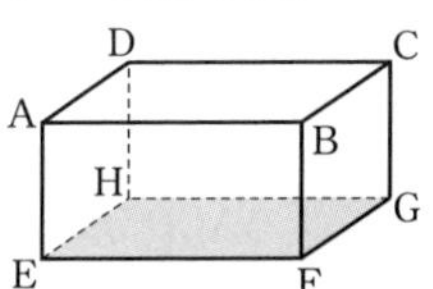

***191** 右の図のように，△ABC の頂点 A から辺 BC におろした垂線上に点 H をとり，H を通って平面 ABC に垂直な直線上の点を P とする。このとき，PA ⊥ BC であることを証明せよ。 ▶教p.108

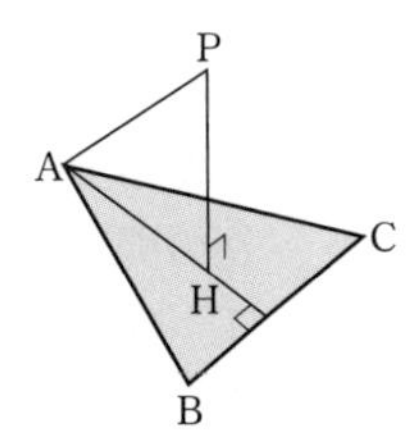

SPIRAL B

192 右の図の三角柱 ABC-DEF において，次のものを求めよ。 ▶教p.105例2，P.106例3

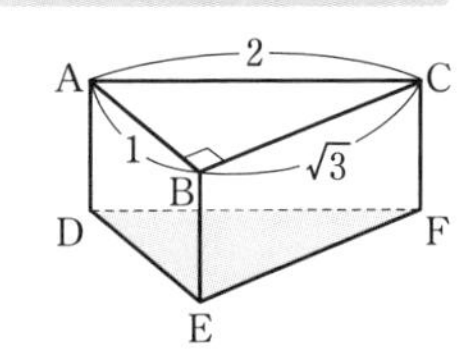

(1)　2 直線 AC，BE のなす角

(2)　2 直線 BC，DF のなす角

(3)　2 平面 ABC，ADEB のなす角

(4)　2 平面 BEFC，ADFC のなす角

193 直線 l で交わる 2 平面 α, β があり，2 平面上にない点 P から α, β におろした垂線をそれぞれ PA, PB とする。このとき，$\mathrm{AB} \perp l$ であることを示せ。 ▶教p.107

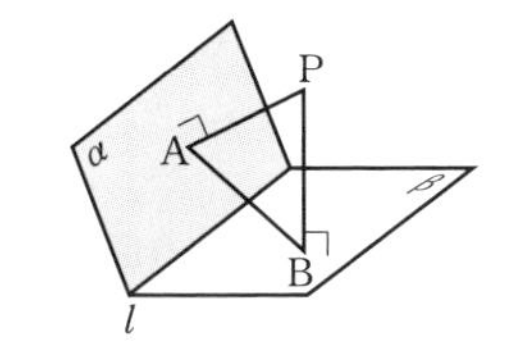

例題 12　　正四面体の高さ

右の図の正四面体 ABCD において，辺 CD の中点を M とし，頂点 A から線分 BM におろした垂線を AH とする。
このとき，AH と 平面 BCD は垂直になることを証明せよ。 ▶教p.108

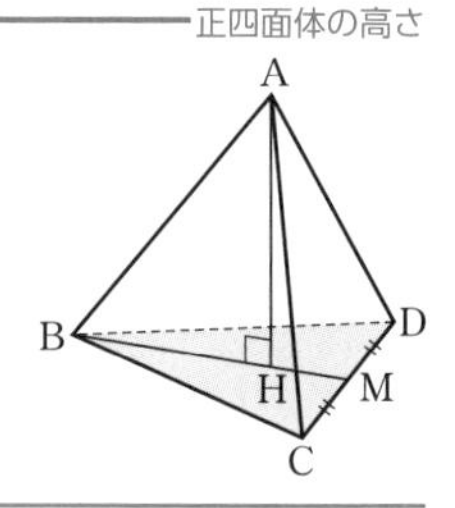

証明

△ACD は正三角形であるから	$\mathrm{AM} \perp \mathrm{CD}$
△BCD も正三角形であるから	$\mathrm{BM} \perp \mathrm{CD}$　すなわち　$\mathrm{HM} \perp \mathrm{CD}$
また，$\mathrm{AH} \perp \mathrm{BM}$ より	$\mathrm{AH} \perp \mathrm{HM}$
よって，三垂線の定理より	$\mathrm{AH} \perp$ 平面 BCD　終

194 右の図のような四面体 OABC がある。
$\mathrm{OA} = 1$，$\mathrm{OB} = 2\sqrt{3}$，$\mathrm{OC} = 2$ であり，
$\mathrm{OA} \perp \mathrm{OB}$, $\mathrm{OB} \perp \mathrm{OC}$, $\mathrm{OC} \perp \mathrm{OA}$ である。
O から BC におろした垂線の足を D とするとき，次の問いに答えよ。

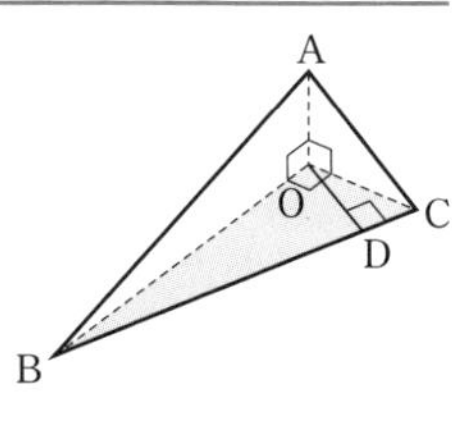

(1)　OD の長さを求めよ。　　(2)　$\mathrm{AD} \perp \mathrm{BC}$ を証明せよ。

(3)　AD の長さを求めよ。　　(4)　△ABC の面積を求めよ。

2 多面体

▶教 p.109〜p.110

1 多面体

(1)　多面体

いくつかの平面だけで囲まれた立体を**多面体**という。とくに，どの面を延長しても，その平面に関して一方の側だけに多面体があるような，へこみのない多面体を**凸多面体**という。

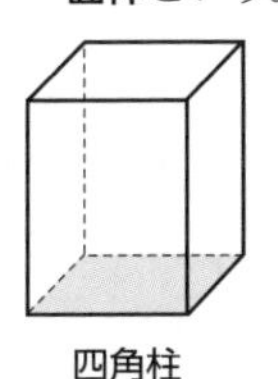
四角柱

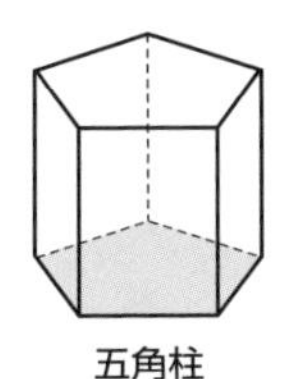
五角柱

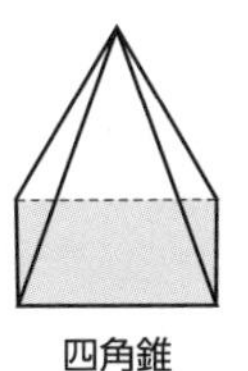
四角錐

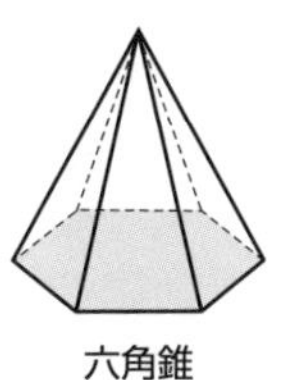
六角錐

(2)　正多面体

すべての面が合同な正多角形で，どの頂点にも面が同じ数だけ集まっている多面体を**正多面体**という。

正多面体には，正四面体，正六面体，正八面体，正十二面体，正二十面体の 5 種類がある。

	頂点の数 v	辺の数 e	面の数 f
正四面体	4	6	4
正六面体	8	12	6
正八面体	6	12	8
正十二面体	20	30	12
正二十面体	12	30	20

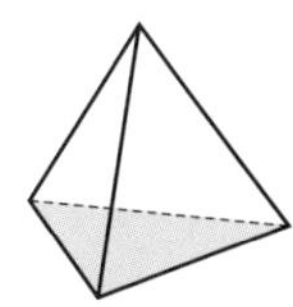
正四面体

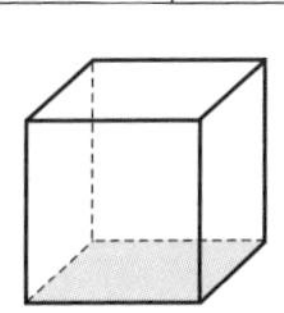
正六面体

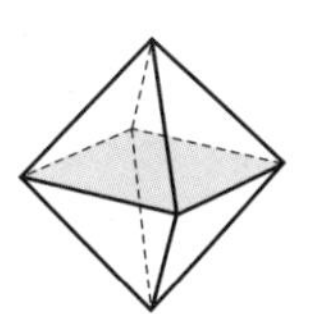
正八面体

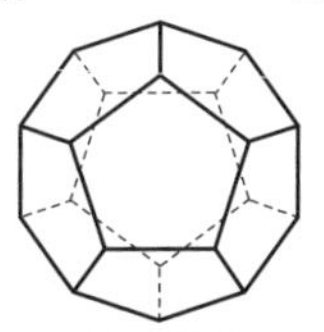
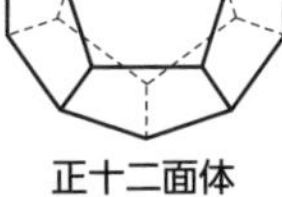
正十二面体

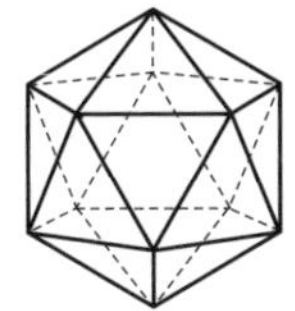
正二十面体

2 オイラーの多面体定理

凸多面体の頂点の数を v，辺の数を e，面の数を f とすると

$$v-e+f=2$$

SPIRAL A

*195 次の多面体について，頂点の数 v，辺の数 e，面の数 f を求め，$v-e+f$ の値を計算せよ。 ▶教 p.110 練習6

(1) 三角柱　　(2) 四角錐

*196 右の図の多面体について，頂点の数 v，辺の数 e，面の数 f を求め，$v-e+f$ の値を計算せよ。 ▶教 p.110 練習6

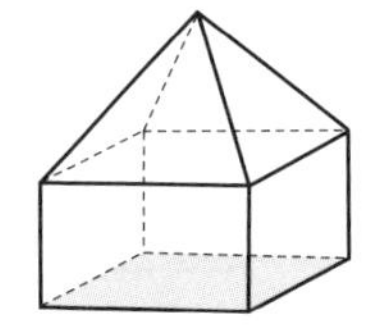

SPIRAL B

197 n を3以上の整数とし，底面が正 n 角形の n 角錐を S とする。
2つの合同な n 角錐 S の底面を重ねてできた多面体について，頂点の数 v，辺の数 e，面の数 f の値を求め，$v-e+f$ の値を計算せよ。

*198 右の図は，2つの合同な正四面体の底面を重ねてできた多面体である。この多面体が正多面体ではない理由をいえ。

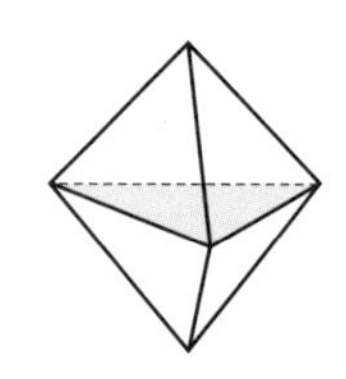

199 右の図のような正四面体の6つの辺の中点を頂点とする多面体は，どのような多面体か。理由もあわせて答えよ。

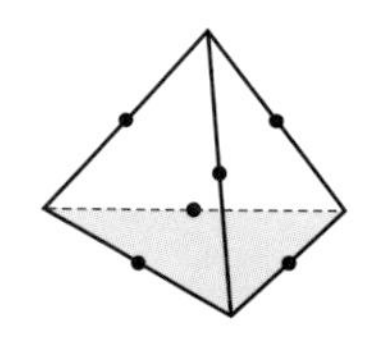

SPIRAL C

例題 13　　正八面体の計量

1辺の長さが6である正八面体ABCDEFについて，次の問いに答えよ。 ▶教p.111思考力✚

(1)　体積 V を求めよ。

(2)　内接する球Oの半径 r を求めよ。

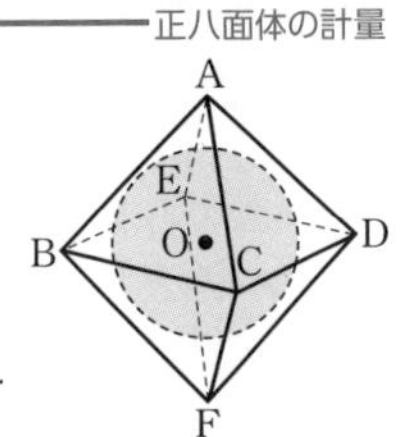

解　(1)　辺BCと辺DEの中点をそれぞれ点G，Hとし，ECとBDの交点をOとする。このとき，$AG \perp BC$，$OG \perp BC$，$OG \perp AO$ であるから，三垂線の定理よりAOは平面BCDEに垂直である。

△AGOにおいて

$$AG = \frac{\sqrt{3}}{2}AB = \frac{\sqrt{3}}{2} \times 6 = 3\sqrt{3},\quad OG = \frac{1}{2}BE = \frac{1}{2} \times 6 = 3$$

であるから

$$AO = \sqrt{AG^2 - OG^2} = \sqrt{(3\sqrt{3})^2 - 3^2} = 3\sqrt{2}$$

正方形BCDEの面積 S は　　$S = BC^2 = 6^2 = 36$

ゆえに，四角錐ABCDEの体積は

$$\frac{1}{3} \times S \times AO = \frac{1}{3} \times 36 \times 3\sqrt{2} = 36\sqrt{2}$$

よって

$$V = 2 \times 36\sqrt{2} = \mathbf{72\sqrt{2}}$$ 答

(2)　$\triangle ABC = \frac{1}{2} \times 6 \times 3\sqrt{3} = 9\sqrt{3}$

であるから，三角錐OABCの体積は

$$\frac{1}{3} \times \triangle ABC \times r = \frac{1}{3} \times 9\sqrt{3} \times r = 3\sqrt{3}\,r$$

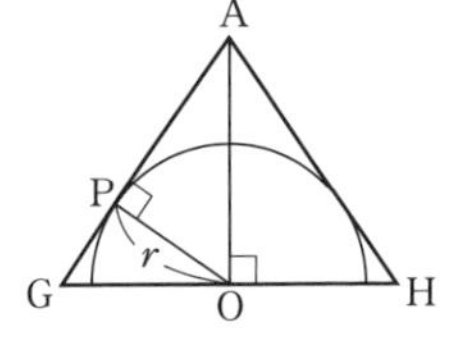

Oを頂点，各面を底面とするほかの三角錐の体積も同じであるから，正八面体ABCDEFの体積 V は

$$V = 3\sqrt{3}\,r \times 8$$

と表される。(1)より $V = 72\sqrt{2}$ であるから，$72\sqrt{2} = 3\sqrt{3}\,r \times 8$ より

$$r = \frac{72\sqrt{2}}{3\sqrt{3} \times 8} = \mathbf{\sqrt{6}}$$ 答

200　1辺の長さが4である正四面体ABCDについて，次の問いに答えよ。

(1)　正四面体の体積 V を求めよ。

(2)　この正四面体に内接する球の半径 r を求めよ。

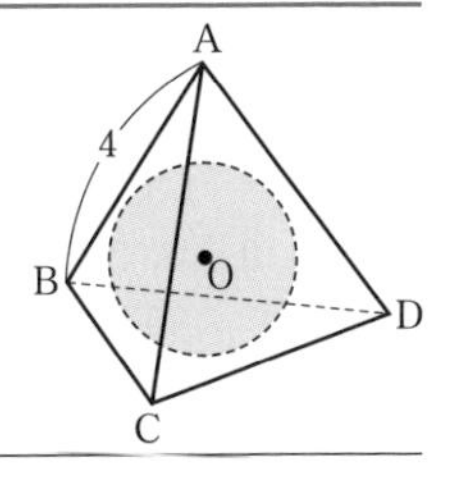

ヒント　200　球の中心から正四面体の各面までの距離は等しく，r である。

1節　数と人間の活動

2　n 進法

▶教p.120～p.121

1 2進法

1，2，2^2，2^3，……を位取りの単位とする記数法。
数の右下に $_{(2)}$ をつけて，$101_{(2)}$ のように表す。

2 n 進法

2以上の自然数 n の累乗を位取りの単位とする記数法。
数の右下に $_{(n)}$ をつけて書く。

SPIRAL A

201　2進法で表された次の数を10進法で表せ。　▶教p.120例4

*(1)　$111_{(2)}$　　(2)　$1001_{(2)}$　　*(3)　$10110_{(2)}$

202　10進法で表された次の数を2進法で表せ。　▶教p.121例5

*(1)　15　　(2)　33　　*(3)　60

***203**　次の問いに答えよ。　▶教p.121例6

(1)　5進法で表された $143_{(5)}$ を10進法で表せ。

(2)　10進法で表された13を3進法で表せ。

SPIRAL B

例題 14　n 進法の応用 [1]

2進法で表された $10010_{(2)}$ を3進法で表せ。

解　2進法で表された $10010_{(2)}$ を10進法で表すと

$$1\times2^4+0\times2^3+0\times2^2+1\times2+0\times1=18$$

10進法で表された18を3進法で表すと

$$18=2\times3^2+0\times3+0=200_{(3)}$$

よって，2進法で表された数 $10010_{(2)}$ を3進法で表すと　**$200_{(3)}$**　答

```
3)18
3) 6 … 0
3) 2 … 0
   0 … 2
```

***204**　3進法で表された数 $2100_{(3)}$ を2進法で表せ。

n 進法の応用 [2]

例題 15　10 進法で表された 42 を n 進法で表すと $222_{(n)}$ であるという。自然数 n を求めよ。

解　$222_{(n)}$ を 10 進法で表すと

$$2\times n^2+2\times n+2\times 1=2n^2+2n+2$$

これが 42 に等しいから

$$2n^2+2n+2=42$$

$$n^2+n-20=0$$

$$(n+5)(n-4)=0$$

n は 3 以上の自然数であるから

$$n=\mathbf{4}$$ 答

205　10 進法で表された 51 を n 進法で表すと $123_{(n)}$ であるという。自然数 n を求めよ。

206　10 進法で表された正の整数 N を 5 進法と 7 進法で表すと，それぞれ 3 桁の数 $abc_{(5)}$，$cab_{(7)}$ になるという。a，b，c の値を求めよ。
また，正の整数 N を 10 進法で表せ。

SPIRAL 

n 進法の小数

例題 16
(1)　$0.101_{(2)}$ を 10 進法の小数で表せ。
(2)　0.375 を 2 進法で表せ。

考え方　10 進法の小数 0.234 は $0.234=2\times\dfrac{1}{10}+3\times\dfrac{1}{10^2}+4\times\dfrac{1}{10^3}$

n 進法では小数点以下の位は $\dfrac{1}{n}$ の位，$\dfrac{1}{n^2}$ の位，$\dfrac{1}{n^3}$ の位，……

解　(1)　$0.101_{(2)}=1\times\dfrac{1}{2}+0\times\dfrac{1}{2^2}+1\times\dfrac{1}{2^3}=0.5+0+0.125=\mathbf{0.625}$ 答

(2)　$0.375=\dfrac{375}{1000}=\dfrac{3}{8}=\dfrac{2+1}{8}=\dfrac{1}{4}+\dfrac{1}{8}$

$$=0\times\frac{1}{2}+1\times\frac{1}{2^2}+1\times\frac{1}{2^3}$$

$$=\mathbf{0.011}_{(2)}$$ 答

207　次の問いに答えよ。
(1)　$0.421_{(5)}$ を 10 進法の小数で表せ。
(2)　0.672 を 5 進法で表せ。

3 約数と倍数

▶教p.122〜p.127

1 約数と倍数

整数aと0でない整数bについて

$$a = bc$$

を満たす整数cが存在するとき　bはaの**約数**，aはbの**倍数**である。

2 倍数の判定法

2の倍数……一の位の数が0，2，4，6，8のいずれかである。
3の倍数……各位の数の和が3の倍数である。
4の倍数……下（しも）2桁（けた）が4の倍数である。
5の倍数……一の位の数が0または5である。
8の倍数……下3桁が8の倍数である。
9の倍数……各位の数の和が9の倍数である。

3 素数

1とその数自身以外に正の約数がない2以上の自然数。

例　2，3，5，7，11，13，17，19，23，29，……

4 素因数分解

自然数を素数の積で表すこと。

例　60を素因数分解すると　$60 = 2^2 \times 3 \times 5$

SPIRAL A

208 次の数の約数をすべて求めよ。 ▶教p.122例7

*(1) 18　　(2) 63　　*(3) 100

***209** 整数a，bが7の倍数ならば，$a+b$と$a-b$も7の倍数であることを証明せよ。 ▶教p.123例題1

***210** 次の数のうち，4の倍数はどれか。 ▶教p.124例8

① 232　② 345　③ 424
④ 378　⑤ 568　⑥ 2096

***211** 次の数のうち，3の倍数はどれか。 ▶教p.125例9

① 102　② 369　③ 424
④ 777　⑤ 1679　⑥ 6543

***212** 次の数のうち，9の倍数はどれか。 ▶教p.125練習10

① 123　② 264　③ 342
④ 585　⑤ 3888　⑥ 4376

***213** 次の数のうち，素数はどれか。

① 23　② 39　③ 41　④ 56
⑤ 67　⑥ 79　⑦ 87　⑧ 91

***214** 次の数を素因数分解せよ。 ▶教 p.126 例10

(1) 78　(2) 105　(3) 585　(4) 616

215 次の数が自然数になるような最小の自然数 n を求めよ。 ▶教 p.126 例題2

(1) $\sqrt{27n}$　(2) $\sqrt{126n}$　(3) $\sqrt{378n}$

B

例題 17 　約数の個数

72 の正の約数の個数を求めよ。

解 72 を素因数分解すると　$72 = 2^3 \times 3^2$
72 の正の約数は，2^3 の正の約数 1，2，2^2，2^3 の 4 個のうちの 1 つと，3^2 の正の約数 1，3，3^2 の 3 個のうちの 1 つの積で表される。
よって，72 の正の約数の個数は　$4 \times 3 = $ **12 (個)**

	1	3	3^2
1	1×1	1×3	1×3^2
2	2×1	2×3	2×3^2
2^2	$2^2 \times 1$	$2^2 \times 3$	$2^2 \times 3^2$
2^3	$2^3 \times 1$	$2^3 \times 3$	$2^3 \times 3^2$

216 次の数について，正の約数の個数を求めよ。

*(1) 128　(2) 243　*(3) 648　(4) 396

217 次の問いに答えよ。

(1) 2 桁の自然数 n は 140 の約数であるという。n の最小値と最大値を求めよ。

(2) 13 は 3 桁の自然数 n の約数であるという。n の最小値と最大値を求めよ。

218 百の位の数が 3，一の位の数が 2 である 3 桁の自然数 n が 3 の倍数であるとき，十の位にあてはまる数をすべて求めよ。

219 1，2，3，4 の 4 つの数が，1 つずつ書かれた 4 枚のカードがある。

(1) この 4 枚のカードを並べて 4 桁の 4 の倍数 N をつくる。このとき N の最大値と最小値を求めよ。

(2) このカードのうち 3 枚を並べて 3 桁の整数をつくるとき，6 の倍数であるものをすべて求めよ。

ヒント 219 (2) 6 の倍数は，2 の倍数かつ 3 の倍数である。

第3章　数学と人間の活動

4　最大公約数と最小公倍数

▶教p.128〜p.131

1 最大公約数と最小公倍数

公約数　2つ以上の整数に共通な約数
最大公約数　公約数の中で最大のもの
公倍数　2つ以上の整数に共通な倍数
最小公倍数　正の公倍数の中で最小のもの

2 互いに素

2つの整数 a, b が1以外の正の公約数をもたないとき，すなわち，a, b の最大公約数が1であるとき，a と b は**互いに素**であるという。
a と b が互いに素，c が正の整数であるとき
(i)　ac が b の倍数ならば，c は b の倍数である。
(ii)　a の倍数であり，b の倍数でもある整数は，ab の倍数である。

SPIRAL A

*220　次の2つの数の最大公約数を求めよ。　▶教p.129例13
(1)　12，42　(2)　26，39　(3)　28，84
(4)　54，72　(5)　147，189　(6)　128，512

*221　次の2つの数の最小公倍数を求めよ。　▶教p.129例14
(1)　12，20　(2)　18，24　(3)　21，26
(4)　26，78　(5)　20，75　(6)　84，126

*222　縦78 cm，横195 cm の長方形の壁に，1辺の長さが x cm の正方形のタイルを隙間(すきま)なく敷(し)き詰(つ)めたい。x の最大値を求めよ。　▶教p.130例題3

*223　ある駅の1番線では上り電車が12分おきに発車し，2番線では下り電車が16分おきに発車している。1番線と2番線から同時に電車が発車したあと，次に同時に発車するのは何分後か。　▶教p.130例題4

*224　次の2つの整数の組のうち，互いに素であるものはどれか。　▶教p.131例15
①　6と35　②　14と91　③　57と75

225　36以下の自然数のうち，36と互いに素である自然数をすべて求めよ。

SPIRAL B

226 次の 3 つの数の最大公約数を求めよ。

(1) 8, 28, 44　　(2) 21, 42, 91　　(3) 36, 54, 90

227 次の 3 つの数の最小公倍数を求めよ。

*(1) 21, 42, 63　　*(2) 24, 40, 90　　(3) 50, 60, 72

最大公約数と最小公倍数の性質 [1]

例題 18 正の整数 a と 60 について，最大公約数が 12，最小公倍数が 180 であるとき，a を求めよ。

考え方　2 つの正の整数 a と b の最大公約数を G，最小公倍数を L とするとき

① $a = Ga'$，$b = Gb'$　　② $L = Ga'b'$　　③ $ab = GL$

解

$60a = 12 \times 180$　　←$ab = GL$

よって　$a = \dfrac{12 \times 180}{60} = \mathbf{36}$　答

***228** 正の整数 a と 64 について，最大公約数が 16，最小公倍数が 448 であるとき，a を求めよ。

SPIRAL C

229 91 以下の自然数のうち，91 と互いに素である数の個数を求めよ。

最大公約数と最小公倍数の性質 [2]

例題 19 最大公約数が 14，最小公倍数が 210 であるような 2 つの正の整数の組をすべて求めよ。

解

求める 2 つの正の整数を a，b とし，$a < b$ とする。

a と b の最大公約数は 14 であるから，互いに素である 2 つの正の整数 a'，b' を用いて

$a = 14a'$，$b = 14b'$　　←$a = Ga'$，$b = Gb'$

と表される。ただし，$0 < a' < b'$ である。

このとき　$14a' \times 14b' = 14 \times 210$　　←$ab = GL$

より　$a'b' = 15$

ゆえに　$a' = 1$，$b' = 15$　または　$a' = 3$，$b' = 5$

よって，求める 2 つの正の整数の組は　**14，210** と **42，70**　答

***230** 最大公約数が 15，最小公倍数が 315 であるような 2 つの正の整数の組をすべて求めよ。

5 整数の割り算と商および余り

▶教p.132〜p.133

1 除法の性質

整数aと正の整数bについて

$$\boldsymbol{a = bq + r} \quad ただし，0 \leqq r < b$$

となる整数q，rが1通りに定まる。

q，rを，それぞれaをbで割ったときの**商**，**余り**という。

2 余りによる整数の分類

すべての整数は，正の整数mで割ったときの余りによって

$$mk,\ mk+1,\ mk+2,\ \cdots\cdots,\ mk+(m-1) \quad ただし，k は整数$$

のいずれかの形に表される。

SPIRAL A

*231 次の整数aと正の整数bについて，aをbで割ったときの商qと余りrを用いて，$a=bq+r$ の形で表せ。ただし，$0 \leqq r < b$ とする。

▶教p.132例17

(1) $a=87$，$b=7$　(2) $a=73$，$b=16$　(3) $a=163$，$b=24$

*232 次のような整数aを求めよ。 ▶教p.132

(1) aを12で割ると，商が9，余りが4である。

(2) 190をaで割ると，商が14，余りが8である。

*233 整数aを6で割ると5余る。aを3で割ったときの余りを求めよ。▶教p.132

*234 nを整数とする。n^2-nを3で割った余りは，0または2であることを証明せよ。

▶教p.133例題5

SPIRAL B

235 整数aを7で割ると6余り，整数bを7で割ると3余る。このとき，次の数を7で割ったときの余りを求めよ。

*(1) $a+b$　*(2) ab　(3) $a-b$　(4) $b-a$

例題 20 負の数の商と余り

-13を6で割ったときの商qと余りrを求めよ。

解

整数aと正の整数bについて　$a=bq+r$，$0 \leqq r < b$

となる整数qとrが，aをbで割ったときの商と余りである。

$-13=6q+r$ を満たすqとrは，$0 \leqq r < 6$ より

$-13=6\times(-3)+5$

よって，商は-3，余りは5である。 答

236 -26を7で割ったときの商と余りを求めよ。

237 a，b を正の整数とする。$a+b$ を 5 で割ると 1 余り，整数 ab を 5 で割ると 4 余る。このとき，a^2+b^2 を 5 で割った余りを求めよ。

238 次のことを証明せよ。

(1)　n は整数とする。n^2 を 3 で割ったときの余りは 2 にならない。

(2)　3 つの整数 a，b，c が，$a^2+b^2=c^2$ を満たすとき，a，b のうち少なくとも一方は 3 の倍数である。

SPIRAL C

連続する整数の積

例題 21　n が奇数のとき，n^2-1 は 8 の倍数であることを証明せよ。

考え方　連続する 2 つの整数のうち一方は 2 の倍数であるから，それらの積は 2 の倍数である。

証明　n が奇数のとき，n は整数 k を用いて　$n=2k+1$

と表される。このとき　$n^2-1=(2k+1)^2-1=4k^2+4k=4k(k+1)$

ここで，$k(k+1)$ は，連続する 2 つの整数の積であるから 2 の倍数であり，整数 m を用いて

$$k(k+1)=2m$$

と表される。よって

$$4k(k+1)=4\times 2m=8m$$

したがって，n^2-1 は 8 の倍数である。 終

239 n を整数とする。次のことを証明せよ。

*(1)　n^2+n+1 は奇数である。　　(2)　n^3+5n は 6 の倍数である。

約数の利用

例題 22　等式 $(x+1)(y-2)=3$ を満たす整数 x，y をすべて求めよ。

解　積が 3 となる整数は，1 と 3 または -1 と -3 であるから

$$(x+1,\ y-2)=(1,\ 3),\ (-1,\ -3),\ (3,\ 1),\ (-3,\ -1)$$

よって　$\boldsymbol{(x,\ y)=(0,\ 5),\ (-2,\ -1),\ (2,\ 3),\ (-4,\ 1)}$ 答

240 次の式を満たす整数 x，y をすべて求めよ。

(1)　$(x+2)(y-4)=5$　　(2)　$xy-2x+y+3=0$

(3)　$\dfrac{1}{x}+\dfrac{1}{y}=\dfrac{1}{3}$

ヒント　239 (2) 連続する 3 つの整数の積は 6 の倍数であることを用いる。

6　ユークリッドの互除法

▶教p.134〜p.136

1 除法と最大公約数の性質

a を b で割ったときの余りを r とすると，

(i)　$r \neq 0$ のとき

a と b の最大公約数は，b と r の最大公約数に等しい。

(ii)　$r = 0$ のとき（a が b で割り切れるとき）

a と b の最大公約数は　b

2 ユークリッドの互除法

上の(i)，(ii)を利用して，a と b の最大公約数を求める方法。

SPIRAL A

*241　次の［　］にあてはまる数を求めよ。 ▶教p.136

135 を 15 で割ると，商は［ア］，余りは［イ］であるから，135 と 15 の最大公約数は［ウ］である。

*242　次の［　］にあてはまる数を求めよ。 ▶教p.136例18

133 を 91 で割ったときの余りは［ア］。

よって，133 と 91 の最大公約数は，91 と［ア］の最大公約数に等しい。

91 を［ア］で割ったときの余りは［イ］。

よって，91 と［ア］の最大公約数は，［ア］と［イ］の最大公約数に等しい。

［ア］を［イ］で割ったときの余りは［ウ］。

以上より，133 と 91 の最大公約数は［エ］である。

*243　次の［　］にあてはまる数を求めよ。 ▶教p.136例18

互除法を利用して，897 と 208 の最大公約数を求めてみよう。

897 ＝ 208 ×［ア］＋［イ］

208 ＝［イ］×［ウ］＋［エ］

［イ］＝［エ］×［オ］

よって，897 と 208 の最大公約数は［カ］である。

244　互除法を用いて，次の 2 数の最大公約数を求めよ。 ▶教p.136例18

*(1)　273，63　　*(2)　319，99　　(3)　325，143

*(4)　414，138　　(5)　570，133　　*(6)　615，285

SPIRAL B

互除法と最小公倍数

例題 23　2つの整数 437 と 209 について，次の問いに答えよ。
(1)　互除法を用いて，最大公約数を求めよ。
(2)　最小公倍数を求めよ。

解　(1)　$437 = 209 \times 2 + 19$
$209 = 19 \times 11$
よって，最大公約数は　**19**　答
(2)　最小公倍数を L とすると
$437 \times 209 = 19L$ より　←正の整数 a，b の最大公約数を G，最小公倍数を L とすると　$ab = GL$

$$L = \frac{437 \times 209}{19} = \mathbf{4807}$$　答

245　互除法を用いて，次の2数の最大公約数を求めよ。▶教p.136
また，最小公倍数を求めよ。
(1)　312，182　　(2)　816，374

246　アメ玉が1424個，チョコレートが623個ある。n 人の子どもそれぞれに，アメ玉 a 個とチョコレート b 個を渡し，余りが出ないようにしたい。n の最大値と，そのときの a，b を求めよ。

247　右の図のように，縦 448 m，横 1204 m の長方形の公園のまわりに木を植えたい。縦も横も等しい間隔で木を植えるとき，木と木の間隔は最大で何 m になるか。ただし，四隅(よすみ)には木を植えるものとする。

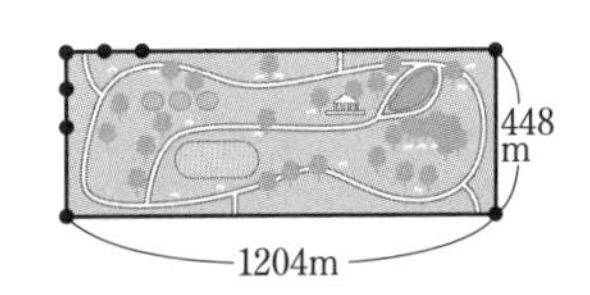

参考　互除法の計算

互除法を利用して 552 と 240 の最大公約数を求めるとき，右の図のように計算することもできる。
①　$552 \div 240 = 2$　余り　72
②　$240 \div 72 = 3$　余り　24
③　$72 \div 24 = 3$

```
   3    3    2
24)72)240)552
   72  216  480
    0   24   72
```
最大公約数は 24

7　不定方程式

▶教p.137〜p.140

1 不定方程式

x，y についての１次方程式　$ax+by=c$

ただし，a，b，c は整数で，$a \neq 0$，$b \neq 0$

不定方程式の整数解

不定方程式 $ax+by=c$ を満たす整数 x，y の組

2 $ax+by=0$ の整数解

a，b が互いに素であるとき，$ax+by=0$ のすべての整数解は

$ax=-by$ より

$x=bk$，$y=-ak$　　ただし，k は定数

SPIRAL A

248 次の不定方程式の整数解をすべて求めよ。 ▶教p.137例19

*(1) $3x-4y=0$　　(2) $9x-2y=0$

*(3) $2x+5y=0$　　(4) $4x+9y=0$

*(5) $12x+7y=0$　　(6) $8x-15y=0$

249 次の不定方程式の整数解を１つ求めよ。

(1) $3x+2y=1$　　*(2) $4x-5y=1$

*(3) $7x+5y=1$　　(4) $5x-4y=2$

(5) $4x+13y=3$　　*(6) $11x-6y=4$

250 次の不定方程式の整数解をすべて求めよ。 ▶教p.138例題6

*(1) $2x+5y=1$　　(2) $3x-8y=1$

(3) $11x+7y=1$　　*(4) $2x-5y=3$

*(5) $3x+7y=6$　　(6) $17x-3y=2$

251 次の不定方程式の整数解の１つを互除法を利用して求めよ。 ▶教p.139例20

*(1) $17x-19y=1$　　(2) $34x-27y=1$

*(3) $31x+67y=1$　　(4) $90x+61y=1$

SPIRAL B

252 次の不定方程式の整数解をすべて求めよ。 ▶教p.140応用例題1

*(1) $17x-19y=2$　　(2) $34x-27y=3$

*(3) $31x+67y=4$　　(4) $90x+61y=2$

253 単価90円の菓子Aと120円の菓子Bがある。
菓子Aをx個，菓子Bをy個用いて，ちょうど1500円となる菓子の詰めあわせをつくりたい。菓子A，Bの個数の組$(x,\ y)$をすべて求めよ。

SPIRAL C

254 次の不定方程式が整数解をもつ場合，それらをすべて求めよ。
また，整数解をもたない場合はその理由をいえ。

(1) $6x+3y=1$　　(2) $4x-2y=2$

(3) $3x-6y=3$　　(4) $4x+8y=3$

例題 24　3元1次不定方程式

$x+3y+5z=12$ を満たす正の整数x，y，zの組をすべて求めよ。

解　$x+3y+5z=12$ より

$x+3y=12-5z$　……①

x，yは1以上の整数であるから　$x+3y \geqq 4$

①より　$12-5z \geqq 4$

$5z \leqq 8$

zは1以上の整数であるから　$z=1$

①に $z=1$ を代入すると

$x+3y=7$　……②

②を満たす正の整数x，yの組は

$(x,\ y)=(1,\ 2),\ (4,\ 1)$

よって，求める正の整数x，y，zの組は

$\boldsymbol{(x,\ y,\ z)=(1,\ 2,\ 1),\ (4,\ 1,\ 1)}$　答

255 次の等式を満たす正の整数x，y，zの組をすべて求めよ。

(1) $x+4y+7z=16$　　(2) $x+7y+2z=15$

思考力 PLUS 合同式

1 整数の合同

2つの整数 a, b において，$a-b$ が正の整数 m の倍数であるとき，a と b は m を法として**合同である**といい

$$\boldsymbol{a \equiv b \pmod{m}}$$

と表す。

このとき，a, b それぞれを m で割った余りは等しい。

2 合同式の性質

$a \equiv b \pmod{m}$，$c \equiv d \pmod{m}$ のとき，次の性質が成り立つ。

[1] $a+c \equiv b+d \pmod{m}$，$a-c \equiv b-d \pmod{m}$

[2] $ac \equiv bd \pmod{m}$

[3] $a^n \equiv b^n \pmod{m}$ n は正の整数

SPIRAL A

*256 次の合同式のうち，正しいものはどれか。

① $39 \equiv 7 \pmod{2}$　② $22 \equiv 53 \pmod{6}$

③ $37 \equiv 27 \pmod{9}$　④ $128 \equiv 32 \pmod{8}$

257 次の数を3で割ったときの余りを求めよ。

*(1) 34×71　(2) 41×83　*(3) 51×112

SPIRAL B

例題 25 ―合同式

5^7 を3で割ったときの余りを求めよ。

解　$5 \equiv 2 \pmod{3}$ より　$5^2 \equiv 2^2 \pmod{3}$　←$a^n \equiv b^n \pmod{m}$

ここで，$2^2 = 4 \equiv 1 \pmod{3}$ より　$5^2 \equiv 1 \pmod{3}$

ゆえに，$5^7 = (5^2)^3 \times 5$ において

$(5^2)^3 \times 5 \equiv 1^3 \times 2 \pmod{3}$　←$a^n \equiv b^n \pmod{m}$，$ac \equiv bd \pmod{m}$

よって，$1^3 \times 2 = 2$ であるから，5^7 を3で割ったときの余りは **2** 答

258 次の数を3で割ったときの余りを求めよ。

(1) 4^5　*(2) 5^6

***259** 1から9までの整数のうち，次の□にあてはまる数をすべて求めよ。

(1) $35 \equiv \square \pmod 3$　　(2) $75 \equiv \square \pmod 4$

(3) $41 \equiv \square \pmod 5$　　(4) $84 \equiv \square \pmod 6$

260 次の数を3で割ったときの余りを求めよ。

(1) $17 \times 47 \times 59$　　(2) $2^4 \times 7^3$

261 次の数を7で割ったときの余りを求めよ。

(1) $(25 \times 44) + 69$　　(2) $37^2 + 61^2$

SPIRAL C

合同式の応用

例題 26 nを正の整数とするとき，次の問いに答えよ。

(1) 2^nを3で割った余りが1または2であることを示せ。

(2) $2^{2n+1}+1$ は3の倍数であることを示せ。

証明 (1) (i) $n=1$ のとき

$$2^1 = 2 \equiv 2 \pmod 3$$

(ii) $n \geqq 2$ のとき

ある自然数mを用いて $n=2m$ または $n=2m+1$ と表される。

$n=2m$ のとき

$2^2 = 4 \equiv 1 \pmod 3$ より

$2^{2m} = (2^2)^m = 4^m \equiv 1^m = 1 \pmod 3$

$n=2m+1$ のとき

$2^{2m+1} = 2^{2m} \times 2 \equiv 1 \times 2 = 2 \pmod 3$

(i)～(ii)より，2^nを3で割った余りは1または2である。終

(2) (1)より　$2^{2n+1}+1 \equiv 2+1 = 3 \equiv 0 \pmod 3$

よって　$2^{2n+1}+1$ は3の倍数である。終

262 nを正の整数とするとき，次の問いに答えよ。

(1) 3^nを4で割った余りが1または3であることを示せ。

(2) $3^{2n+1}+1$ は4の倍数であることを示せ。

263 nを正の整数とするとき，n^2を5で割った余りが，0，1，4のいずれかであることを示せ。

2節　図形と人間の活動

1 相似を利用した測量　**2** 三平方の定理の利用　**3** 座標の考え方

▶教p.142～p.148

1 相似な三角形の辺の比

△ABC ∽ △DEF のとき

AB：DE ＝ BC：EF

BC：EF ＝ AC：DF

AC：DF ＝ AB：DE

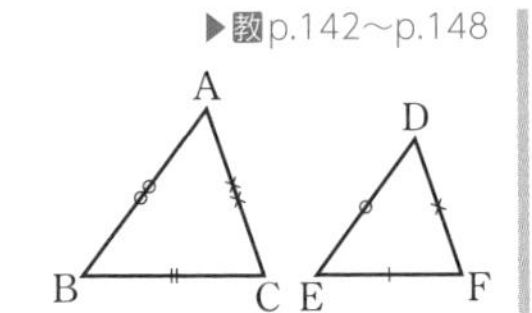

2 三平方の定理

直角三角形の直角をはさむ2辺の長さを a, b, 斜辺の長さを c とすると

$$a^2 + b^2 = c^2$$

3 座標の考え方

直線上の点の座標　数直線上で対応する実数 a によって点P(a)と表す。

平面上の点の座標　直交する2本の数直線を用いて，2つの実数の組で点P$(a,\ b)$と表す。

空間の点の座標　点Oを原点として，x 軸と y 軸で定まる平面に垂直で点Oを通る数直線を z 軸とし，点Pを通って各座標平面に平行な平面と，x 軸，y 軸，z 軸との交点の各座標軸における座標をそれぞれ a, b, c として，3つの実数の組で点P$(a,\ b,\ c)$と表す。

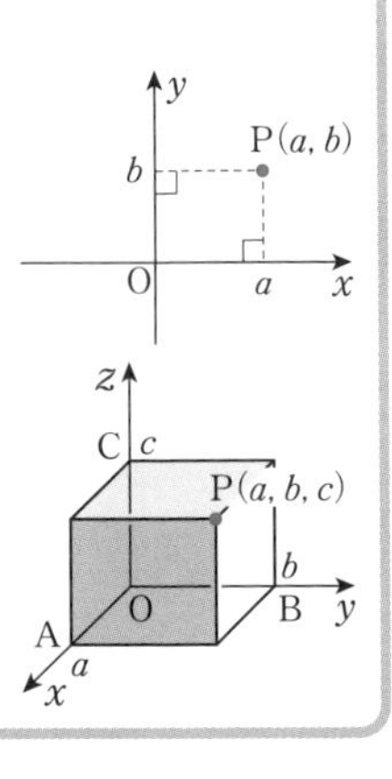

SPIRAL A

264 次の図において △ABC ∽ △DEF である。x, y を求めよ。 ▶教p.142例1

(1)

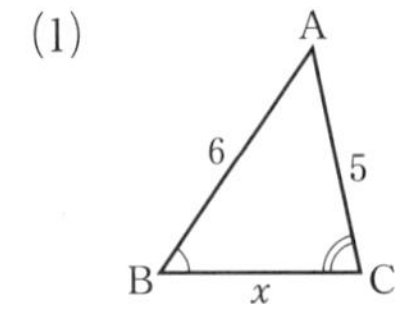

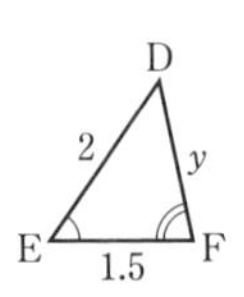

(2)

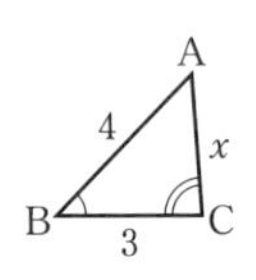

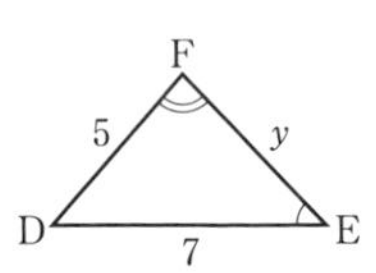

265 身長1.8 mの人の地面にできる影が0.6 mであった。このとき，影が24 mであるビルの高さを求めよ。 ▶教p.143例2

266 次の直角三角形において，x を求めよ。 ▶教p.144例3

(1)

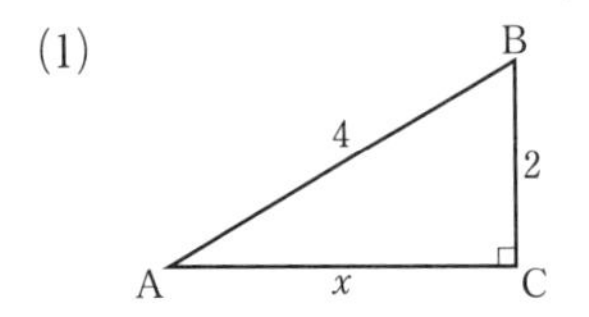

(2)

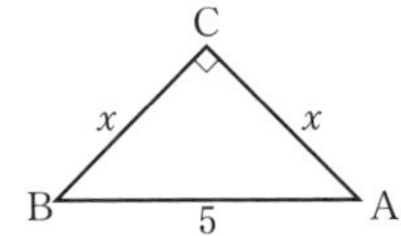

267 花火の1尺玉は，330 m の高さまで真上に打ち上げられる。花火が開いてからある地点で音が聞こえるまで2秒掛かった。このとき，音が聞こえた地点から花火の打ち上げ地点までの距離は何 m か。小数第1位を四捨五入して求めよ。ただし，音速は秒速 340 m とし，地面から耳までの高さは考えないものとする。

268 地球の半径を 6378 km，東京タワーの展望台の高さを 0.15 km とすると，東京タワーの展望台の点Pから見える一番遠い地点T（地平線）までの距離 PT は何 km か。小数第2位を四捨五入して求めよ。 ▶教p.145例4

269 次の座標を数直線上に図示せよ。 ▶教p.146例5

(1)　A(7)　　(2)　B(−2)　　(3)　C$\left(\frac{9}{2}\right)$　　(4)　D$\left(-\frac{3}{2}\right)$

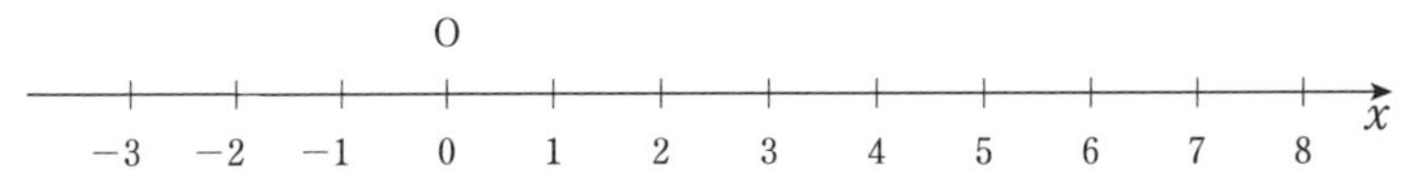

270 点A(3, −2)について，点Aと x 軸，y 軸，原点に関して対称な点をそれぞれB，C，Dとするとき，これらの点の座標を求めよ。 ▶教p.146例6

271 右の図において，点P，Q，R，Sの座標，および yz 平面に関して点Pと対称な点Tの座標を求めよ。 ▶教p.148例7

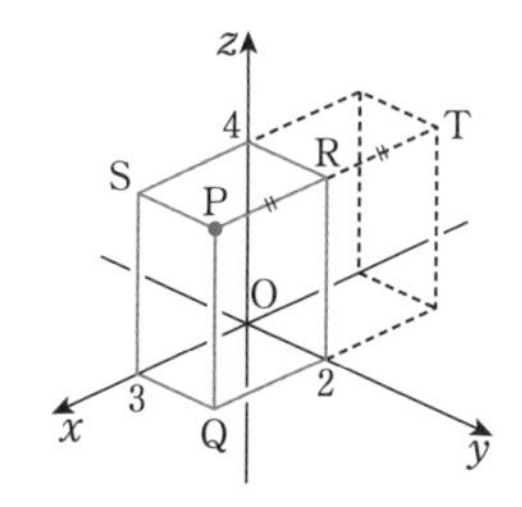

SPIRAL B

272 坂について，(垂直距離)÷(水平距離)の値を勾配といい，水平面に対する傾きの度合いを表す。たとえば，勾配が $\frac{1}{10}$ の上り坂を水平に 100 m 進んだとき，上る高さは 10 m である。バリアフリー法では，屋内の坂の勾配を $\frac{1}{12}$ 以下と定めている。次の①，②の坂はバリアフリー法の基準を満たしているか調べよ。ただし，坂の傾きは一定であるとする。

①　水平距離 700 cm，坂の距離 703 cm

②　水平距離 600 cm，坂の距離 602 cm

解答（数学Ⅰ）

1 (1) 次数 3，係数 2
(2) 次数 2，係数 1
(3) 次数 4，係数 -5
(4) 次数 3，係数 $\frac{1}{3}$
(5) 次数 6，係数 -4

2 (1) 次数 1，係数 $3a^2$
(2) 次数 3，係数 $2x$
(3) 次数 3，係数 $5ax^2$
(4) 次数 3，係数 $-\frac{1}{2}x^2$

3 (1) $8x-11$ (2) $2x^2+4x-5$
(3) $-6x^3+7x^2-x$ (4) x^3-3x

4 (1) 2次式，定数項 1
(2) 3次式，定数項 -3
(3) 1次式，定数項 -3
(4) 3次式，定数項 1

5 (1) $x^2+(2y-3)x+(y-5)$
x^2 の項の係数は 1，x の項の係数は $2y-3$，定数項は $y-5$
(2) $5x^2+(5y^2-3)x+(-y-3)$
x^2 の項の係数は 5，x の項の係数は $5y^2-3$，定数項は $-y-3$
(3) $-x^3+(y-3)x^2+(y+4)x+(-y^2+5)$
x^3 の項の係数は -1，x^2 の項の係数は $y-3$，x の項の係数は $y+4$，定数項は $-y^2+5$
(4) $x^3+(2y-1)x^2+(-3y+5)x+(-y^2+y-7)$
x^3 の項の係数は 1，x^2 の項の係数は $2y-1$，x の項の係数は $-3y+5$，定数項は $-y^2+y-7$

6 (1) $A+B=4x^2-3x-2$
$A-B=2x^2+x+4$
(2) $A+B=3x^3+x^2+3x-4$
$A-B=5x^3-5x^2-x-2$
(3) $A+B=-x^2+4$
$A-B=-3x^2+2x-2$

7 (1) $7x-5$
(2) $11x^2-12x+7$
(3) $-9x^2+13x-8$

8 (1) $3x^2-4x+2$ (2) $3x^2$

9 (1) $7x-9y-5z$ (2) $2x-2y+27z$

10 (1) a^7 (2) x^8
(3) a^{12} (4) x^8
(5) a^6b^8 (6) $8a^6$

11 (1) $6x^7$ (2) $-3x^5y^2$
(3) $-32x^6$ (4) $-32x^5y^2$
(5) $-x^{11}y^{12}$ (6) $-108x^{17}y^8$

12 (1) $3x^2-2x$ (2) $4x^3-6x^2-8x$
(3) $-3x^3-3x^2+15x$ (4) $6x^4-3x^3+15x^2$

13 (1) $4x^3+8x^2-3x-6$
(2) $6x^3-4x^2-3x+2$
(3) $3x^3+15x^2-2x-10$
(4) $-2x^3+10x^2+x-5$

14 (1) $6x^3-17x^2+9x-10$
(2) $6x^3-13x^2+4x+3$
(3) $2x^3+7x^2-3x-3$
(4) $x^3+2x^2y-xy^2+6y^3$

15 (1) x^2+4x+4 (2) $x^2+10xy+25y^2$
(3) $16x^2-24x+9$ (4) $9x^2-12xy+4y^2$
(5) $4x^2-9$ (6) $9x^2-16$
(7) $16x^2-9y^2$ (8) x^2-9y^2

16 (1) x^2+5x+6 (2) $x^2-2x-15$
(3) x^2-x-6 (4) x^2-6x+5
(5) x^2+3x-4 (6) $x^2+7xy+12y^2$
(7) $x^2-6xy+8y^2$ (8) $x^2+5xy-50y^2$
(9) $x^2-10xy+21y^2$

17 (1) $3x^2+7x+2$ (2) $10x^2-x-3$
(3) $15x^2+7x-2$ (4) $12x^2-17x+6$
(5) $12x^2-19x-21$ (6) $-6x^2+7x-2$

18 (1) $12x^2-5xy-2y^2$
(2) $14x^2-27xy+9y^2$
(3) $10x^2-9xy+2y^2$
(4) $-3x^2+11xy-10y^2$

19 (1) $a^2+4b^2+4ab+2a+4b+1$
(2) $9a^2+4b^2-12ab+6a-4b+1$
(3) $a^2+b^2+c^2-2ab+2bc-2ca$
(4) $4x^2+y^2+9z^2-4xy-6yz+12zx$

20 (1) $-\frac{1}{2}x^8y^9$ (2) $-\frac{8}{9}x^{15}y^{13}$

21 (1) $6x^2-ax-2a^2$
(2) $6a^2b^2-ab-1$
(3) $2ax-3bx+2ay-3by-2a+3b$
(4) $a^2x+3abx+2b^2x-a^2y-3aby-2b^2y$

22 (1) $8a$ (2) $8x^2+18y^2$
(3) $5y^2$

23 (1) $x^2+4xy+4y^2-9$
(2) $9x^2+6xy+y^2-25$
(3) $x^4-2x^3-x^2+2x-8$
(4) $x^4+4x^3+8x^2+8x+3$
(5) x^2-y^2+6y-9
(6) $9x^4+2x^2+1$

24 (1) x^4-81 (2) x^4-16y^4
(3) a^4-b^4 (4) $16x^4-81y^4$

25 (1) $a^4-8a^2b^2+16b^4$
(2) $81x^4-72x^2y^2+16y^4$
(3) $16x^4-8x^2y^2+y^4$
(4) $625x^4-450x^2y^2+81y^4$

26 (1) 5 (2) 8

27 (1) $x^4-6x^3+7x^2+6x-8$
(2) $x^4+6x^3+x^2-24x-20$

28 (1) $x(x+3)$ (2) $x(x+1)$
(3) $x(2x-1)$ (4) $xy(4y-1)$
(5) $3ab(b-2a)$ (6) $4x^2y(3y^2-5xz)$

29 (1) $ab(x^2-x+2)$
(2) $xy(2x+y-3)$
(3) $4ab(3b-8a+2c)$
(4) $3x(x+2y-3)$

30 (1) $(a+2)(x+y)$
(2) $(x-2)(a-3)$
(3) $(3a-2b)(x-y)$
(4) $(3x-1)(2a-b)$

31 (1) $(3a-2)(x-y)$
(2) $(x+y)(3a-2b)$
(3) $(a+b)(x-2y)$
(4) $(2a+b)(x-1)$

32 (1) $(x+1)^2$
(2) $(x-6)^2$
(3) $(x-3)^2$ 参考 $(3-x)^2$ でもよい。
(4) $(x+2y)^2$
(5) $(2x+y)^2$
(6) $(3x-5y)^2$

33 (1) $(x+9)(x-9)$
(2) $(3x+4)(3x-4)$
(3) $(6x+5y)(6x-5y)$
(4) $(7x+2y)(7x-2y)$
(5) $(8x+9y)(8x-9y)$
(6) $(10x+3y)(10x-3y)$

34 (1) $(x+1)(x+4)$
(2) $(x+3)(x+4)$
(3) $(x-2)(x-4)$
(4) $(x-5)(x+2)$
(5) $(x-2)(x+6)$
(6) $(x-3)(x-5)$
(7) $(x-9)(x+6)$
(8) $(x-2)(x+9)$
(9) $(x-6)(x+5)$

35 (1) $(x+2y)(x+4y)$
(2) $(x+y)(x+6y)$
(3) $(x-6y)(x+4y)$
(4) $(x-4y)(x+7y)$
(5) $(x-3y)(x-4y)$
(6) $(a-5b)(a+4b)$
(7) $(a-6b)(a+7b)$
(8) $(a-4b)(a-9b)$

36 (1) $(x+1)(3x+1)$
(2) $(x+3)(2x+1)$
(3) $(x-2)(2x-1)$
(4) $(x-3)(3x+1)$

(5) $(x+5)(3x+1)$
(6) $(x-1)(5x-3)$
(7) $(2x+1)(3x-1)$
(8) $(x+2)(5x-3)$
(9) $(2x+3)(3x+4)$
(10) $(2x-3)(3x+5)$
(11) $(2x+3)(2x-5)$
(12) $(2x-7)(3x+5)$

37 (1) $(x+y)(5x+y)$
(2) $(x-2y)(7x+y)$
(3) $(x-2y)(2x-3y)$
(4) $(2x-3y)(3x+2y)$

38 (1) $(x-y+5)(x-y-3)$
(2) $(x+2y+2)(x+2y-5)$
(3) $(2x-y+2)^2$
(4) $(x-6)(2x-7)$
(5) $(x+2y)(x+2y+2)$
(6) $(x-y)(2x-2y-1)$

39 (1) $(x+1)(x-1)(x+2)(x-2)$
(2) $(x+1)(x-1)(x+3)(x-3)$
(3) $(x^2+4)(x+2)(x-2)$
(4) $(x^2+9)(x+3)(x-3)$

40 (1) $(x+2)(x-1)(x^2+x-1)$
(2) $(x+1)(x-3)(x^2-2x+2)$
(3) $(x+2)(x+3)(x+6)(x-1)$
(4) $(x+2)(x-1)(x^2+x-4)$

41 (1) $(b+2)(a+b)$
(2) $(a-3)(a+b)$
(3) $(a+c)(a-b+c)$
(4) $(a+1)(a-1)(a-b)$
(5) $(a-b)(a+2b-2c)$

42 (1) $b(x+2ay)(x-2ay)$
(2) $2a(x-1)^2$
(3) $2a^2x(x+5)(x-2)$
(4) $\frac{1}{4}x^2(2x+1)^2$

43 (1) $(x+y)(x-y)(a+b)(a-b)$
(2) $(x+1)(a+1)(a-1)$

44 (1) $(x+y-3)(x+y+4)$
(2) $(x+2y-5)(x-y+3)$
(3) $(x+y+2)(x+2y-1)$
(4) $(x-2y+1)(2x+y-1)$
(5) $(x+2y+3)(2x+y-1)$
(6) $(2x-y-4)(3x-2y+3)$

45 (1) $(x+y-2)(x-y-2)$
(2) $(x+4y+3)(x-4y+3)$
(3) $(2x+y+4)(2x-y-4)$
(4) $(3x+y-2)(3x-y+2)$

46 $-(x-y)(y-z)(z-x)$

47 (1) $(x^2+2x+3)(x^2-2x+3)$
(2) $(x^2+x-1)(x^2-x-1)$
(3) $(x^2+2x-2)(x^2-2x-2)$
(4) $(x^2+4x+8)(x^2-4x+8)$

48 (1) $x(x+5)(x^2+5x+10)$
(2) $(x^2-8x+6)(x-4)^2$

49 (1) $x^3+9x^2+27x+27$
(2) $a^3-6a^2+12a-8$
(3) $27x^3+27x^2+9x+1$
(4) $8x^3-12x^2+6x-1$
(5) $8x^3+36x^2y+54xy^2+27y^3$
(6) $-a^3+6a^2b-12ab^2+8b^3$

50 (1) x^3+27 (2) x^3-1
(3) $27x^3-8$ (4) x^3+64y^3

51 (1) $(x+2)(x^2-2x+4)$
(2) $(3x-1)(9x^2+3x+1)$
(3) $(3x+2y)(9x^2-6xy+4y^2)$
(4) $(4x-3y)(16x^2+12xy+9y^2)$
(5) $(x-yz)(x^2+xyz+y^2z^2)$
(6) $(a-b-c)(a^2+b^2+c^2-2ab-bc+ca)$

52 (1) $xy(x-y)(x^2+xy+y^2)$
(2) $(x+y)(x-y)(x^2-xy+y^2)(x^2+xy+y^2)$

53 (1) 1.75 (2) 1.4
(3) 1.666666…… (4) 0.083333……

54 (1) $0.\dot{4}$ (2) $3.\dot{3}$

(3) $0.\dot{3}\dot{9}$　(4) $4.\dot{7}1428\dot{5}$

55

56 (1) 3　(2) 6
(3) 3.1　(4) $\frac{1}{2}$
(5) $\frac{3}{5}$　(6) $\sqrt{7}-\sqrt{6}$
(7) $\sqrt{5}-\sqrt{2}$　(8) $3-\sqrt{3}$
(9) $\sqrt{10}-3$

57 ①自然数は 5
②整数は $-3,\ 0,\ 5$
③有理数は $-3,\ 0,\ \frac{22}{3},\ -\frac{1}{4},\ 5,\ 0.\dot{5}$
④無理数は $\sqrt{3},\ \pi$

58 (1) 正しくない　(2) 正しい

59 (1) $\frac{1}{3}$　(2) $\frac{4}{33}$
(3) $\frac{25}{22}$　(4) $\frac{37}{30}$

60 (1) -1　(2) 0
(3) -1　(4) -2

61 (1) $\pm\sqrt{7}$　(2) 6
(3) $\pm\frac{1}{3}$　(4) $\frac{1}{2}$

62 (1) 7　(2) 3
(3) $\frac{2}{3}$　(4) $\frac{5}{8}$

63 (1) $\sqrt{15}$　(2) $\sqrt{42}$
(3) $\sqrt{30}$　(4) $\sqrt{2}$
(5) $\sqrt{5}$　(6) 2

64 (1) $2\sqrt{2}$　(2) $2\sqrt{6}$
(3) $2\sqrt{7}$　(4) $4\sqrt{2}$
(5) $3\sqrt{7}$　(6) $7\sqrt{2}$

65 (1) $3\sqrt{5}$　(2) $2\sqrt{3}$
(3) $6\sqrt{2}$　(4) 10

66 (1) $2\sqrt{3}$　(2) $4\sqrt{2}$
(3) $-\sqrt{2}$　(4) $\sqrt{3}$
(5) $4\sqrt{2}-\sqrt{3}$　(6) $2\sqrt{2}+\sqrt{5}$

67 (1) $5\sqrt{6}$　(2) $2+\sqrt{10}$
(3) $7+4\sqrt{3}$　(4) $10+2\sqrt{21}$
(5) $3-2\sqrt{2}$　(6) $20-8\sqrt{6}$
(7) 5

68 (1) $\frac{\sqrt{10}}{5}$　(2) $4\sqrt{2}$
(3) $3\sqrt{3}$　(4) $\frac{\sqrt{3}}{2}$
(5) $\frac{\sqrt{15}}{9}$

69 (1) $\frac{\sqrt{5}+\sqrt{3}}{2}$　(2) $\sqrt{7}-\sqrt{3}$
(3) $\sqrt{3}-1$　(4) $-2\sqrt{2}-\sqrt{10}$
(5) $10-5\sqrt{3}$　(6) $10-3\sqrt{11}$
(7) $8-3\sqrt{7}$　(8) $-\frac{7+2\sqrt{10}}{3}$

70 (1) 4　(2) 0　(3) 2

71 (1) $-2\sqrt{2}+\sqrt{3}$
(2) $\sqrt{2}+13\sqrt{3}$
(3) $2+7\sqrt{10}$
(4) $59-24\sqrt{6}$

72 (1) $\frac{\sqrt{3}}{18}$　(2) $\frac{3}{2}$
(3) $1-2\sqrt{6}$　(4) 3

73 (1) 0　(2) $\sqrt{3}+\sqrt{5}$

74 (1) 4　(2) 1
(3) 14　(4) 52
(5) 14

75 (1) $\sqrt{3}-1$　(2) 3　(3) 4

76 $a=5,\ b=\sqrt{7}-2$

77 (1) $2+\sqrt{3}$ (2) $\sqrt{7}-\sqrt{2}$
(3) $\sqrt{6}+\sqrt{2}$ (4) $\sqrt{3}-\sqrt{2}$
(5) $3-\sqrt{6}$ (6) $2\sqrt{2}+\sqrt{3}$

78 (1) $\dfrac{\sqrt{10}+\sqrt{2}}{2}$ (2) $\dfrac{\sqrt{14}-\sqrt{2}}{2}$
(3) $\dfrac{3\sqrt{2}+\sqrt{6}}{2}$ (4) $\dfrac{5\sqrt{2}-\sqrt{6}}{2}$

79 (1) $\dfrac{2\sqrt{3}+3\sqrt{2}-\sqrt{30}}{12}$
(2) $\dfrac{2\sqrt{5}+5\sqrt{2}-\sqrt{70}}{20}$

80 (1) $x<-2$ (2) $x<3$
(3) $x\leqq 4$ (4) $x>3$
(5) $x\geqq 10$ (6) $-3\leqq x\leqq 3$
(7) $0<x<3$

81 (1) $2x-3>6$ (2) $\dfrac{x}{3}+2\leqq 5x$
(3) $-5\leqq -5x-4<3$ (4) $60x+150\times 3<1800$

82 (1) $a+3<b+3$ (2) $a-5<b-5$
(3) $4a<4b$ (4) $-5a>-5b$
(5) $\dfrac{a}{5}<\dfrac{b}{5}$ (6) $-\dfrac{a}{5}>-\dfrac{b}{5}$
(7) $2a-1<2b-1$ (8) $1-3a>1-3b$

83 (1)

(2) 5 x

(3) 1 x

(4) −2 x

84 (1) $x>3$ (2) $x<7$
(3) $x\leqq -2$ (4) $x\geqq 6$
(5) $x>-5$ (6) $x\leqq 0$

85 (1) $x>2$ (2) $x<5$
(3) $x\leqq \dfrac{7}{4}$ (4) $x\geqq -\dfrac{1}{2}$
(5) $x\geqq -1$ (6) $x\leqq \dfrac{3}{2}$

86 (1) $x>2$ (2) $x\leqq -1$
(3) $x>-2$ (4) $x\leqq 3$
(5) $x\geqq \dfrac{7}{2}$ (6) $x>1$
(7) $x\geqq \dfrac{15}{4}$ (8) $x>\dfrac{3}{2}$

87 (1) $x<\dfrac{6}{5}$ (2) $x\leqq \dfrac{1}{9}$
(3) $x>\dfrac{10}{7}$ (4) $x>\dfrac{19}{7}$
(5) $x>\dfrac{14}{3}$ (6) $x\leqq 5$

88 (1) $x\leqq -2$ (2) $x\geqq \dfrac{26}{3}$
(3) $x<\dfrac{3}{7}$ (4) $x<-\dfrac{13}{4}$
(5) $x>\dfrac{5}{2}$ (6) $x\geqq \dfrac{27}{28}$
(7) $x<-\dfrac{7}{2}$ (8) $x\leqq -1$

89 (1) 1 (2) 4個

90 (1) $1<x<6$ (2) $-4<x<3$
(3) $\dfrac{1}{2}\leqq x\leqq 7$ (4) $-4<x<-2$

91 (1) $x<-2$ (2) $x\geqq -2$
(3) $x\geqq 6$ (4) $-5\leqq x<\dfrac{6}{5}$

92 (1) $-1\leqq x\leqq 2$ (2) $-1<x<2$
(3) $x\geqq 1$ (4) $-1<x\leqq 6$

93 (1) $-7\leqq x\leqq -2$
(2) $x<3$

94 (1) 130円のりんごを11個，90円のりんごを4個
(2) 5冊まで

95 (1) $x=-2,\ -1,\ 0$
(2) $x=-1,\ 0,\ 1$
(3) $x=-4,\ -3$

96 $\frac{17}{3} \leqq x < 7$

97 600 g 以上

98 (1) $x = \pm 5$　(2) $x = \pm 7$
(3) $-6 < x < 6$　(4) $x < -2,\ 2 < x$

99 (1) $x = 7,\ -1$　(2) $x = -3,\ -9$
(3) $x = 5,\ -1$　(4) $x = -2,\ 6$
(5) $-7 \leqq x \leqq 1$　(6) $x < -4,\ 6 < x$

100 (1) $x = 1$　(2) $x = 3$

101 (1) $3 \in A$　(2) $6 \notin A$　(3) $11 \notin A$

102 (1) $A = \{1,\ 2,\ 3,\ 4,\ 6,\ 12\}$
(2) $B = \{-2,\ -1,\ 0,\ 1,\ \cdots\cdots\}$

103 (1) $A \subset B$　(2) $A = B$
(3) $A \supset B$

104 (1) $\varnothing$, $\{3\}$, $\{5\}$, $\{3,\ 5\}$
(2) $\varnothing$, $\{2\}$, $\{4\}$, $\{6\}$, $\{2,\ 4\}$, $\{2,\ 6\}$, $\{4,\ 6\}$, $\{2,\ 4,\ 6\}$
(3) $\varnothing$, $\{a\}$, $\{b\}$, $\{c\}$, $\{d\}$, $\{a,\ b\}$, $\{a,\ c\}$, $\{a,\ d\}$, $\{b,\ c\}$, $\{b,\ d\}$, $\{c,\ d\}$, $\{a,\ b,\ c\}$, $\{a,\ b,\ d\}$, $\{a,\ c,\ d\}$, $\{b,\ c,\ d\}$, $\{a,\ b,\ c,\ d\}$

105 (1) $\{3,\ 5,\ 7\}$　(2) $\{1,\ 2,\ 3,\ 5,\ 7\}$
(3) $\{2,\ 3,\ 4,\ 5,\ 7\}$　(4) $\varnothing$

106 (1) $A \cap B = \{x \mid -1 < x < 4,\ x$ は実数$\}$
(2) $A \cup B = \{x \mid -3 < x < 6,\ x$ は実数$\}$

107 (1) $\{7,\ 8,\ 9,\ 10\}$
(2) $\{1,\ 2,\ 3,\ 4,\ 9,\ 10\}$

108 (1) $\{2,\ 4,\ 5,\ 6,\ 7,\ 8,\ 9,\ 10\}$
(2) $\{4,\ 8,\ 10\}$
(3) $\{1,\ 2,\ 3,\ 4,\ 6,\ 8,\ 10\}$
(4) $\{5,\ 7,\ 9\}$

109 (1) $A = \{2,\ 4,\ 6,\ 8,\ 10,\ 12,\ 14,\ 16,\ 18\}$
(2) $A = \{0,\ 1,\ 4\}$

110 (1) $A \cap B = \{4,\ 8\}$
$A \cup B = \{2,\ 4,\ 6,\ 8\}$
(2) $A \cap B = \varnothing$
$A \cup B = \{2,\ 3,\ 5,\ 6,\ 8,\ 9,\ 11,\ 12,\ 14,\ 15,\ 17,\ 18\}$

111 (1) $\{10,\ 11,\ 13,\ 14,\ 16,\ 17,\ 19,\ 20\}$
(2) $\{15\}$
(3) $\{10,\ 20\}$
(4) $\{10,\ 11,\ 12,\ 13,\ 14,\ 16,\ 17,\ 18,\ 19,\ 20\}$

112 $a = 3$

113 $a = 5$

114 $A = \{2,\ 3,\ 4,\ 7\}$
$B = \{3,\ 4,\ 7,\ 9\}$

115 (1) 真の命題　(2) 偽の命題
(3) 命題といえない　(4) 真の命題

116 (1) 真
(2) 真
(3) 偽　反例　$x = 0$

117 (1) 偽　反例　$n = 3$
(2) 真
(3) 偽　反例　$n = 1$

118 (1) 十分条件　(2) 必要条件
(3) 必要十分条件　(4) 十分条件

119 (1) $x \fallingdotseq 5$　(2) $x = -1$
(3) $x < 0$　(4) $x \geqq -2$

120 (1)「$x \geqq 4$ または $y > 2$」
(2)「$x \leqq -3$ または $2 \leqq x$」
(3)「$2 < x \leqq 5$」
(4)「$x \geqq -2$」

121 (1) 必要十分条件
(2) 必要条件

122 (1) 必要十分条件　(2) 必要十分条件
(3) 十分条件　(4) 必要条件
(5) 必要条件

123 (1) **偽**

逆：「$\boldsymbol{x=4 \Longrightarrow x^2=16}$」…**真**

裏：「$\boldsymbol{x^2 \neq 16 \Longrightarrow x \neq 4}$」…**真**

対偶：「$\boldsymbol{x \neq 4 \Longrightarrow x^2 \neq 16}$」…**偽**

(2) **偽**

逆：「$\boldsymbol{x<5 \Longrightarrow x>-1}$」…**偽**

裏：「$\boldsymbol{x \leqq -1 \Longrightarrow x \geqq 5}$」…**偽**

対偶：「$\boldsymbol{x \geqq 5 \Longrightarrow x \leqq -1}$」…**偽**

124 (1) 与えられた命題の対偶「n が 3 の倍数でないならば n^2 は 3 の倍数でない」を証明する。

n が 3 の倍数でないとき，ある整数 k を用いて

$n=3k+1$ または $n=3k+2$

と表される。

(i) $n=3k+1$ のとき

$$n^2=(3k+1)^2=9k^2+6k+1$$
$$=3(3k^2+2k)+1$$

(ii) $n=3k+2$ のとき

$$n^2=(3k+2)^2=9k^2+12k+4$$
$$=3(3k^2+4k+1)+1$$

(i), (ii)において，$3k^2+2k$，$3k^2+4k+1$ は整数であるから，いずれの場合も n^2 は 3 の倍数でない。

よって，対偶が真であるから，もとの命題も真である。

(2) 与えられた命題の対偶「m も n も奇数ならば，$m+n$ は偶数である」を証明する。

m も n も奇数のとき，ある整数 k，l を用いて

$m=2k+1$，$n=2l+1$

と表される。ゆえに

$$m+n=(2k+1)+(2l+1)$$
$$=2k+2l+2=2(k+l+1)$$

ここで，$k+l+1$ は整数であるから，$m+n$ は偶数である。

よって，対偶が真であるから，もとの命題も真である。

125 $3+2\sqrt{2}$ が無理数でない，すなわち

$3+2\sqrt{2}$ は有理数である

と仮定する。

そこで，r を有理数として

$$3+2\sqrt{2}=r$$

とおくと

$$\sqrt{2}=\frac{r-3}{2} \quad \cdots\cdots①$$

r は有理数であるから，$\dfrac{r-3}{2}$ は有理数であり，

等式①は，$\sqrt{2}$ が無理数であることに矛盾する。

よって，$3+2\sqrt{2}$ は無理数である。

126 **真**

逆：「$\boldsymbol{x>1}$ **または** $\boldsymbol{y>1 \Longrightarrow x+y>2}$」…**偽**

(反例 $x=3$，$y=-2$)

裏：「$\boldsymbol{x+y \leqq 2 \Longrightarrow x \leqq 1}$ **かつ** $\boldsymbol{y \leqq 1}$」…**偽**

(反例 $x=3$，$y=-1$)

対偶：「$\boldsymbol{x \leqq 1}$ **かつ** $\boldsymbol{y \leqq 1 \Longrightarrow x+y \leqq 2}$」…**真**

127 与えられた命題の対偶をとると

「m，n がともに奇数ならば，mn は奇数である」

であるから，これを証明すればよい。

m，n が奇数であるとき，ある整数 k，l を用いて

$m=2k+1$，$n=2l+1$ (k，l は整数)

と表される。

ゆえに

$$mn=(2k+1)(2l+1)$$
$$=4kl+2k+2l+1$$
$$=2(2kl+k+l)+1$$

ここで，$2kl+k+l$ は整数であるから，mn は奇数である。

よって，対偶が真であるから，与えられた命題も真である。

128 $\sqrt{3}$ が無理数でない，すなわち $\sqrt{3}$ が有理数であると仮定すると，$\sqrt{3}$ は 1 以外に公約数をもたない 2 つの自然数 m，n を用いて，次のように表される。

$$\sqrt{3}=\frac{m}{n} \quad \cdots\cdots①$$

①より $\sqrt{3}n=m$

両辺を 2 乗すると $3n^2=m^2$ ……②

②より，m^2 は 3 の倍数であるから，m も 3 の倍数である。

よって，m は，ある自然数 k を用いて $m=3k$ と表され，これを②に代入すると

$3n^2=(3k)^2=9k^2$ すなわち $n^2=3k^2$ ……③

③より，n^2 が 3 の倍数であるから，n も 3 の倍数である。

以上のことから，m，n はともに 3 の倍数となり，m，n が 1 以外の公約数をもたないことに矛盾する。

したがって，$\sqrt{3}$ は有理数でない。

すなわち，$\sqrt{3}$ は無理数である。

129 (1) $b \neq 0$ と仮定する。

$a+\sqrt{2}b=0$ より　$\sqrt{2}=-\dfrac{a}{b}$

a，b は有理数なので $-\dfrac{a}{b}$ も有理数となり，

$\sqrt{2}$ が無理数であることに矛盾する。

よって　$b=0$

これを $a+\sqrt{2}b=0$ に代入すると

$a=0$

したがって

$a+\sqrt{2}b=0 \Longrightarrow a=b=0$

(2) $\boldsymbol{p=3,\ q=-1}$

130 (1) $\boldsymbol{y=3x}$　(2) $\boldsymbol{y=50x+500}$

131 (1) **6**　(2) **21**

(3) **3**　(4) $\boldsymbol{2a^2-5a+3}$

(5) $\boldsymbol{8a^2+10a+3}$　(6) $\boldsymbol{2a^2-a}$

132

(1)

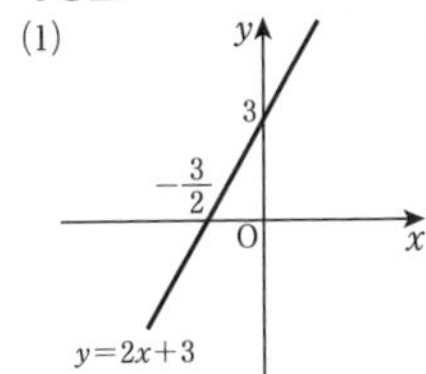

(2)

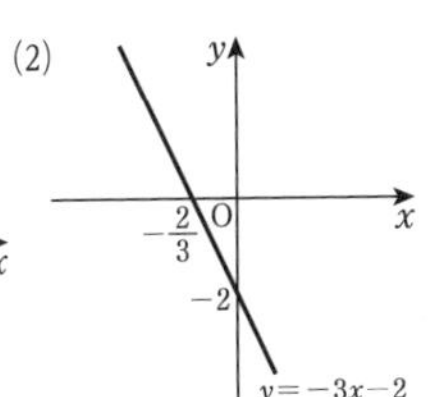

(3)

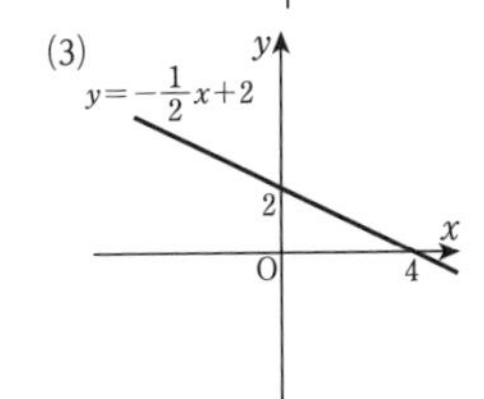

133 (1)

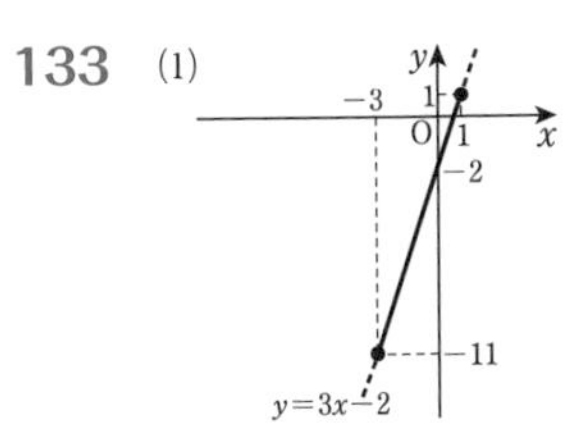

(2) $\boldsymbol{-11 \leqq y \leqq 1}$

(3) $x=1$ のとき **最大値 1**

$x=-3$ のとき **最小値 −11**

134 (1) 値域は $\boldsymbol{-9 \leqq y \leqq 1}$

$x=3$ のとき **最大値 1**

$x=-2$ のとき **最小値 −9**

(2) 値域は $\boldsymbol{-2 \leqq y \leqq 0}$

$x=-3$ のとき **最大値 0**

$x=-5$ のとき **最小値 −2**

(3) 値域は $\boldsymbol{-1 \leqq y \leqq 2}$

$x=2$ のとき **最大値 2**

$x=5$ のとき **最小値 −1**

(4) 値域は $\boldsymbol{-4 \leqq y \leqq 11}$

$x=-4$ のとき **最大値 11**

$x=1$ のとき **最小値 −4**

135 (1) $a=2$，$b=1$

(2) $a=-2$，$b=-4$

136 (1) $\boldsymbol{y \geqq -11}$　(2) $\boldsymbol{y \leqq -8}$

137 (1) $a=2$，$b=1$

(2) $a=-\dfrac{1}{2}$，$b=\dfrac{3}{2}$

138

(1)

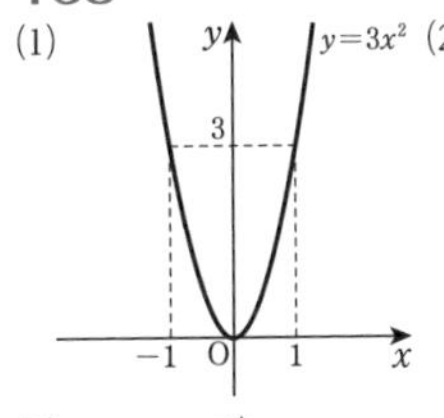

(2)

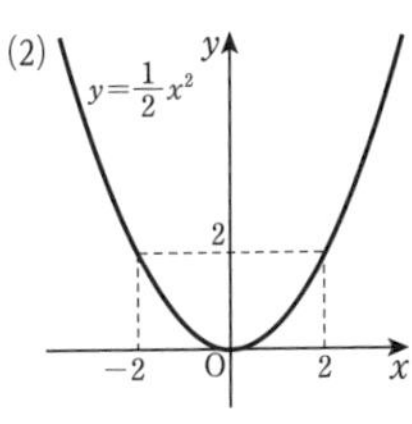

(3)

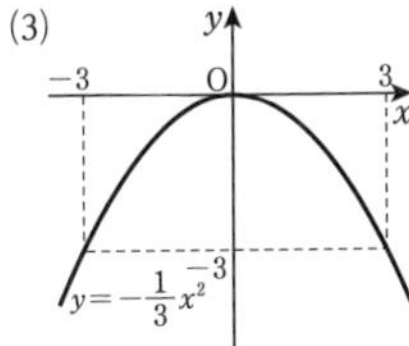

139

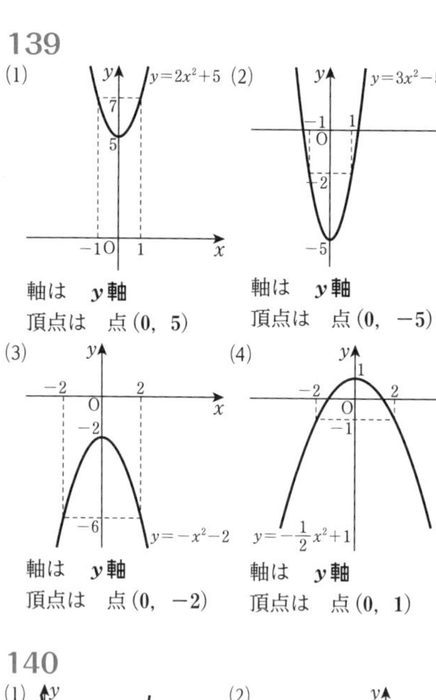

(1) 軸は　**y軸**
頂点は　**点$(0,\ 5)$**

(2) 軸は　**y軸**
頂点は　**点$(0,\ -5)$**

(3) 軸は　**y軸**
頂点は　**点$(0,\ -2)$**

(4) 軸は　**y軸**
頂点は　**点$(0,\ 1)$**

140

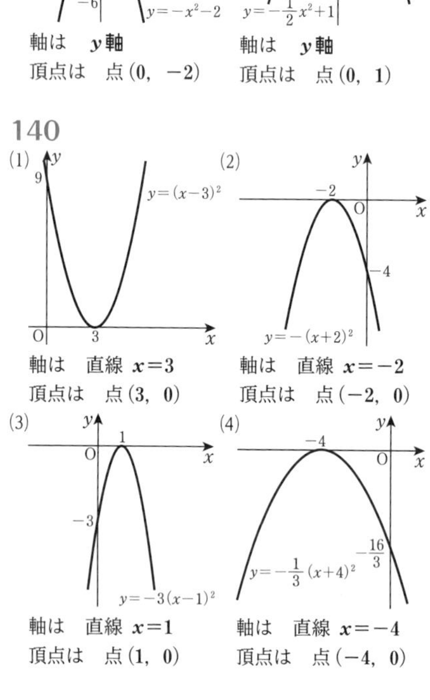

(1) 軸は　**直線$x=3$**
頂点は　**点$(3,\ 0)$**

(2) 軸は　**直線$x=-2$**
頂点は　**点$(-2,\ 0)$**

(3) 軸は　**直線$x=1$**
頂点は　**点$(1,\ 0)$**

(4) 軸は　**直線$x=-4$**
頂点は　**点$(-4,\ 0)$**

141

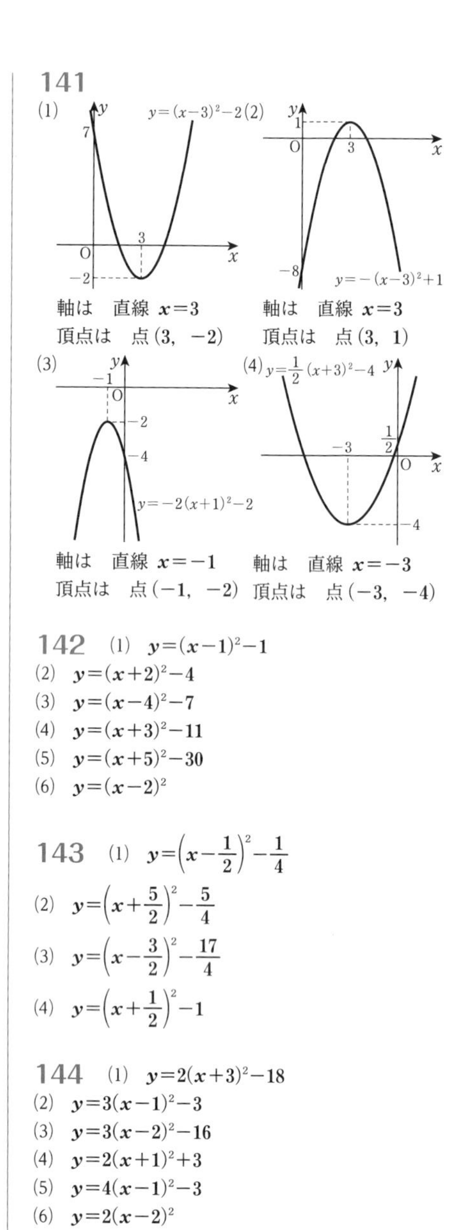

(1) 軸は　**直線$x=3$**
頂点は　**点$(3,\ -2)$**

(2) 軸は　**直線$x=3$**
頂点は　**点$(3,\ 1)$**

(3) 軸は　**直線$x=-1$**
頂点は　**点$(-1,\ -2)$**

(4) 軸は　**直線$x=-3$**
頂点は　**点$(-3,\ -4)$**

142

(1) $\boldsymbol{y=(x-1)^2-1}$
(2) $\boldsymbol{y=(x+2)^2-4}$
(3) $\boldsymbol{y=(x-4)^2-7}$
(4) $\boldsymbol{y=(x+3)^2-11}$
(5) $\boldsymbol{y=(x+5)^2-30}$
(6) $\boldsymbol{y=(x-2)^2}$

143

(1) $\boldsymbol{y=\left(x-\frac{1}{2}\right)^2-\frac{1}{4}}$
(2) $\boldsymbol{y=\left(x+\frac{5}{2}\right)^2-\frac{5}{4}}$
(3) $\boldsymbol{y=\left(x-\frac{3}{2}\right)^2-\frac{17}{4}}$
(4) $\boldsymbol{y=\left(x+\frac{1}{2}\right)^2-1}$

144

(1) $\boldsymbol{y=2(x+3)^2-18}$
(2) $\boldsymbol{y=3(x-1)^2-3}$
(3) $\boldsymbol{y=3(x-2)^2-16}$
(4) $\boldsymbol{y=2(x+1)^2+3}$
(5) $\boldsymbol{y=4(x-1)^2-3}$
(6) $\boldsymbol{y=2(x-2)^2}$

145

(1) $\boldsymbol{y=-(x+2)^2}$
(2) $\boldsymbol{y=-2(x-1)^2+5}$
(3) $\boldsymbol{y=-3(x-2)^2+10}$
(4) $\boldsymbol{y=-4(x+1)^2+1}$

146 (1) 軸は　直線 $x=-3$
頂点は　点 $(-3,\ -2)$

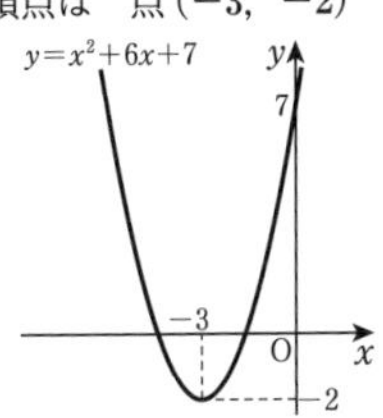

(2) 軸は　直線 $x=1$
頂点は　点 $(1,\ -4)$

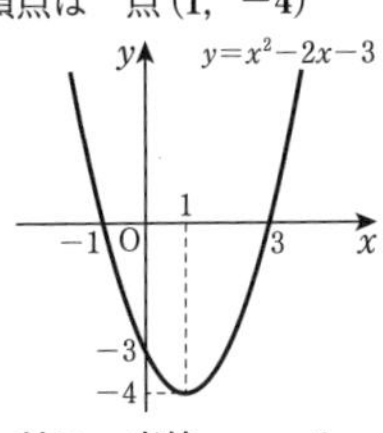

(3) 軸は　直線 $x=-2$
頂点は　点 $(-2,\ -5)$

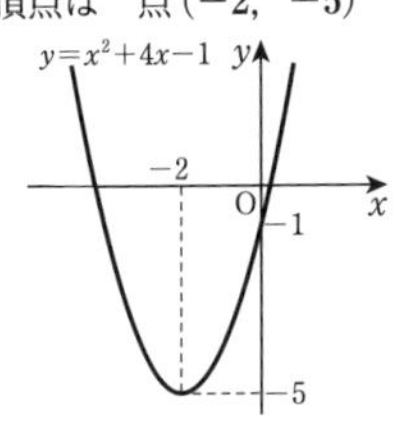

(4) 軸は　直線 $x=4$
頂点は　点 $(4,\ -3)$

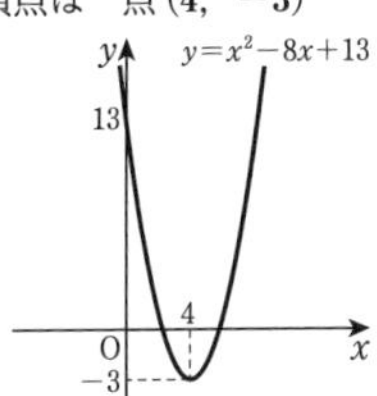

147 (1) 軸は　直線 $x=2$
頂点は　点 $(2,\ -5)$

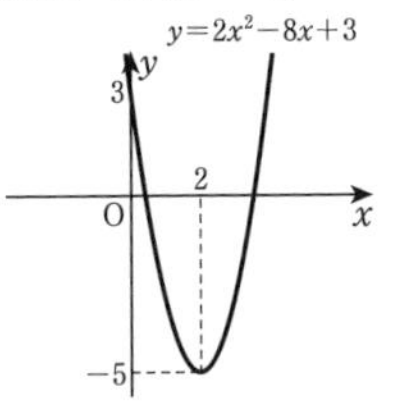

(2) 軸は　直線 $x=-1$
頂点は　点 $(-1,\ 2)$

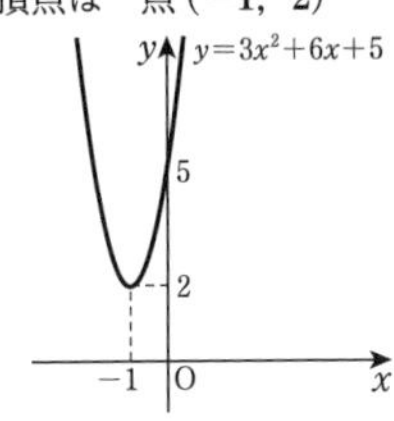

(3) 軸は　直線 $x=-1$
頂点は　点 $(-1,\ 7)$

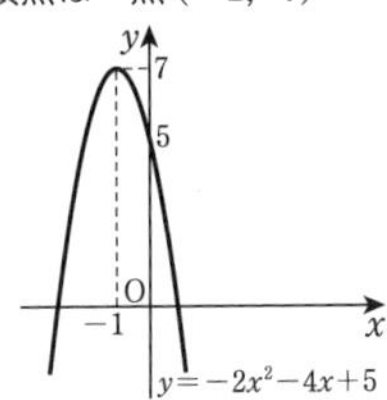

(4) 軸は　直線 $x=2$
頂点は　点 $(2,\ 4)$

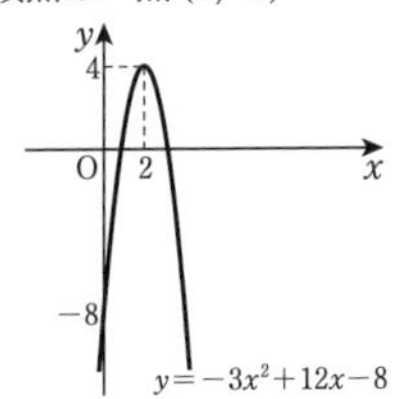

148 (1) 軸は　直線 $x=\frac{1}{2}$

頂点は　点 $\left(\frac{1}{2},\ \frac{5}{2}\right)$

(2) 軸は　直線 $x=-\frac{3}{2}$

頂点は　点 $\left(-\frac{3}{2},\ -\frac{11}{2}\right)$

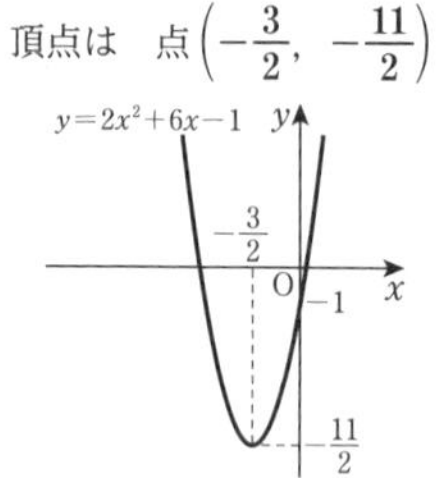

(3) 軸は　直線 $x=-\frac{1}{2}$

頂点は　点 $\left(-\frac{1}{2},\ -\frac{1}{4}\right)$

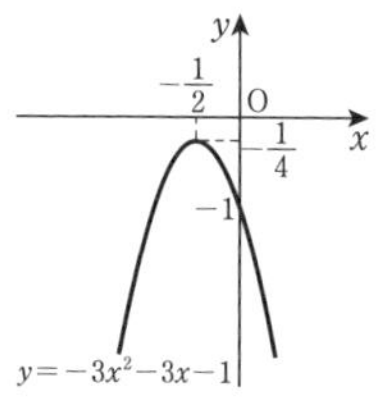

(4) 軸は　直線 $x=\frac{3}{2}$

頂点は　点 $\left(\frac{3}{2},\ \frac{1}{4}\right)$

149 (1) 軸は　直線 $x=-2$

頂点は　点 $(-2,\ -16)$

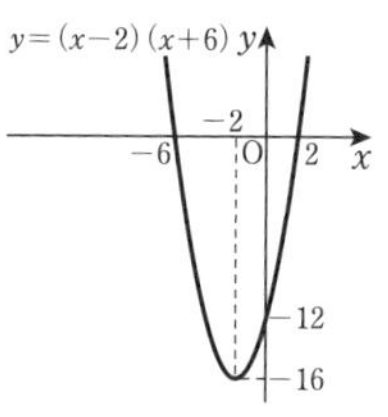

(2) 軸は　直線 $x=-\frac{1}{2}$

頂点は　点 $\left(-\frac{1}{2},\ -\frac{25}{4}\right)$

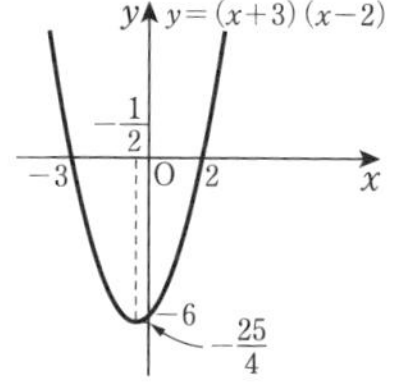

150 (1) 軸は　直線 $x=-1$

頂点は　点 $\left(-1,\ -\frac{7}{2}\right)$

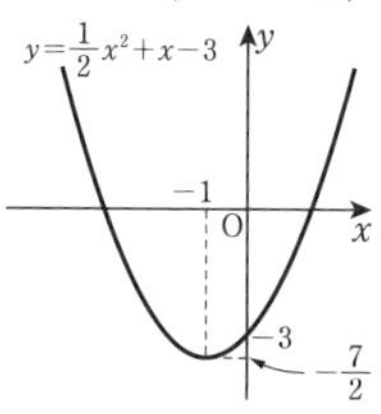

(2) 軸は　直線 $x=-3$

頂点は　点 $(-3,\ -2)$

(3) 軸は　直線 $x=1$

頂点は　点 $(1,\ 1)$

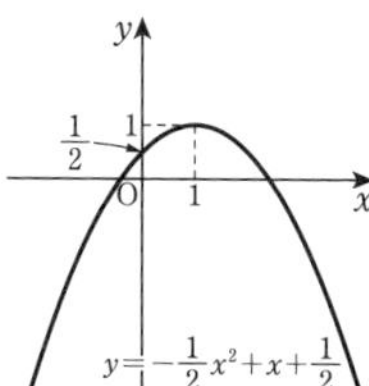

(4) 軸は 直線 $x=-3$
頂点は 点 $(-3,\ 1)$

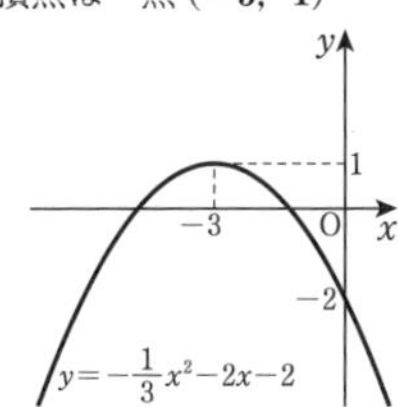

151 x 軸方向に -5, y 軸方向に -1

152 x 軸方向に 3

153 (1) $a=2,\ b=-3$
(2) $a=2,\ b=1$

154 (1) x 軸：$(3,\ -4)$ y 軸：$(-3,\ 4)$
原点：$(-3,\ -4)$
(2) x 軸：$(-2,\ -5)$ y 軸：$(2,\ 5)$ 原点：$(2,\ -5)$
(3) x 軸：$(-4,\ 2)$ y 軸：$(4,\ -2)$ 原点：$(4,\ 2)$
(4) x 軸：$(5,\ 3)$ y 軸：$(-5,\ -3)$ 原点：$(-5,\ 3)$

155 (1) $y=x^2-x-3$
(2) $y=2x^2+5x+2$

156 (1) x 軸：$y=-x^2-2x+3$
y 軸：$y=x^2-2x-3$
原点：$y=-x^2+2x+3$
(2) x 軸：$y=2x^2+x-5$
y 軸：$y=-2x^2+x+5$
原点：$y=2x^2-x-5$

157 (1) $x=-2$ のとき **最小値** -5
最大値はない。
(2) $x=3$ のとき **最大値** 5 **最小値はない。**
(3) $x=-4$ のとき **最大値** -2 **最小値はない。**
(4) $x=1$ のとき **最小値** -4 **最大値はない。**

158 (1) $x=2$ のとき **最小値** -3
最大値はない。
(2) $x=-3$ のとき **最小値** -11
最大値はない。
(3) $x=-4$ のとき **最大値** 20 **最小値はない。**
(4) $x=1$ のとき **最大値** -2 **最小値はない。**

159 (1) $x=2$ のとき **最大値** 8
$x=1$ のとき **最小値** 2
(2) $x=-4$ のとき **最大値** 16
$x=0$ のとき **最小値** 0
(3) $x=-3$ のとき **最大値** 27
$x=-1$ のとき **最小値** 3
(4) $x=-1$ のとき **最大値** -1
$x=-3$ のとき **最小値** -9
(5) $x=1$ のとき **最大値** -2
$x=4$ のとき **最小値** -32
(6) $x=0$ のとき **最大値** 0
$x=-2$ のとき **最小値** -12

160
(1) $x=3$ のとき **最大値** 12
$x=1$ のとき **最小値** 0
(2) $x=1$ のとき **最大値** 4
$x=-2$ のとき **最小値** -11
(3) $x=-1$ のとき **最大値** 4
$x=2$ のとき **最小値** -5
(4) $x=0$ のとき **最大値** 7
$x=2$ のとき **最小値** -1
(5) $x=-2$ のとき **最大値** 1
$x=2$ のとき **最小値** -15
(6) $x=1$ のとき **最大値** 1
$x=-1,\ 3$ のとき **最小値** -7

161 (1) $x=-\frac{5}{2}$ のとき **最小値** $-\frac{37}{4}$
最大値はない。
(2) $x=\frac{3}{2}$ のとき **最小値** $-\frac{3}{2}$
最大値はない。
(3) $x=-\frac{1}{2}$ のとき **最大値** $\frac{9}{4}$
最小値はない。
(4) $x=3$ のとき **最小値** $-\frac{5}{2}$
最大値はない。

162 (1) $x=4$ のとき **最大値** 5
$x=1$ のとき **最小値** -4
(2) $x=1$ のとき **最大値** 15
最小値はない。
(3) $x=-1$ のとき **最大値** -11
最小値はない。

(4) $x=-1$ のとき **最大値** $-\frac{3}{2}$

$x=2$ のとき **最大値** -6

163 1辺が9mの正方形

164 5000

165 150円

166 $c=-3$

167 $c=-10$

168 (1) $1<a<3$

$x=1$ のとき **最大値** -8

$x=a$ のとき **最小値** a^2-6a-3

(2) $3 \leqq a<5$

$x=1$ のとき **最大値** -8

$x=3$ のとき **最小値** -12

(3) $a \geqq 5$

$x=a$ のとき **最大値** a^2-6a-3

$x=3$ のとき **最小値** -12

169 $0<a<3$ のとき

$x=a$ で **最小値** a^2-6a+4

$a \geqq 3$ のとき $x=3$ で **最小値** -5

170 $0<a<2$ のとき

$x=a$ で **最大値** $-a^2+4a+2$

$a \geqq 2$ のとき $x=2$ で **最大値** 6

171 $a<0$ のとき $x=0$ で **最小値** 3

$0 \leqq a \leqq \frac{1}{2}$ のとき $x=2a$ で **最小値** $-4a^2+3$

$a>\frac{1}{2}$ のとき $x=1$ で **最小値** $4-4a$

172 (1) $x=a+2$ のとき a^2+2a

(2) $x=1$ のとき -1

(3) $x=a$ のとき a^2-2a

173 (1) $x=a+2$ のとき $-a^2-6a-8$

(2) $x=-1$ のとき 1

(3) $x=a$ のとき $-a^2-2a$

174 (1) $y=-2(x+3)^2+5$

(2) $y=(x-2)^2-4$

175 (1) $y=2(x-3)^2-10$

(2) $y=2(x+1)^2-1$

176 (1) $y=x^2+2x-1$

(2) $y=-2x^2+4x+2$

177 (1) $y=2(x-2)^2-3$

(2) $y=-\frac{1}{2}(x+1)^2+4$

178 $y=-(x-2)^2+12$

179 (1) $y=x^2-4x+1$

(2) $y=(x-2)^2+3$

180 (1) $x=1,\ y=-3,\ z=5$

(2) $x=2,\ y=-1,\ z=1$

181 (1) $y=2x^2$

(2) $y=x^2-2x-1$

(3) $y=x^2-2x+3$

182 $m=\frac{3}{2},\ -\frac{1}{2}$

183 (1) $c=-2b+3$

(2) $\begin{cases} b=0 \\ c=3 \end{cases}$ $\begin{cases} b=-3 \\ c=9 \end{cases}$

184 $y=-(x+4)(x-2)$

185 (1) $x=-1,\ 2$

(2) $x=-\frac{1}{2},\ \frac{2}{3}$

(3) $x=-3,\ 1$

(4) $x=3,\ 4$

(5) $x=-5,\ 5$

(6) $x=0,\ -4$

186 (1) $x=\frac{-3\pm\sqrt{5}}{2}$

(2) $x=\frac{5\pm\sqrt{13}}{2}$

(3) $x=\frac{5\pm\sqrt{37}}{6}$

(4) $x=\frac{-4\pm\sqrt{10}}{3}$

(5) $x=-3\pm\sqrt{17}$

(6) $x=-\frac{1}{2},\ \frac{4}{3}$

187 (1) 2個 (2) 0個
(3) 2個 (4) 1個

188 $m>-\frac{4}{3}$

189 $m=-\frac{1}{2},\ 3$

$m=-\frac{1}{2}$ のとき $x=\frac{1}{2}$
$m=3$ のとき $x=-3$

190 (1) $-2,\ -3$
(2) $-1,\ 4$
(3) $3,\ 4$
(4) $-2,\ -4$

191 (1) 2個 (2) 1個
(3) 2個 (4) 0個
(5) 2個 (6) 0個

192 (1) $m>-2$ (2) $m<-\frac{2}{3}$

193 $m=2\pm2\sqrt{5}$

194 (1) $\frac{1}{2}$ (2) $\frac{\sqrt{61}}{3}$

195 $m<2$ のとき 2個
$m=2$ のとき 1個
$m>2$ のとき 0個

196 (1) $a>0,\ b>0,\ c<0,\ b^2-4ac>0,$
$a+b+c>0,\ a-b+c<0$
(2) $a<0,\ b<0,\ c<0,\ b^2-4ac>0,$
$a+b+c<0,\ a-b+c>0$

197
(1) $(-1+\sqrt{5},\ 1+2\sqrt{5}),\ (-1-\sqrt{5},\ 1-2\sqrt{5})$
(2) $(2,\ 3)$

198 $\left(\frac{1}{2},\ -\frac{3}{4}\right),\ (1,\ -1)$

199 (1) $x<5$ (2) $x\leqq\frac{5}{2}$

200 (1) $3<x<5$ (2) $-2\leqq x\leqq1$
(3) $x<-3,\ 2<x$ (4) $x\leqq-4,\ 0\leqq x$
(5) $-5<x<8$ (6) $x\leqq2,\ 5\leqq x$
(7) $x<-4,\ 4<x$ (8) $-1<x<0$

201 (1) $-\frac{2}{3}<x<\frac{1}{2}$

(2) $x\leqq-\frac{3}{5},\ \frac{3}{2}\leqq x$

(3) $x<-\frac{1}{2},\ 3<x$

(4) $1\leqq x\leqq\frac{4}{3}$

(5) $-\frac{2}{3}<x<\frac{1}{2}$

(6) $x\leqq-\frac{3}{5},\ \frac{3}{2}\leqq x$

202 (1) $x\leqq1-\sqrt{5},\ 1+\sqrt{5}\leqq x$

(2) $\frac{-5-\sqrt{13}}{2}\leqq x\leqq\frac{-5+\sqrt{13}}{2}$

(3) $x<\frac{1-\sqrt{17}}{4},\ \frac{1+\sqrt{17}}{4}<x$

(4) $\frac{-1-\sqrt{7}}{3}<x<\frac{-1+\sqrt{7}}{3}$

203 (1) $x<-4,\ 2<x$

(2) $-1\leqq x\leqq\frac{3}{2}$

(3) $x\leqq2-\sqrt{3},\ 2+\sqrt{3}\leqq x$

(4) $\frac{-1-\sqrt{33}}{4}<x<\frac{-1+\sqrt{33}}{4}$

204 (1) $x=2$ 以外のすべての実数

(2) $x=-\frac{3}{2}$

(3) 解は **ない**

(4) **すべての実数**

(5) $x=-\dfrac{1}{3}$

(6) $x=\dfrac{3}{2}$ **以外のすべての実数**

205 (1) **すべての実数**

(2) 解は **ない**

(3) **すべての実数**

(4) **すべての実数**

206 (1) $-3<x<1$

(2) $-\dfrac{3}{2}<x<1$

(3) $x \leqq 1,\ 3 \leqq x$

(4) $\dfrac{-3-\sqrt{13}}{2}<x<\dfrac{-3+\sqrt{13}}{2}$

207 (1) $x \leqq -4$ (2) $-2 \leqq x<\dfrac{7}{2}$

208 (1) $-5 \leqq x<-2$

(2) $x<-2,\ 3<x$

(3) $-3 \leqq x<-2$

(4) $-2<x<0,\ 2<x<3$

209 (1) $-2 \leqq x<-1,\ 4<x \leqq 5$

(2) $-1<x \leqq 1$

210 **1 m 以下**

211 (1) $x=-2,\ -1,\ 0,\ 1,\ 2,\ 3$

(2) $x=0,\ 1,\ 2,\ 3,\ 4$

212 $m<\dfrac{3}{4},\ 2<m$

213 $-2<m<10$

214 $m<-1$

215 $-3<m<-2$

216 (1)

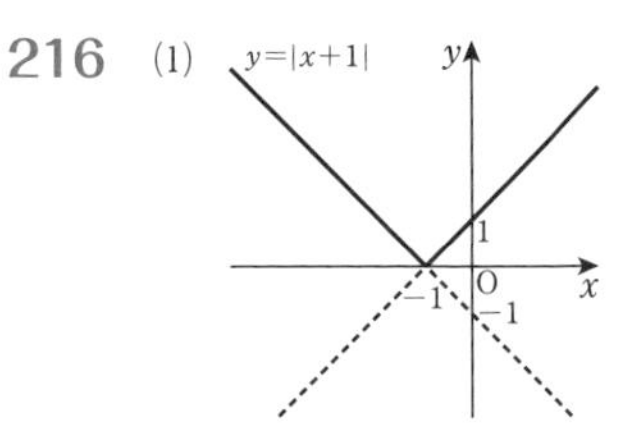

(2)

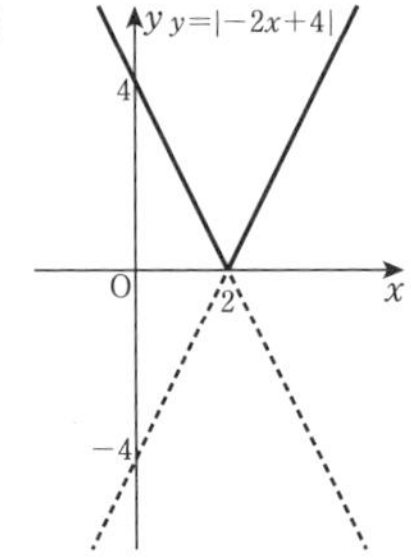

217 (1)

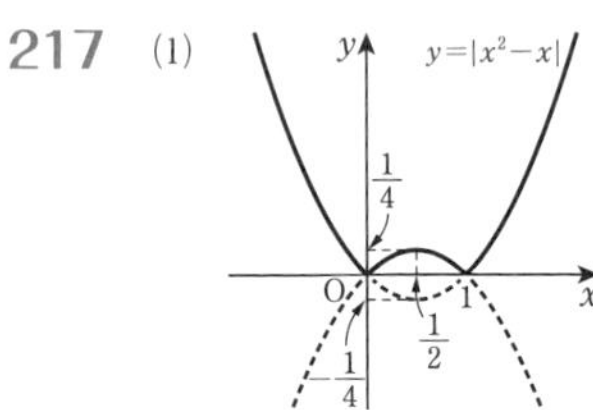

(2)

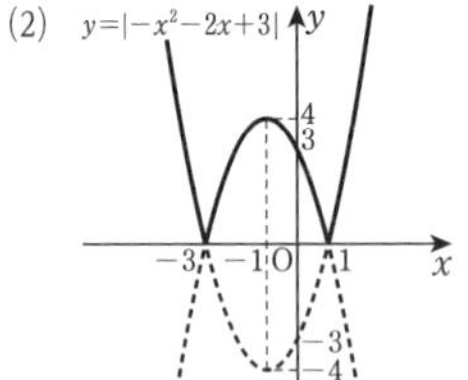

218 (1) $\sin A=\dfrac{4}{5},\ \cos A=\dfrac{3}{5},\ \tan A=\dfrac{4}{3}$

(2) $\sin A=\dfrac{3}{\sqrt{10}},\ \cos A=\dfrac{1}{\sqrt{10}},\ \tan A=3$

(3) $\sin A=\dfrac{\sqrt{5}}{3},\ \cos A=\dfrac{2}{3},\ \tan A=\dfrac{\sqrt{5}}{2}$

219 (1) $\sin A=\dfrac{1}{\sqrt{10}},\ \cos A=\dfrac{3}{\sqrt{10}},$

$\tan A=\dfrac{1}{3}$

(2) $\sin A=\dfrac{2}{\sqrt{5}},\ \cos A=\dfrac{1}{\sqrt{5}},\ \tan A=2$

(3) $\sin A=\frac{\sqrt{11}}{6}$, $\cos A=\frac{5}{6}$, $\tan A=\frac{\sqrt{11}}{5}$

220 (1) **0.6293** (2) **0.8988**
(3) **2.7475**

221 (1) **49°** (2) **37°** (3) **63°**

222 (1) $x=2\sqrt{3}$, $y=2$
(2) $x=3\sqrt{2}$, $y=3$
(3) $x=4$, $y=2\sqrt{3}$

223 標高差は **1939 m**, 水平距離は **3498 m**

224 **10.9 m**

225 (1) **24°** (2) **31°**

226 **14°**

227 $50\sqrt{3}$ **m**

228 **15.3 m**

229 **46°**

230 (1) $1+\sqrt{5}$ (2) $\frac{\sqrt{5}-1}{4}$
(3) $\frac{\sqrt{5}+1}{4}$

231 (1) $\cos A=\frac{5}{13}$, $\tan A=\frac{12}{5}$
(2) $\cos A=\frac{\sqrt{6}}{3}$, $\tan A=\frac{1}{\sqrt{2}}$
(3) $\cos A=\frac{1}{\sqrt{5}}$, $\tan A=2$

232 (1) $\sin A=\frac{\sqrt{7}}{4}$, $\tan A=\frac{\sqrt{7}}{3}$
(2) $\sin A=\frac{2\sqrt{6}}{7}$, $\tan A=\frac{2\sqrt{6}}{5}$
(3) $\sin A=\frac{\sqrt{6}}{3}$, $\tan A=\sqrt{2}$

233 (1) $\cos 3°$ (2) $\sin 16°$
(3) $\frac{1}{\tan 25°}$ (4) $\tan 5°$

234 (1) $\cos A=\frac{1}{\sqrt{6}}$, $\sin A=\frac{\sqrt{30}}{6}$
(2) $\cos A=\frac{2}{\sqrt{5}}$, $\sin A=\frac{1}{\sqrt{5}}$

235 (1) **1** (2) **1**
(3) **1** (4) **−1**

236 (1) $\sin 120°=\frac{\sqrt{3}}{2}$, $\cos 120°=-\frac{1}{2}$,
$\tan 120°=-\sqrt{3}$
(2) $\sin 135°=\frac{1}{\sqrt{2}}$, $\cos 135°=-\frac{1}{\sqrt{2}}$,
$\tan 135°=-1$
(3) $\sin 150°=\frac{1}{2}$, $\cos 150°=-\frac{\sqrt{3}}{2}$,
$\tan 150°=-\frac{1}{\sqrt{3}}$
(4) $\sin 180°=0$, $\cos 180°=-1$, $\tan 180°=0$

237 (1) $\sin 50°=0.7660$
(2) $-\cos 75°=-0.2588$
(3) $-\tan 12°=-0.2126$

238 (1) $\theta=45°$, $135°$
(2) $\theta=30°$
(3) $\theta=0°$, $180°$
(4) $\theta=180°$

239 (1) $\cos\theta=-\frac{\sqrt{15}}{4}$, $\tan\theta=-\frac{1}{\sqrt{15}}$
(2) $\sin\theta=\frac{5}{13}$, $\tan\theta=-\frac{5}{12}$

240 (1) $\theta=30°$ (2) $\theta=0°$, $180°$
(3) $\theta=150°$

241 (1) $\theta=60°$, $120°$
(2) $\theta=45°$

242 $\cos\theta=-\frac{2\sqrt{5}}{5}$, $\sin\theta=\frac{\sqrt{5}}{5}$

243 (1) **0** (2) **2**
(3) **−1** (4) **1**

244 (1) $\begin{cases}\cos\theta=\frac{2\sqrt{6}}{5}\\ \tan\theta=\frac{\sqrt{6}}{12}\end{cases}$ $\begin{cases}\cos\theta=-\frac{2\sqrt{6}}{5}\\ \tan\theta=-\frac{\sqrt{6}}{12}\end{cases}$
(2) $\sin\theta=\frac{2\sqrt{5}}{5}$, $\tan\theta=2$

245 (1) $\theta=0°,\ 45°,\ 135°,\ 180°$
(2) $\theta=120°,\ 180°$

246 (1) $0°\leqq\theta\leqq30°,\ 150°\leqq\theta\leqq180°$
(2) $0°\leqq\theta<45°$

247 (1) 0 (2) 1
(3) 5 (4) 1
(5) 2

248 (1) $-\dfrac{3}{8}$ (2) $\dfrac{\sqrt{7}}{2}$ (3) $-\dfrac{8}{3}$

249 (1) $m=\dfrac{1}{\sqrt{3}}$ (2) $m=1$
(3) $m=-\sqrt{3}$

250 (1) $\dfrac{5\sqrt{2}}{2}$ (2) $\sqrt{3}$

251 (1) $12\sqrt{2}$ (2) $\dfrac{4\sqrt{6}}{3}$

252 (1) $\sqrt{7}$ (2) $\sqrt{37}$ (3) $\sqrt{6}$

253 (1) $\cos A=-\dfrac{1}{2},\ A=120°$
(2) $\cos B=\dfrac{1}{\sqrt{2}},\ B=45°$
(3) $\cos C=0,\ C=90°$

254 (1) **鈍角** (2) **鋭角** (3) **直角**

255 (1) $b=2,\ A=30°,\ C=15°$
(2) $a=2,\ B=120°,\ C=15°$
(3) $b=\sqrt{2},\ A=90°,\ B=30°$

256 (1) $\sqrt{13}$ (2) 3

257 (1) $\dfrac{7}{8}$ (2) $x=\sqrt{10}$

258 (1) $B=30°$ (2) $A=30°,\ 150°$

259 $C=135°,\ R=\dfrac{\sqrt{10}}{2}$

260 (1) $B=45°,\ R=1$
(2) $C=30°,\ R=2$

261 60°

262 (1) $\sqrt{3}-1$ (2) $\dfrac{\sqrt{6}-\sqrt{2}}{4}$

263 (1) $c=2\sqrt{2},\ a=\sqrt{2}+\sqrt{6}$
(2) $\dfrac{\sqrt{6}+\sqrt{2}}{4}$

264 **BC=CA の二等辺三角形**

265 (1) 正弦定理

$$\frac{a}{\sin A}=\frac{b}{\sin B}=\frac{c}{\sin C}=2R$$

(ただし，R は△ABC の外接円の半径)

より

$$\sin A=\frac{a}{2R},\ \sin B=\frac{b}{2R},\ \sin C=\frac{c}{2R}$$

である。

$$a(\sin B+\sin C)=a\left(\frac{b}{2R}+\frac{c}{2R}\right)$$
$$=\frac{a}{2R}(b+c)$$

$$(b+c)\sin A=(b+c)\times\frac{a}{2R}$$
$$=\frac{a}{2R}(b+c)$$

よって

$$a(\sin B+\sin C)=(b+c)\sin A$$

(2) 正弦定理

$$\frac{a}{\sin A}=\frac{b}{\sin B}=2R$$

(ただし，R は△ABC の外接円の半径)

より

$$\sin A=\frac{a}{2R},\ \sin B=\frac{b}{2R}$$

余弦定理より

$$\cos A=\frac{b^2+c^2-a^2}{2bc},\ \cos B=\frac{c^2+a^2-b^2}{2ca}$$

であるから

$$\frac{a-c\cos B}{b-c\cos A}$$
$$=\left(a-c\times\frac{c^2+a^2-b^2}{2ca}\right)\div\left(b-c\times\frac{b^2+c^2-a^2}{2bc}\right)$$

$$=\frac{2a^2-(c^2+a^2-b^2)}{2a}\div\frac{2b^2-(b^2+c^2-a^2)}{2b}$$

$$=\frac{a^2+b^2-c^2}{2a}\times\frac{2b}{a^2+b^2-c^2}=\frac{b}{a}$$

$$\frac{\sin B}{\sin A}=\frac{b}{2R}\div\frac{a}{2R}=\frac{b}{2R}\times\frac{2R}{a}=\frac{b}{a}$$

よって　$\dfrac{a-c\cos B}{b-c\cos A}=\dfrac{\sin B}{\sin A}$

266 (1) $5\sqrt{2}$　(2) $6\sqrt{3}$
(3) $\frac{3}{4}(\sqrt{2}+\sqrt{6})$

267 (1) $\frac{7}{8}$　(2) $\frac{\sqrt{15}}{8}$　(3) $\frac{3\sqrt{15}}{4}$

268 (1) 7
(2) $S=\frac{15\sqrt{3}}{4}$, $r=\frac{\sqrt{3}}{2}$

269 (1) $10\sqrt{3}$　(2) $\sqrt{3}$

270 $\frac{27\sqrt{3}}{4}$

271 (1) $\triangle\mathrm{ABD}=\frac{3}{4}x$, $\triangle\mathrm{ACD}=\frac{1}{2}x$
(2) $x=\frac{6\sqrt{3}}{5}$

272 (1) $4\sqrt{6}$　(2) $10\sqrt{2}$

273 (1) $\frac{1}{5}$　(2) $2\sqrt{6}$

274 $15\sqrt{6}$ m

275 $2\sqrt{2}$ m

276 (1) $10\sqrt{6}$　(2) $\frac{\sqrt{7}}{7}$

277 (1) AC=2, AF=3, FC=$\sqrt{7}$
(2) 60°
(3) $\frac{3\sqrt{3}}{2}$

278 (1) 36　(2) $r=3-\sqrt{3}$

279 (1) 9.75 秒　(2) 8.75 秒
(3) 17 人　(4) 3 人

280
(1)

階級(回) 以上～未満	階級値(回)	度数(人)	相対度数
12～16	14	1	0.05
16～20	18	3	0.15
20～24	22	6	0.30
24～28	26	8	0.40
28～32	30	2	0.10
計		20	1

(2)
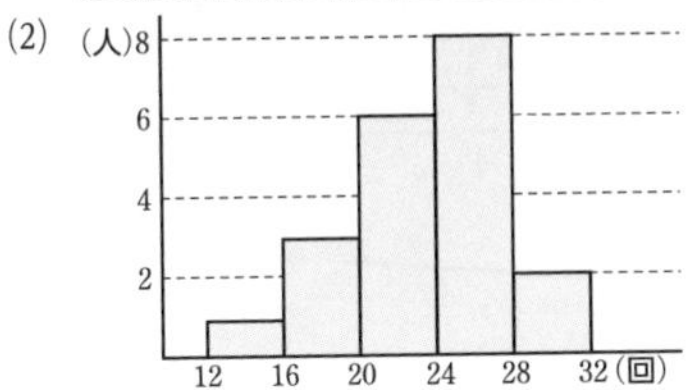

(3) 26 回

281 19.2

282 (1) A班　41 kg, B班　40 kg
(2) A班　40 kg, B班　42 kg

283 (1) 32　(2) 37
(3) 34.5　(4) 22.5

284 $k=24$

285 76.2

286 (1) $Q_1=3$, $Q_2=6$, $Q_3=8$
(2) $Q_1=3$, $Q_2=5.5$, $Q_3=6.5$
(3) $Q_1=7$, $Q_2=10$, $Q_3=14$
(4) $Q_1=14$, $Q_2=16$, $Q_3=17$

287 (1) 範囲　6, 四分位範囲　4
(2) 範囲　6, 四分位範囲　3
(3) 範囲　7, 四分位範囲　4

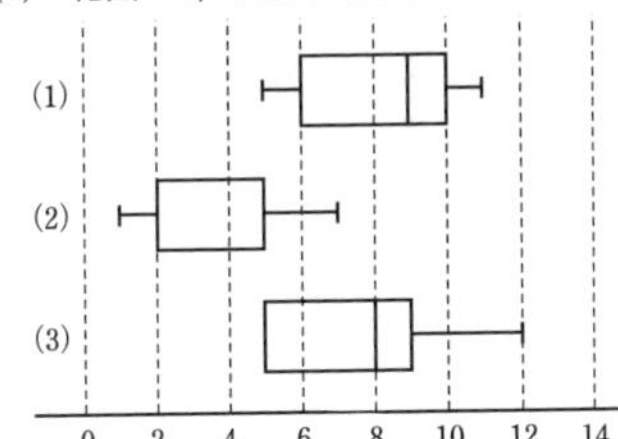

第5章 解答

288 ①，③

289 ⓐと㊄，ⓑと㋐，ⓒと㋑，ⓓと㋒

290 (1)

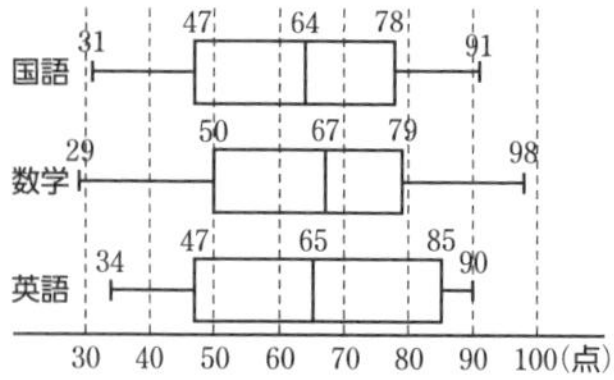

(2) **英語**

291 ㊄

292 ㋐

293 $a=77$，$b=84$，$c=94$

294 (1) $s^2=2$，$s=\sqrt{2}$
(2) $s^2=9$，$s=3$
(3) $s^2=36$，$s=6$

295 $s_x=2$，$s_y=\sqrt{5.2}$
y の方が散らばりの度合いが大きい。

296 $s^2=4$，$s=2$

297 23.6

298 4

299 0.9

300 16

301 平均値　46 点　　標準偏差　11 点

302 (1) 平均値　68 点，分散　136
(2) 平均値　71 点，分散　154

303 $x=2$，$y=7$

304 $\overline{u}=33$，$s_u{}^2=112$

305 $\overline{u}=1$，$s_u{}^2=\dfrac{18}{5}$

306 (1) 65　　(2) $\overline{u}=50$，$s_u=10$
(3) ①　(4) $\overline{x}=70$，$s_x=20$，$\overline{u}=50$，$s_u=10$

307 ㋑

308

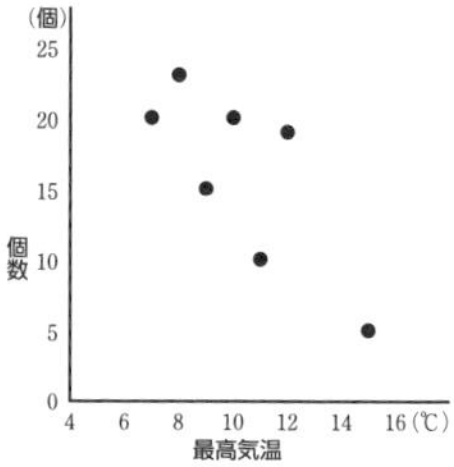

負の相関がある。

309 2.5

310

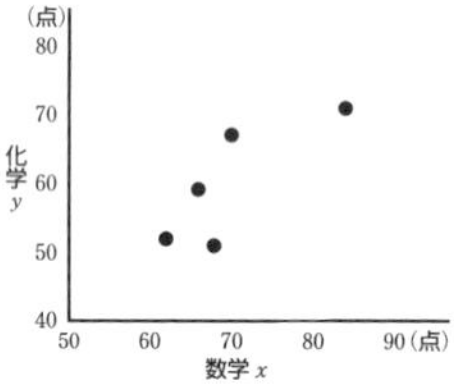

$s_{xy}=48$

311 0.7

312 (1) 散布図は ㋐，相関係数は (e)
(2) 散布図は ㋒，相関係数は (c)
(3) 散布図は ㋑，相関係数は (a)

313 ボール投げ ㋑，握力 ㊄

314 0.76

315 (1) 0.74　　(2) 0.74

316 ①，④

317 (1) $Q_1=6$，$Q_3=8$　(2) ①，③，⑤

318 「A，B の実力が同じ」という仮説が誤り

319 $10 \leqq k \leqq 16$

解答（数A）

1 (1) $3 \in A$　(2) $6 \notin A$　(3) $11 \notin A$

2 (1) $A=\{1, 2, 3, 4, 6, 12\}$
(2) $B=\{-2, -1, 0, 1, \cdots\cdots\}$

3 (1) $A \subset B$　(2) $A=B$　(3) $A \supset B$

4 (1) $\varnothing$, $\{3\}$, $\{5\}$, $\{3, 5\}$
(2) $\varnothing$, $\{2\}$, $\{4\}$, $\{6\}$, $\{2, 4\}$, $\{2, 6\}$, $\{4, 6\}$, $\{2, 4, 6\}$
(3) $\varnothing$, $\{a\}$, $\{b\}$, $\{c\}$, $\{d\}$, $\{a, b\}$, $\{a, c\}$, $\{a, d\}$, $\{b, c\}$, $\{b, d\}$, $\{c, d\}$, $\{a, b, c\}$, $\{a, b, d\}$, $\{a, c, d\}$, $\{b, c, d\}$, $\{a, b, c, d\}$

5 (1) $\{3, 5, 7\}$
(2) $\{1, 2, 3, 5, 7\}$
(3) $\{2, 3, 4, 5, 7\}$
(4) $\varnothing$

6 (1) $A \cap B=\{x \mid -1<x<4$, x は実数$\}$
(2) $A \cup B=\{x \mid -3<x<6$, x は実数$\}$

7 (1) $\{7, 8, 9, 10\}$
(2) $\{1, 2, 3, 4, 9, 10\}$

8 (1) $\{2, 4, 5, 6, 7, 8, 9, 10\}$
(2) $\{4, 8, 10\}$
(3) $\{1, 2, 3, 4, 6, 8, 10\}$
(4) $\{5, 7, 9\}$

9 (1) $A=\{2, 4, 6, 8, 10, 12, 14, 16, 18\}$
(2) $A=\{0, 1, 4\}$

10 (1) $A \cap B=\{4, 8\}$
　$A \cup B=\{2, 4, 6, 8\}$
(2) $A \cap B=\varnothing$
　$A \cup B=\{2, 3, 5, 6, 8, 9, 11, 12, 14, 15, 17, 18\}$

11 (1) $\{10, 11, 13, 14, 16, 17, 19, 20\}$
(2) $\{15\}$
(3) $\{10, 20\}$
(4) $\{10, 11, 12, 13, 14, 16, 17, 18, 19, 20\}$

12 (1) 10　(2) 11

13 7

14 (1) 5 個　(2) 20 個

15 (1) 70 個　(2) 74 個

16 (1) 33　(2) 25
(3) 8　(4) 50

17 (1) 87 人　(2) 13 人

18 31

19 5

20 (1) 72　(2) 14　(3) 72

21 (1) 12 個　(2) 71 個

22 148 人

23 215 個

24 $8 \leqq x \leqq 23$

25 18 通り

26 15 通り

27 6 通り

28 (1) 12 通り　(2) 21 通り

29 12 通り

30 15 通り

31 20 通り

32 (1) 45 通り　(2) 27 通り

33 54 通り

34 (1) 12項 (2) 24項

35 (1) 125個 (2) 100個

36 (1) 27通り (2) 108通り
(3) 20通り

37 (1) 12通り (2) 12通り

38 45通り

39 (1) 4個 (2) 12個
(3) 16個 (4) 24個

40 (1) 12 (2) 120
(3) 720 (4) 7

41 60通り

42 3024通り

43 (1) 132通り (2) 504通り
(3) 11880通り

44 120通り

45 (1) 60通り (2) 180通り

46 720通り

47 (1) 64通り (2) 9通り
(3) 243通り

48 (1) 180通り (2) 75通り
(3) 105通り (4) 55通り

49 (1) 288通り (2) 144通り
(3) 480通り

50 (1) 720通り (2) 48通り
(3) 240通り

51 192通り

52 (1) 120通り (2) 48通り
(3) 24通り

53 30通り

54 (1) 10 (2) 20
(3) 8 (4) 1

55 (1) 252通り (2) 495通り

56 (1) 28 (2) 10
(3) 66 (4) 364

57 (1) 10個 (2) 5本

58 210通り

59 (1) 210通り (2) 420通り

60 28試合

61 3240通り

62 (1) 350通り (2) 330通り
(3) 771通り

63 (1) 70通り (2) 105通り
(3) 280通り (4) 280通り
(5) 280通り

64 (1) 60通り (2) 18通り

65 (1) 462通り (2) 150通り
(3) 210通り (4) 252通り
(5) 60通り

66 315個

67 360通り

68 362通り

69 (1) 7個 (2) 21個 (3) 7個

70 84通り

71 (1) 28通り (2) 10通り

72 (1) 36組 (2) 15組

73 全事象　$U=\{1,\ 2,\ 3,\ 4,\ 5\}$
根元事象　$\{1\}$, $\{2\}$, $\{3\}$, $\{4\}$, $\{5\}$

74 (1) $\frac{1}{3}$　(2) $\frac{2}{3}$

75 (1) $\frac{1}{3}$　(2) $\frac{7}{90}$

76 $\frac{5}{8}$

77 $\frac{1}{4}$

78 (1) $\frac{1}{8}$　(2) $\frac{3}{8}$

79 (1) $\frac{1}{9}$　(2) $\frac{5}{12}$

80 $\frac{1}{120}$

81 $\frac{1}{4}$

82 (1) $\frac{4}{35}$　(2) $\frac{18}{35}$

83 (1) $\frac{1}{15}$　(2) $\frac{7}{15}$

84 (1) $\frac{1}{216}$　(2) $\frac{5}{9}$
(3) $\frac{1}{8}$　(4) $\frac{1}{8}$

85 (1) $\frac{1}{15}$　(2) $\frac{1}{3}$　(3) $\frac{2}{5}$

86 (1) $\frac{1}{35}$　(2) $\frac{2}{7}$　(3) $\frac{1}{7}$

87 (1) $\frac{2}{7}$　(2) $\frac{1}{7}$

88 $\frac{5}{16}$

89 $A\cap B=\{2\}$
$A\cup B=\{2,\ 3,\ 4,\ 5,\ 6\}$

90 B と C

91 (1) $\frac{3}{20}$　(2) $\frac{7}{10}$

92 $\frac{1}{3}$

93 $\frac{11}{56}$

94 $\frac{4}{5}$

95 $\frac{33}{100}$

96 (1) $\frac{3}{52}$　(2) $\frac{11}{26}$

97 (1) $\frac{13}{25}$　(2) $\frac{17}{50}$　(3) $\frac{17}{50}$

98 $\frac{20}{21}$

99 $\frac{5}{11}$

100 $\frac{1}{3}$

101 (1) $\frac{1}{10}$　(2) $\frac{19}{20}$

102 $\frac{1}{3}$

103 (1) $\frac{1}{18}$　(2) $\frac{2}{9}$

104 $\frac{4}{9}$

105 $\frac{15}{64}$

106 $\frac{8}{27}$

107 $\frac{11}{243}$

108 $\frac{81}{125}$

109 (1) $\frac{12}{35}$ (2) $\frac{17}{35}$ (3) $\frac{18}{35}$

110 $\frac{61}{125}$

111 (1) $\frac{8}{27}$ (2) $\frac{1}{9}$

112 $\frac{26}{27}$

113 $\frac{7}{250}$

114 $\frac{2133}{3125}$

115 (1) $\frac{20}{243}$ (2) $\frac{496}{729}$

116 (1) $\frac{8}{27}$ (2) $\frac{37}{216}$

117 (1) $\frac{125}{216}$ (2) $\frac{61}{216}$

118 (1) $\frac{9}{40}$ (2) $\frac{9}{20}$ (3) $\frac{9}{23}$

119 $\frac{1}{2}$

120 (1) $\frac{3}{28}$ (2) $\frac{15}{56}$

121 $\frac{4}{221}$

122 (1) $\frac{2}{7}$ (2) $\frac{1}{2}$ (3) $\frac{2}{3}$

123 (1) $\frac{2}{15}$ (2) $\frac{3}{5}$

124 (1) $\frac{1}{17}$ (2) $\frac{1}{4}$

125 (1) $\frac{17}{500}$ (2) $\frac{9}{17}$

126 5

127 $\frac{3}{2}$ 回

128 79 円

129 7

130 900 点

131 $\frac{4}{3}$ 回

132 (1) $x=2,\ y=4$
(2) $x=6,\ y=4$
(3) $x=\frac{5}{3},\ y=\frac{16}{3}$

133
A B
F C D E

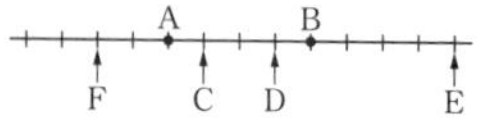

134 $x=8$

135 (1) $\frac{21}{5}$ (2) $\frac{9}{2}$ (3) $\frac{63}{10}$

136 (1) $x=10,\ y=13$ (2) $x=3,\ y=\frac{7}{2}$

137 Pは線分 AB を **2：1 に内分** する
Qは線分 AB を **5：2 に外分** する
Rは線分 AB を **1：4 に外分** する

138 (1) DMは∠AMBの二等分線であるから
AD：DB＝AM：BM ……①
ME は ∠AMC の二等分線であるから
AE：EC＝AM：CM ……②
①，②と BM＝CM より
AD：DB＝AE：EC
よって　DE∥BC
(2) $\frac{15}{4}$

139 **PB＝2，PQ＝6**

140 **AP＝4，AB＝$3\sqrt{5}$**

141 (1) **40°** (2) **115°** (3) **130°**

142 (1) **30°** (2) **160°** (3) **120°**

143 **PQ＝1，PR＝2**

144 (1) $\frac{20}{7}$ (2) AI：ID＝**7：5**

145 外心は **点P**，重心は **点Q**，内心は **点R**

146 (1) $x：y$＝**3：1**
(2) $x：y$＝**4：5**
(3) $x：y$＝**2：1**

147 (1) $x：y$＝**1：6**
(2) $x：y$＝**9：10**
(3) $x：y$＝**8：5**

148 (1) BD：DC＝**5：2**
(2) AE：EC＝**5：3**

149 (1) AO：OP＝**6：1**
(2) △OBC：△ABC＝**1：7**

150 (1) △DAB：△ABC＝**5：9**
(2) △DBE：△ABC＝**5：18**

151 (1) **存在しない** (2) **存在する**
(3) **存在しない** (4) **存在する**

152 (1) **∠C＞∠A＞∠B**
(2) **∠B＞∠A＞∠C**
(3) **∠A＞∠C＞∠B**

153 (1) $c>b>a$ (2) $a>b>c$

154 (1) **∠C＞∠B＞∠A**
(2) **∠A＞∠C＞∠B**

155 (1) $1<x<11$ (2) $x>3$

156 △ABC において，∠C＝90° であるから
辺 AB の長さが最大である。
よって　AC＜AB
△APC において，∠C＝90° であるから
辺 AP の長さが最大である。
よって　AC＜AP ……①
△ABP において，
∠APB＝∠C＋∠CAP＞90° であるから
辺 AB の長さが最大である。
よって　AP＜AB ……②
したがって，①，②より　AC＜AP＜AB

157 △ABC において
AB＞AC より　∠C＞∠B
△PBC において
$\angle PBC=\frac{1}{2}\angle B$，$\angle PCB=\frac{1}{2}\angle C$
よって，∠PBC＜∠PCB となるから
PB＞PC

158 (1) α＝**105°**，β＝**50°**
(2) α＝**100°**，β＝**35°**
(3) α＝**100°**，β＝**40°**

159 (イ)，(ウ)

160 AD∥BC より　∠A＋∠B＝180°
∠B＝∠C より　∠A＋∠C＝180°
よって，向かい合う内角の和が 180° であるから，
台形 ABCD は円に内接する。

161 (1) **20°** (2) **115°** (3) **50°**

162 $\angle AED+\angle AFD$
$=180^\circ$
であるから，四角形 AEDF は円に内接する。

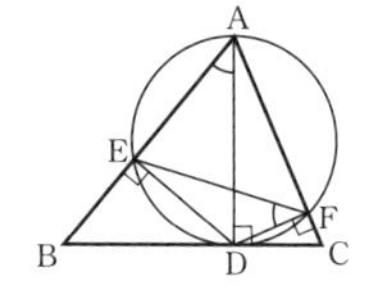

ゆえに
$\angle EAD=\angle EFD$
よって，四角形 BCFE において
$\angle EBC+\angle EFC$
$=\angle EBC+\angle EFD+\angle DFC$
$=\angle EBC+\angle EAD+90^\circ$
$=90^\circ+90^\circ=180^\circ$　←$\angle ADB=90^\circ$
したがって，向かい合う内角の和が 180° であるから，四角形 BCFE は円に内接する。
よって，4点 B，C，F，E は同一円周上にある。

163 **5**

164 $\boldsymbol{\frac{5}{2}}$

165 (1) **40°**　(2) **35°**
(3) **60°**　(4) **40°**

166 **5**

167 (1) **35°**　(2) **110°**　(3) **100°**

168 **50°**

169 円周角の定理より
$\angle BAP=\angle BCP$　……①
接線と弦のつくる角の性質より
$\angle CAP=\angle CPT$　……②
AP は $\angle BAC$ の二等分線であるから
$\angle BAP=\angle CAP$　……③

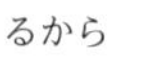

①，②，③より　$\angle BCP=\angle CPT$
したがって　$BC /\!/ PT$

170 (1) $x=3$　(2) $x=9$

171 (1) $x=2\sqrt{11}$　(2) $x=9$
(3) $x=4$

172 (1) $x=\sqrt{6}$　(2) $x=7$

173 円Oにおいて　$PS^2=PA\cdot PB$
円O′において　$PT^2=PA\cdot PB$
よって　$PS^2=PT^2$
$PS>0$，$PT>0$ より　$PS=PT$
したがって，P は ST の中点である。

174 **16**

175 円Oにおいて
$PB\cdot PA=PX^2$　……①
円O′において
$PD\cdot PC=PX^2$　……②
①，②より　$PB\cdot PA=PD\cdot PC$
したがって，方べきの定理の逆より，4点 A，B，C，D は同一円周上にある。

176 **2**

177 (1) **離れている**。共通接線は **4本**。
(2) **外接する**。共通接線は **3本**。
(3) **2点で交わる**。共通接線は **2本**。

178 (1) $2\sqrt{35}$　(2) $6\sqrt{2}$

179 $3\sqrt{7}$

180 接点Pにおける2円の共通接線を TT′ とすると，円Oにおける接線と弦のつくる角の性質より

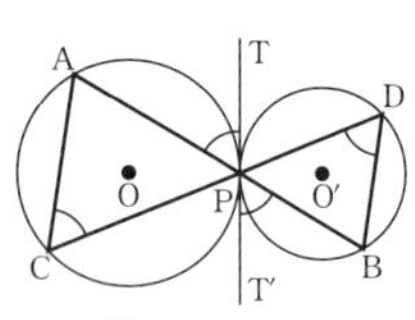

$\angle ACP=\angle APT$　……①
円O′における接線と弦のつくる角の性質より
$\angle BDP=\angle BPT'$　……②
ここで，$\angle APT=\angle BPT'$ であるから　←対頂角
①，②より　$\angle ACP=\angle BDP$
すなわち　$\angle ACD=\angle BDC$
よって　$AC /\!/ DB$

181 **1：2 に内分する点**
① 点Aを通る直線 l を引き，コンパスで等間隔に3個の点 C_1，C_2，C_3 をとる。
② 点 C_1 を通り，直線 C_3B に平行な直線を

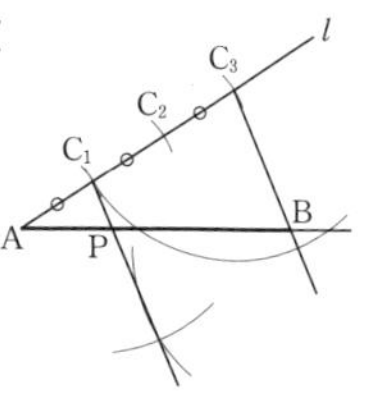

引き，線分 AB との交点をPとすれば，Pが求める点である。

6：1 に外分する点

① 点Aを通る直線 l を引き，コンパスで等間隔に 6 個の点 D_1，D_2，D_3，……，D_6 をとる。

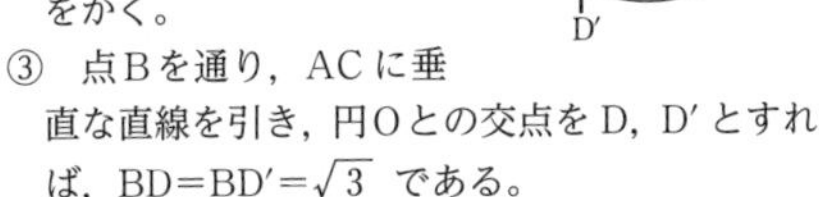

② 点 D_6 を通り，直線 D_5B に平行な直線を引き，線分 AB の延長との交点をQとすれば，Qが求める点である。
(図のように，点 D_6 を通り，直線 D_5B に平行な直線を引くには，3 点 D_6，D_5，B を頂点とする平行四辺形をかいてもよい。)

182

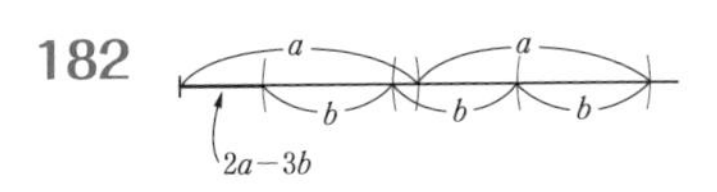

183 長さ ab の線分

① 点Oを通る直線 l，m を引き，l，m 上に OA$=a$，OB$=b$ となる点 A，B をそれぞれとる。

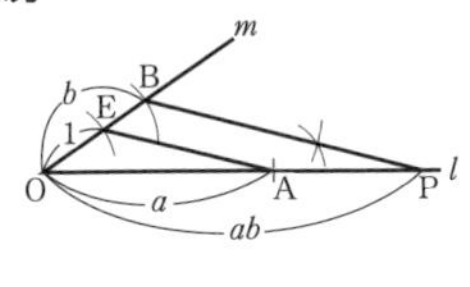

② 直線 m 上に OE$=1$ となる点 E をとる。
③ 点Bを通り，線分 EA に平行な直線を引き，l との交点をPとすれば，OP$=ab$ となる。

長さ $\dfrac{ab}{c}$ の線分

④ さらに，直線 m 上に OC$=c$ となる点Cをとる。
⑤ 点Eを通り，線分 CP に平行な直線を引き，l との交点をQとすれば，OQ$=\dfrac{ab}{c}$ となる。

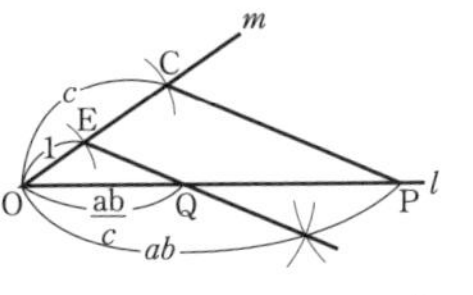

184

① CD 上にコンパスで等間隔に 3 個の点 E_1，E_2，E_3 をとる。
② 点 E_1 を通り，直線 AE_3 に平行な直線を引き，線分 AC との交点をFとすれば，△FBC が求める三角形である。

185

① 長さ 1 の線分 AB の延長上に，BC$=3$ となる点Cをとる。
② 線分 AC の中点Oを求め，OA を半径とする円をかく。
③ 点Bを通り，AC に垂直な直線を引き，円Oとの交点を D，D′ とすれば，BD$=$BD′$=\sqrt{3}$ である。

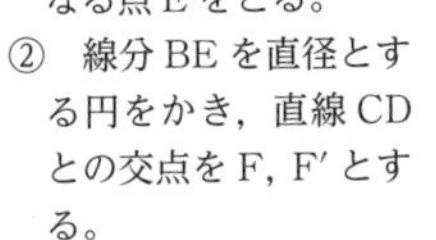

186

① 線分 BC の延長上に CD$=$CE となる点 E をとる。
② 線分 BE を直径とする円をかき，直線 CD との交点を F，F′ とする。
③ 線分 CF を 1 辺とする正方形 FCGH が求める正方形である。

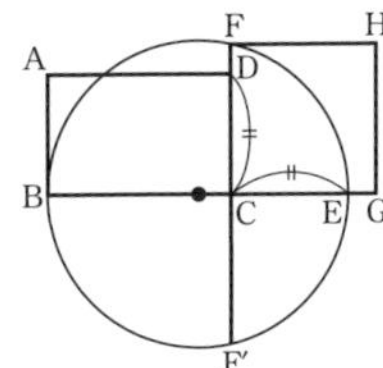

証明 略

187

CF，DF，EF

188

(1) **90°**　(2) **45°**
(3) **90°**　(4) **60°**

189

(1) **平面 ABC**
(2) **平面 ADEB，平面 BEFC，平面 ADFC**
(3) **90°**　(4) **60°**

190

(1) **BC，EH，FG**
(2) **AB，AE，DC，DH**
(3) **BF，CG，EF，HG**
(4) **平面 BFGC，平面 EFGH**
(5) **平面 ABCD，平面 AEHD**
(6) **平面 AEFB，平面 DHGC**

191

PH⊥平面 ABC
より　PH⊥BC
また　AH⊥BC
よって，BC は平面 PAH 上の交わる 2 直線に垂直であるから
　　平面 PAH⊥BC
したがって，BC は平面 PAH 上のすべての直線に垂直であるから　PA⊥BC

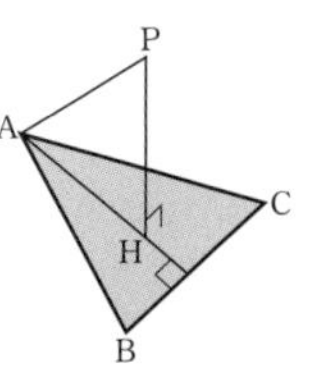

第2章 解答

192 (1) **90°** (2) **30°**
(3) **90°** (4) **30°**

193 $PA\perp\alpha$ より $PA\perp l$
$PB\perp\beta$ より $PB\perp l$
ゆえに，l は平面PAB上の交わる2直線PA，PBに垂直であるから
$l\perp$平面PAB
よって，l は平面PAB上のすべての直線に垂直であるから
$AB\perp l$

194 (1) $\sqrt{3}$
(2) $AO\perp OB$，$AO\perp OC$ より $AO\perp\triangle OBC$
また，$OD\perp BC$ であるから，
三垂線の定理より $AD\perp BC$
(3) **2** (4) **4**

195 (1) $v=6$，$e=9$，$f=5$
$v-e+f=2$
(2) $v=5$，$e=8$，$f=5$
$v-e+f=2$

196 $v=9$，$e=16$，$f=9$
$v-e+f=2$

197 $v=n+2$
$e=3n$
$f=2n$
$v-e+f=2$

198 3つの面が集まっている頂点と，4つの面が集まっている頂点があるから。(正多面体は，どの頂点にも面が同じ数だけ集まっている。)

199 **正八面体**
理由 この多面体の各辺は，正四面体の辺の中点を結んだ線分であるから，中点連結定理より，その長さは正四面体の辺の長さの $\frac{1}{2}$ である。
よって，この多面体の各辺の長さはすべて等しく，各面はすべて正三角形である。 ……①
また，この多面体のどの頂点にも4つの面が集まっている。 ……②
①，②より，この多面体は正多面体であり，面の数が8個あるから，正八面体である。

200 (1) $\frac{16\sqrt{2}}{3}$ (2) $\frac{\sqrt{6}}{3}$

201 (1) **7** (2) **9** (3) **22**

202 (1) $1111_{(2)}$ (2) $100001_{(2)}$
(3) $111100_{(2)}$

203 (1) **48** (2) $111_{(3)}$

204 $111111_{(2)}$

205 $n=6$

206 $a=2$，$b=3$，$c=1$，$N=66$

207 (1) **0.888** (2) $0.314_{(5)}$

208 (1) 1，2，3，6，9，18，−1，−2，−3，−6，−9，−18
(2) 1，3，7，9，21，63，−1，−3，−7，−9，−21，−63
(3) 1，2，4，5，10，20，25，50，100，−1，−2，−4，−5，−10，−20，−25，−50，−100

209 整数 a，b は7の倍数であるから，整数 k，l を用いて
$a=7k$，$b=7l$
と表される。
$a+b=7k+7l=7(k+l)$
$a-b=7k-7l=7(k-l)$
ここで，$k+l$，$k-l$ は整数であるから，$7(k+l)$，$7(k-l)$ は7の倍数である。
よって，$a+b$ と $a-b$ は7の倍数である。

210 ①，③，⑤，⑥

211 ①，②，④，⑥

212 ③，④，⑤

213 ①，③，⑤，⑥

214 (1) $2\times3\times13$ (2) $3\times5\times7$
(3) $3^2\times5\times13$ (4) $2^3\times7\times11$

215 (1) 3　(2) 14　(3) 42

216 (1) 8個　(2) 6個
(3) 20個　(4) 18個

217 (1) 最小値は 10，最大値は 70
(2) 最小値は 104，最大値は 988

218 1，4，7

219 (1) 最大値は 4312，最小値は 1324
(2) 132，234，312，324，342，432

220 (1) 6　(2) 13
(3) 28　(4) 18
(5) 21　(6) 128

221 (1) 60　(2) 72
(3) 546　(4) 78
(5) 300　(6) 252

222 39

223 48分後

224 ①

225 1，5，7，11，13，17，19，23，25，29，31，35

226 (1) 4　(2) 7　(3) 18

227 (1) 126　(2) 360　(3) 1800

228 112

229 72個

230 15，315 と 45，105

231 (1) $87=7\times12+3$　(2) $73=16\times4+9$
(3) $163=24\times6+19$

232 (1) $a=112$　(2) $a=13$

233 2

234 整数nは，整数kを用いて，次のいずれかの形で表される。

$3k$，$3k+1$，$3k+2$

(i) $n=3k$ のとき

$n^2-n=(3k)^2-3k$
$=3k(3k-1)$

(ii) $n=3k+1$ のとき

$n^2-n=(3k+1)^2-(3k+1)$
$=(3k+1)\{(3k+1)-1\}$
$=3k(3k+1)$

(iii) $n=3k+2$ のとき

$n^2-n=(3k+2)^2-(3k+2)$
$=(3k+2)\{(3k+2)-1\}$
$=(3k+2)(3k+1)$
$=9k^2+9k+2$
$=3(3k^2+3k)+2$

以上より，(i)と(ii)の場合は余り 0，(iii)の場合は余り 2 である。
よって，n^2-n を 3 で割った余りは，0 または 2 である。

235 (1) 2　(2) 4
(3) 3　(4) 4

236 商は -4，余りは 2

237 3

238 (1) 整数nは，整数kを用いて，次のいずれかの形で表される。

$3k$，$3k+1$，$3k+2$

(i) $n=3k$ のとき

$n^2=(3k)^2=9k^2=3\times3k^2$

(ii) $n=3k+1$ のとき

$n^2=(3k+1)^2$
$=9k^2+6k+1$
$=3(3k^2+2k)+1$

(iii) $n=3k+2$ のとき

$n^2=(3k+2)^2$
$=9k^2+12k+4$
$=3(3k^2+4k+1)+1$

ゆえに，(i)の場合は余り 0，
(ii)，(iii)の場合は余り 1
よって，n^2 を 3 で割ったときの余りは 2 にならない。

(2)　$a^2+b^2=c^2$ を満たすとき，「a，b とも 3 の倍数でない。」と仮定する。
このとき，(1)の証明の(ii)，(iii)より，a^2，b^2 を 3 で割った余りは 1 である。ゆえに，整数 s，t を用いて

$$a^2=3s+1,\ b^2=3t+1$$

と表される。

$$a^2+b^2=(3s+1)+(3t+1)$$
$$=3(s+t)+2$$

よって，a^2+b^2 を 3 で割った余りは 2 である。
一方，(1)より c^2 を 3 で割ったときの余りは 2 にならない。すなわち

$$a^2+b^2 \neq c^2$$

これは，$a^2+b^2=c^2$ に矛盾する。
したがって，$a^2+b^2=c^2$ を満たすとき，a，b のうち少なくとも一方は 3 の倍数である。

239　(1)　$n^2+n+1=n(n+1)+1$
$n(n+1)$ は連続する 2 つの整数の積であるから 2 の倍数であり，整数 k を用いて

$$n(n+1)=2k$$

と表される。よって

$$n^2+n+1=2k+1$$

したがって，n^2+n+1 は奇数である。
(2)　$n^3+5n=n(n^2-1)+6n$
$=n(n+1)(n-1)+6n$
$=(n-1)n(n+1)+6n$
$(n-1)n(n+1)$ は連続する 3 つの整数の積であるから 6 の倍数であり，整数 k を用いて

$$(n-1)n(n+1)=6k$$

と表される。よって

$$n^3+5n=6k+6n=6(k+n)$$

$k+n$ は整数であるから，n^3+5n は 6 の倍数である。

240　(1)　$(x,\ y)=(-1,\ 9),\ (-3,\ -1),\ (3,\ 5),\ (-7,\ 3)$
(2)　$(x,\ y)=(0,\ -3),\ (-6,\ 3),\ (-2,\ 7),\ (4,\ 1)$
(3)　$(x,\ y)=(4,\ 12),\ (12,\ 4),\ (2,\ -6),\ (-6,\ 2),\ (6,\ 6)$

241　ア：9　イ：0　ウ：15

242　ア：42　イ：7
ウ：0　エ：7

243　ア：4　イ：65　ウ：3
エ：13　オ：5　カ：13

244　(1)　21　(2)　11
(3)　13　(4)　138
(5)　19　(6)　15

245　(1)　最大公約数は　26
最小公倍数は　2184
(2)　最大公約数は　34
最小公倍数は　8976

246　n の最大値は　89
$a=16$，$b=7$

247　28 m

248　(1)　$x=4k$，$y=3k$　（k は整数）
(2)　$x=2k$，$y=9k$　（k は整数）
(3)　$x=5k$，$y=-2k$　（k は整数）
(4)　$x=9k$，$y=-4k$　（k は整数）
(5)　$x=7k$，$y=-12k$　（k は整数）
(6)　$x=15k$，$y=8k$　（k は整数）

249　(1)　$x=1$，$y=-1$
(2)　$x=-1$，$y=-1$
(3)　$x=-2$，$y=3$
(4)　$x=2$，$y=2$
(5)　$x=4$，$y=-1$
(6)　$x=2$，$y=3$

250　(1)　$x=5k-2$，$y=-2k+1$　（k は整数）
(2)　$x=8k+3$，$y=3k+1$　（k は整数）
(3)　$x=7k+2$，$y=-11k-3$　（k は整数）
(4)　$x=5k+4$，$y=2k+1$　（k は整数）
(5)　$x=7k+2$，$y=-3k$　（k は整数）
(6)　$x=3k+1$，$y=17k+5$　（k は整数）

251　(1)　$x=9$，$y=8$
(2)　$x=4$，$y=5$
(3)　$x=13$，$y=-6$
(4)　$x=-21$，$y=31$

252 (1) $x=19k+18$, $y=17k+16$ (kは整数)
(2) $x=27k+12$, $y=34k+15$ (kは整数)
(3) $x=67k+52$, $y=-31k-24$ (kは整数)
(4) $x=61k-42$, $y=-90k+62$ (kは整数)

253 (2, 11), (6, 8), (10, 5), (14, 2)

254 (1) ない。
(2) $x=k$, $y=2k-1$ (kは整数)
(3) $x=2k+1$, $y=k$ (kは整数)
(4) ない。

255 (1) $(x, y, z)=(1, 2, 1), (5, 1, 1)$
(2) (x, y, z)
$=(2, 1, 3), (4, 1, 2), (6, 1, 1)$

256 ①, ④

257 (1) 2　(2) 1　(3) 0

258 (1) 1　(2) 1

259 (1) 2, 5, 8　(2) 3, 7
(3) 1, 6　(4) 6

260 (1) 2　(2) 1

261 (1) 0　(2) 1

262 (1) (i) $n=1$ のとき
$3^1=3\equiv3 \pmod 4$
(ii) $n\geqq2$ のとき
ある自然数 m を用いて $n=2m$ または
$n=2m+1$ と表される。
$n=2m$ のとき
$3^2=9\equiv1 \pmod 4$ より
$3^{2m}=(3^2)^m=9^m\equiv1^m=1 \pmod 4$
$n=2m+1$ のとき
$3^{2m+1}=3^{2m}\times3\equiv1\times3=3 \pmod 4$
(i), (ii)より, 3^n を4で割ったときの余りは1または3である。
(2) (1)より $3^{2n+1}+1\equiv3+1=4\equiv0 \pmod 4$
よって $3^{2n+1}+1$ は4の倍数である。

263 nを5で割ったときの余りは
0, 1, 2, 3, 4のいずれかである。
(i) $n\equiv0 \pmod 5$ のとき
$n^2\equiv0^2=0 \pmod 5$
(ii) $n\equiv1 \pmod 5$ のとき
$n^2\equiv1^2=1 \pmod 5$
(iii) $n\equiv2 \pmod 5$ のとき
$n^2\equiv2^2=4 \pmod 5$
(iv) $n\equiv3 \pmod 5$ のとき
$n^2\equiv3^2=9\equiv4 \pmod 5$
(v) $n\equiv4 \pmod 5$ のとき
$n^2\equiv4^2=16\equiv1 \pmod 5$
よって, n^2 を5で割ったときの余りは0, 1, 4のいずれかである。

264 (1) $x=\frac{9}{2}$, $y=\frac{5}{3}$
(2) $x=\frac{20}{7}$, $y=\frac{21}{4}$

265 72 m

266 (1) $2\sqrt{3}$　(2) $\frac{5\sqrt{2}}{2}$

267 595 m

268 43.7 km

269
BD O C A
−3 −2 −1 0 1 2 3 4 5 6 7 8 x

270 B(3, 2), C(−3, −2), D(−3, 2)

271 P(3, 2, 4), Q(3, 2, 0), R(0, 2, 4), S(3, 0, 4), T(−3, 2, 4)

272 ① 満たしていない。
② 満たしている。

三角比の表

A	$\sin A$	$\cos A$	$\tan A$	A	$\sin A$	$\cos A$	$\tan A$
0°	0.0000	1.0000	0.0000	45°	0.7071	0.7071	1.0000
1°	0.0175	0.9998	0.0175	46°	0.7193	0.6947	1.0355
2°	0.0349	0.9994	0.0349	47°	0.7314	0.6820	1.0724
3°	0.0523	0.9986	0.0524	48°	0.7431	0.6691	1.1106
4°	0.0698	0.9976	0.0699	49°	0.7547	0.6561	1.1504
5°	0.0872	0.9962	0.0875	50°	0.7660	0.6428	1.1918
6°	0.1045	0.9945	0.1051	51°	0.7771	0.6293	1.2349
7°	0.1219	0.9925	0.1228	52°	0.7880	0.6157	1.2799
8°	0.1392	0.9903	0.1405	53°	0.7986	0.6018	1.3270
9°	0.1564	0.9877	0.1584	54°	0.8090	0.5878	1.3764
10°	0.1736	0.9848	0.1763	55°	0.8192	0.5736	1.4281
11°	0.1908	0.9816	0.1944	56°	0.8290	0.5592	1.4826
12°	0.2079	0.9781	0.2126	57°	0.8387	0.5446	1.5399
13°	0.2250	0.9744	0.2309	58°	0.8480	0.5299	1.6003
14°	0.2419	0.9703	0.2493	59°	0.8572	0.5150	1.6643
15°	0.2588	0.9659	0.2679	60°	0.8660	0.5000	1.7321
16°	0.2756	0.9613	0.2867	61°	0.8746	0.4848	1.8040
17°	0.2924	0.9563	0.3057	62°	0.8829	0.4695	1.8807
18°	0.3090	0.9511	0.3249	63°	0.8910	0.4540	1.9626
19°	0.3256	0.9455	0.3443	64°	0.8988	0.4384	2.0503
20°	0.3420	0.9397	0.3640	65°	0.9063	0.4226	2.1445
21°	0.3584	0.9336	0.3839	66°	0.9135	0.4067	2.2460
22°	0.3746	0.9272	0.4040	67°	0.9205	0.3907	2.3559
23°	0.3907	0.9205	0.4245	68°	0.9272	0.3746	2.4751
24°	0.4067	0.9135	0.4452	69°	0.9336	0.3584	2.6051
25°	0.4226	0.9063	0.4663	70°	0.9397	0.3420	2.7475
26°	0.4384	0.8988	0.4877	71°	0.9455	0.3256	2.9042
27°	0.4540	0.8910	0.5095	72°	0.9511	0.3090	3.0777
28°	0.4695	0.8829	0.5317	73°	0.9563	0.2924	3.2709
29°	0.4848	0.8746	0.5543	74°	0.9613	0.2756	3.4874
30°	0.5000	0.8660	0.5774	75°	0.9659	0.2588	3.7321
31°	0.5150	0.8572	0.6009	76°	0.9703	0.2419	4.0108
32°	0.5299	0.8480	0.6249	77°	0.9744	0.2250	4.3315
33°	0.5446	0.8387	0.6494	78°	0.9781	0.2079	4.7046
34°	0.5592	0.8290	0.6745	79°	0.9816	0.1908	5.1446
35°	0.5736	0.8192	0.7002	80°	0.9848	0.1736	5.6713
36°	0.5878	0.8090	0.7265	81°	0.9877	0.1564	6.3138
37°	0.6018	0.7986	0.7536	82°	0.9903	0.1392	7.1154
38°	0.6157	0.7880	0.7813	83°	0.9925	0.1219	8.1443
39°	0.6293	0.7771	0.8098	84°	0.9945	0.1045	9.5144
40°	0.6428	0.7660	0.8391	85°	0.9962	0.0872	11.4301
41°	0.6561	0.7547	0.8693	86°	0.9976	0.0698	14.3007
42°	0.6691	0.7431	0.9004	87°	0.9986	0.0523	19.0811
43°	0.6820	0.7314	0.9325	88°	0.9994	0.0349	28.6363
44°	0.6947	0.7193	0.9657	89°	0.9998	0.0175	57.2900
45°	0.7071	0.7071	1.0000	90°	1.0000	0.0000	——

スパイラル数学Ⅰ＋A　本文基本デザイン――アトリエ小びん

●編　者　実教出版編修部
●発行者　小田　良次
●印刷所　寿印刷株式会社

●発行所　実教出版株式会社
〒102-8377
東京都千代田区五番町5
電話＜営業＞(03)3238-7777
＜編修＞(03)3238-7785
＜総務＞(03)3238-7700
https://www.jikkyo.co.jp/

002402022　ISBN 978-4-407-36012-7

場合の数と確率

1 集　合

包含関係　$A \subset B$ または $B \supset A$

共通部分　$A \cap B$

和集合　$A \cup B$

補集合　$\overline{A}$

ド・モルガンの法則

$\overline{A \cap B} = \overline{A} \cup \overline{B}$，$\overline{A \cup B} = \overline{A} \cap \overline{B}$

2 集合の要素の個数

和集合の要素の個数

$n(A \cup B) = n(A) + n(B) - n(A \cap B)$

とくに，$A \cap B = \varnothing$ のとき

$n(A \cup B) = n(A) + n(B)$

補集合の要素の個数

$n(\overline{A}) = n(U) - n(A)$

3 和の法則・積の法則

和の法則

Aの起こる場合が m 通り，Bの起こる場合がn通りあり，それらが同時には起こらないときAまたはBの起こる場合の数は

$m+n$（通り）

積の法則

Aの起こる場合が m 通りあり，そのそれぞれについてBの起こる場合がn通りずつあるとき，A，Bがともに起こる場合の数は

$m \times n$（通り）

4 順　列

n個のものからr個取る順列の総数は

$${}_n\mathrm{P}_r = n(n-1)(n-2)\cdots(n-r+1) = \frac{n!}{(n-r)!}$$

nの階乗

$n! = n(n-1)(n-2)\cdots 3 \cdot 2 \cdot 1$

5 いろいろな順列

円順列　$(n-1)!$　　　重複順列　n^r

6 組合せ

n個のものからr個取る組合せの総数は

$${}_n\mathrm{C}_r = \frac{{}_n\mathrm{P}_r}{r!} = \frac{n(n-1)(n-2)\cdots\cdots(n-r+1)}{r(r-1)(r-2)\cdots\cdots 3 \cdot 2 \cdot 1}$$

7 同じものを含む順列

$$\frac{n!}{p!q!r!} \quad (p+q+r=n)$$

8 確率の基本性質

[1]　任意の事象Aについて $0 \leqq P(A) \leqq 1$

[2]　全事象U，空事象$\varnothing$について

$P(U)=1$，$P(\varnothing)=0$

[3]　事象A，Bが互いに排反のとき

$P(A \cup B) = P(A) + P(B)$

一般の和事象の確率

$P(A \cup B) = P(A) + P(B) - P(A \cap B)$

9 余事象の確率

$P(\overline{A}) = 1 - P(A)$

10 独立な試行の確率

互いに独立な試行SとTにおいて

Sで事象Aが起こり

Tで事象Bが起こる確率は

$P(A) \times P(B)$

11 反復試行の確率

1回の試行において，事象Aの起こる確率をpとする。この試行をn回くり返すとき，事象Aがちょうどr回起こる確率は

${}_n\mathrm{C}_r p^r (1-p)^{n-r}$

12 条件つき確率と乗法定理

条件つき確率

$$P_A(B) = \frac{n(A \cap B)}{n(A)} = \frac{P(A \cap B)}{P(A)}$$

確率の乗法定理

$P(A \cap B) = P(A) \times P_A(B)$

13 期待値

変量Xのとり得る値　x_1，x_2，……，x_n

Xがこれらの値をとる確率　p_1，p_2，……，p_n

のとき，Xの期待値は

$x_1p_1 + x_2p_2 + \cdots\cdots + x_np_n$

数学と人間の活動（整数の性質）

1 倍数の判定

2の倍数……一の位の数が 0，2，4，6，8

3の倍数……各位の数の和が3の倍数

4の倍数……下2桁（しも・けた）が4の倍数

5の倍数……一の位の数が0または5

8の倍数……下3桁が8の倍数

9の倍数……各位の数の和が9の倍数

2 除法・互除法

除法の性質　整数aと正の整数bについて

$a = bq + r$ ただし，$0 \leqq r < b$

となる整数q，rが1通りに定まる。

ユークリッドの互除法

① aをbで割ったときの余りrを求める。

② $r \neq 0$ ならば，b，rの値をそれぞれあらたなa，bとして①にもどる。

③ $r=0$ ならば，bはaとbの最大公約数である。